煤矿粉尘防治技术

鲍庆国　主编

应急管理出版社

·北　京·

内 容 提 要

本书在煤矿粉尘防治技术研究成果的基础上，系统阐述了煤矿粉尘防治技术体系及其新认识。本书分为十三章，包括我国煤矿粉尘防治相关政策概述、国外煤矿粉尘防治技术现状、矿井粉尘基本理论、尘肺病预防、矿井防尘供水、矿井通风除尘、煤层注水防尘、湿式除尘、物理化学除尘、个体防护、矿井粉尘防爆、矿井粉尘测定、矿井粉尘监督与管理，书中穿插矿井案例对重点煤矿粉尘防治技术的应用进行翔实介绍。

本书可供从事煤矿安全生产工作的科技及管理人员参阅，也可作为矿山安全技术培训的参阅资料。

目　　　次

第一章　我国煤矿粉尘防治相关政策概述

第一节　我国煤矿粉尘防治相关政策

一、《煤炭产业政策》

《煤炭产业政策》从发展目标、落实企业责任，安全、职业病投入及预防等方面对煤炭产业发展提出了明确的要求。要求坚持依靠科技进步，走资源利用率高、安全有保障、经济效益好、环境污染少的煤炭工业可持续发展道路，为全面建设小康社会提供能源保障。强化政府监管，落实企业主体责任，依靠科技进步，以防治瓦斯、水、火、煤尘、顶板、矿压等灾害为重点，健全煤矿安全生产投入及管理的长效机制。生产方面要建立健全矿井通风、防瓦斯、防突、防火、防尘、防水、防洪等系统。鼓励煤炭生产企业加大安全和尘肺病等职业病防治投入。发展和推广职业病防治、职业安全和劳动保护技术的研究和应用。建立健全职业健康管理和职业病危害控制体系。

二、《中共中央　国务院关于推进安全生产领域改革发展的意见》

为进一步加强安全生产及职业病危害防治工作，推进安全生产领域改革发展提出如下意见。

到 2020 年，职业病危害防治取得积极进展。明确部门监管责任，安全生产监督管理部门承担职责范围内行业领域安全生产和职业健康监管执法职责。负有安全生产监督管理职责的有关部门依法依规履行相关行业领域安全生产和职业健康监管职责，强化监管执法，严厉查处违法违规行为。严格落实企业主体责任，企业对本单位安全生产和职业健康工作负全面责任，要严格履行安全生产法定责任，建立健全自我约束、持续改进的内生机制。完善监督管理体制，相关部门按照各自职责建立完善安全生产工作机制，形成齐抓共管格局。坚持管安全生产必须管职业健康，建立安全生产和职业健康一体化监管执法体制。加强安全生产和职业健康法律法规衔接融合。严格执行安全生产和职业健康"三同时"制度。大力推进企业安全生产标准化建设，实现安全管理、操作行为、设备设施和作业环境的标准化。

建立完善职业病防治体系。将职业病防治纳入各级政府民生工程及安全生产工作考核体系，制定职业病防治中长期规划，实施职业健康促进计划。加快职业病危害严重企业技术改造、转型升级和淘汰退出，加强高危粉尘、高毒物品等职业病危害源头治理。健全职业健康监管支撑保障体系，加强职业健康技术服务机构、职业病诊断鉴定机构和职业健康体检机构建设，强化职业病危害基础研究、预防控制、诊断鉴定、综合治疗能力。完善相关规定，扩大职业病患者救治范围，将职业病失能人员纳入社会保障范围，对符合条件的职业病患者落实医疗与生活救助措施。加强企业职业健康监管执法，督促落实职业病危害告知、日常监测、定期报告、防护保障和职业健康体检等制度措施，落实职业病防治主体责任。

完善安全投入长效机制。加强中央和地方财政安全生产预防及应急相关资金使用管理，加大安全生产与职业健康投入，强化审计监督。建立安全科技支撑体系。提升现代信息技术与安全生产融合度，统一标准规范，加快安全生产信息化建设，构建安全生产与职业健康信息化全国"一张网"。加强安全生产理论和政策研究，运用大数据技术开展安全生产规律性、关联性特征分析，提高安全生产决策科学化水平。健全社会化服务体系。改革完善安全生产和职业健康技术服务机构资质管理办法。支持相关机构开展安全生产和职业健康一体化评价等技术服务，严格实施评价公开制度，进一步激活和规范专业技术服务市场。

三、《煤炭工业发展"十三五"规划》

《煤炭工业发展"十三五"规划》对煤矿职业病危害防治目标提出明确要求，要求煤矿职业病危害防治取得明显进展，煤矿职工健康状况显著改善。从推行煤炭绿色开采方面要求以煤矿掘进工作面和采煤工作面为重点，实施粉尘综合治理，降低粉尘排放。同时要坚持以人为本、生命至上理念，健全安全生产长效机制，深化煤矿灾害防治，加强职业健康监护，全面提升煤矿安全保障能力。健全安全生产长效机制、深化煤矿灾害防治，加强对水、火、瓦斯、煤尘、顶板等灾害防治，全面推进灾害预防和综合治理。加强煤矿职业病危害防治体系建设，加大资金投入，强化工程、技术等控制措施，提高职业病危害基础防控能力。推进煤矿职业病危害因素申报、检测、评价与控制工作，煤矿企业应如实、及时申报职业病危害因素，为职工建立职业健康档案，定期体检，依法维护和发展职工安全健康权益。建立健全粉尘防治规章制度和责任制，落实企业粉尘防治主体责任，减少尘肺病发病率。加强煤矿职业病危害预防控制关键技术与装备的研发，推动煤矿企业建立健全劳保用品管理制度，做好劳保用品的检查、更新。建立煤矿企业职业卫生监督员制度，发挥群众安全监督组织和特聘煤矿安全群众监督员作用。完善煤矿职业病防治支撑体系，有效保障职工工伤保险待遇，切实解决困难职工医疗和生活问题。

第二节 我国煤矿粉尘防治政策发展方向

我国煤矿粉尘防治及职业病危害相关法律法规、规章、标准已日趋成熟，形成了标准体系。随着我国煤矿粉尘防治及职业病危害防治新技术的出现，相关法律法规、规章及标准需要不断更新和完善。因此，仍需不断健全煤矿粉尘防治及职业病危害相关法律法规体系；修订煤炭产业政策，提高办矿标准，完善产业调控政策体系；制定和完善煤炭先进产能、矿区生态环境保护、煤矿建设、煤炭产品、煤炭清洁开发利用、煤炭物流等方面标准、规范；强化法律法规、政策标准等实施的监督检查；深入开展煤矿职业病危害预防和控制相关知识的宣传，增强煤矿职业病危害防治意识。

第二章 国外煤矿粉尘防治技术现状

第一节 粉尘检测技术现状

国外粉尘检测技术的发展主要体现在检测仪器的研发方面。

英国是世界上研究粉尘检测技术及粉尘危害最早的国家之一。英国定点呼尘采样器配有激光装置，含尘气流经激光照射，仪器可自动显示呼尘浓度，并同时绘制呼尘曲线变化图。英国 Rothe-roe-Mitchel 公司在 Simslin 测尘仪的基础上发展研究的 OSIRIS 粉尘浓度计算机监测系统，实现了粉尘浓度的连续自动监测。

日本粉尘检测采用的是光散射法，并研制出了一种手持式激光粒子记数仪的检测仪器。

德国生产出了多种粉尘检测的仪器，目前在世界范围内广泛应用。KA11/Model3511 粉尘测定仪是一种测试精度高，并且便于短时间测试的粉尘质量浓度计，真正实现了用称重法进行浮游粉尘质量浓度的实时测试。HundRespiconTM 粉尘检测仪，结合了重力光学系统，采用多级惯性撞击取样计，可以分别实时检测呼吸性、胸腔性及可吸入性粉尘的浓度，精确度较高。

美国赛默飞世尔 PersonalDATARAM 个体采样器，具有数据存储器，小巧轻便，无泵型采样，采用 ARD 校准，测量范围 $0.001 \sim 400 \ mg/m^3$，如图 2-1 所示。美国 TSI 智能防爆粉尘仪（AM-510）小巧轻便，有泵型采样，采用 ARD 校准，测量范围 $0.001 \sim 20 \ mg/m^3$，采用气溶胶稀释撞击器对不同粒径的组分进行采样，如图 2-2 所示。

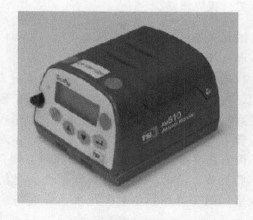

图 2-1 赛默飞世尔 PersonalDATARAM   图 2-2 美国 TSI 智能防爆粉尘仪（AM-510）

美国 TSI 公司 DustrakDRX 实时粉尘监测仪，结合了光度计高质量浓度测量能力和光学粒子计数器的尺寸及计数方面的优势，同时测量职业和环境气溶胶组分的质量浓度。赛默飞世尔 PDM3600 型个体粉尘检测仪，是基于锥形元件振荡微天平（TEOM），是以美国煤矿行业为基础而设计的一种个体便携式检测仪，用于测量矿工所接触到的呼吸性煤尘。

第二节　粉尘治理技术现状

国外煤矿粉尘治理思路重在前期预防和综合治理。在巷道设计和采掘设备选型时就充分考虑减少粉尘危害；在后期治理方面，采取了通风防尘、煤层注水、喷雾降尘及减少接尘人员等综合措施。

一、煤层注水

美国非常重视煤层注水，要求在采取煤层注水措施后使得煤的水分增加到 6% 左右，并要求提前完成瓦斯抽放工作，预留 6 个月时间进行煤体注水和补打钻孔，确保注水效果。

德国各产煤州矿山监察局明文规定，回采工作面在采煤前对煤体必须进行注水。在近距离煤层分层开采时，通过上部已掘巷道向下部煤体进行预注水，或在已布置好的工作面通过巷道向煤体预注水，以上两种方法在后期开挖或回采时都起到了很好的抑尘作用。注水泵多采用压气驱动泵，并采用恒定流量控制阀，实现了多孔动压同时注水，最多可达40 个孔。封孔方式有液力自动胀紧封孔器、PVR 快速凝固物封孔和针对瓦斯压力很高等特殊条件下的双回路封孔器。

俄罗斯为了使煤层注水与被湿润煤体的渗透特性相适应，研制出能自动调节注水参数的 YHP 型注水泵，它能根据煤层的渗透性和注水压力自动调整注水量，实现了最佳的煤层注水参数，提高了液体在煤体中分布的均匀性。

二、采煤机防尘

国外采煤机防尘与国内基本类似，主要依靠采煤机内外喷雾，但在喷嘴选型和喷雾参数方面有其特点。

在美国，采煤机内喷雾采用低压大流量实心锥形喷嘴进行喷雾，一方面可以高效湿润粉尘，另一方面又避免引起煤尘围绕滚筒扩散，起到很好的降尘作用。采煤机滚筒在加设外喷雾时，充分考虑利用喷雾对含尘气流进行控制，尽量使含尘气流沿着煤壁方向运动，避免含尘气流向人行道扩散，从而减少粉尘对人体的危害。通常在采煤机机身上安装几组高压低流量喷嘴，其喷雾方向顺着风流方向，朝向煤壁，如图 2-3 所示。同时，对上风流滚筒喷雾，尽可能地将喷雾杆延长，使其喷雾方向顺着风流方向，朝向煤壁，其喷雾效果如图 2-4 所示。对于疏水性强的粉尘，在喷雾水中添加降尘剂，以提高降尘效率。

英国采用吸尘滚筒来降低采煤机割煤产生的呼吸性粉尘，已在英国 20% 以上的薄煤层工作面推广使用。井下试验和应用表明，吸尘滚筒对呼吸性粉尘的捕集效率高达 95%，与普通截齿冲洗喷雾的滚筒相比，切割时粉尘的产生量减少了 40%~80%。此外，还可冲淡瓦斯、减少截齿与煤壁摩擦产生火花的可能性。

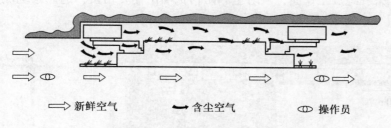

⟹ 新鲜空气　　➡ 含尘空气　　◑ 操作员

图 2-3　采煤机喷雾控尘示意图

图 2-4　采煤机外喷雾效果图

三、液压支架防尘

国外液压支架喷雾布置位置与国内不同，美国和德国在支架的顶部和侧面均布置喷嘴，如图 2-5 所示。顶部喷嘴用于预先湿润支架上方的煤体或岩石，使支架在降架、移架过程中少产尘，侧部喷嘴用于捕集已经飞扬的粉尘。同时，在支架顶梁底面安装喷雾，如图 2-6 所示，形成一个移动式水帷幕，以控制上滚筒和下滚筒区域的粉尘。

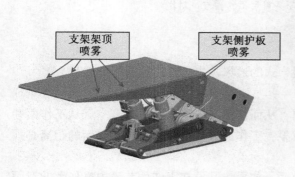

支架架顶喷雾　支架侧护板喷雾

图 2-5　支架顶部和侧部喷嘴安装示意图

图 2-6　支架顶梁底面喷雾

四、综采工作面通风防尘

美国在综采和综放工作面，从防尘和防治瓦斯的需要出发，通风系统优先采用"Y"形通风，如图 2-7 所示。

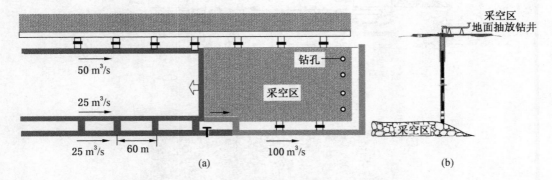

图 2-7　北贡亚拉矿综放工作面"Y"形通风系统示意图

美国煤矿井下十分重视通风防尘，一方面严格控制工作面风速，一般将采煤工作面的风速控制在 2.0~2.3 m/s 之内，这样的风速既能有效排尘，又能避免粉尘二次飞扬。另一方面，在采煤工作面采用适当的风流调节措施，能有效地控制粉尘，使粉尘沿着煤壁方向运行，而不污染人行道。一般采用挡帘的方式来控制工作面风流的运动，采空区挡帘安装在工作面端头处第一架支架和支护处，这将使通风流拐 90°弯沿着工作面而不是漏入采空区。安装挡帘前后，工作面进风对比如图 2-8 所示。

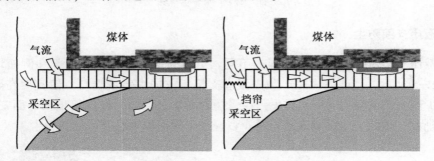

图 2-8　采空区挡帘安装前后工作面进风对比

五、掘进工作面通风除尘

德国在掘进工作面采用抽出式和压抽混合式的通风除尘方式起到很好的效果。

（一）抽出式通风系统

通过排气风筒将污染空气从工作面抽出，从而使得工作面巷道内新鲜空气从工作面巷道后方流向工作面。为了取得良好的控尘效果，工作面排气风筒入口与工作面的距离必须控制在 3 m 以内。

抽出式风筒入口端必须在机器操作者前面，如果将其设在工作面巷道内操作者的对面一侧则更加可取。有些煤矿使用大口径风筒，并在其入气口处插接直径相对较小的风筒，从而使得工作面推进过程中可以做到风筒自由伸缩。进入抽气风筒的空气体积能够使得机器周围空气向前的流速足够高，从而阻止粉尘流向工作面巷道，如图2-9所示。

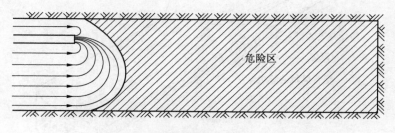

(a) 排气通风系统剖面图

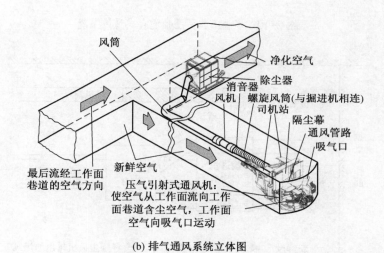

(b) 排气通风系统立体图

图2-9　机掘面抽出式通风系统

（二）压抽混合式通风系统

该系统包含压入式和抽出式两种通风系统，使用两台供风能力不同的风机。系统能有效控制瓦斯和呼吸性粉尘。抽出式风筒的入口必须按照抽出式通风系统的要求尽量靠近工作面。

压入式通风系统使用风机时，应避免因风机位置及风机通风量不当而导致出现循环风。压入式通风系统的风机出口距工作面应足够远或装配一个扩散器，这是为了避免压入式气流将粉尘吹向工作面巷道，破坏抽出式管道的抽尘效果。综掘工作面压抽混合式通风系统，如图2-10所示。

（三）通风控除尘系统

德国煤矿巷道掘进断面较大，在掘进过程中多采用机械除尘。如图2-11所示，在部分断面掘进机（TSM）上安设有机械除尘装置，在靠近巷帮一侧挂设附壁风筒，该风筒经过紊流装置，新鲜风流以紊流状态吹向掘进工作面，新鲜风流在掘进工作面与含尘的风流混合后被吸入除尘装置，粉尘经除尘装置净化后排至巷道回风区域，大大改善了掘进机司机作业环境，同时也为后方作业人员提供了较新鲜的风流，除尘效果十分显著。

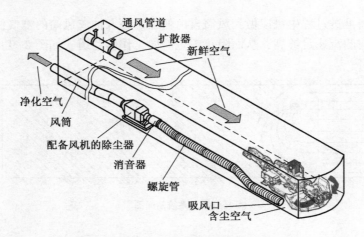

图 2-10　综掘工作面压抽混合式通风系统

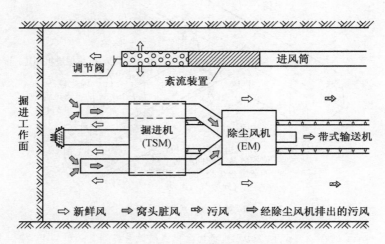

图 2-11　掘进工作面机械化除尘示意图

六、化学降尘剂

近年来国外研发出了多种化学降尘剂，在防尘供水、喷雾用水和煤层注水中加入化学降尘剂以提高降尘效果。

美国奎克化学公司研发的 DUSTGRIP™ Turbo 粉尘抑制剂应用较为普遍，使用效果较好。粘结式防尘方面，应用比较普遍的有德国的 MONTAN 型粘尘剂。对于行人路面的落尘，并不同于国内采用人工洒水除尘，而用一种喷洒封尘固化剂，将岩煤尘凝固成小块状，起到抑尘效果。俄罗斯研制的煤层注水用 CTC 固体润湿剂，在添加浓度为 0.01% ~ 0.15% 的情况下，比纯水降尘率提高了 20% ~ 30%。广泛使用的化学降尘剂还有俄罗斯的 OJI-7 型降尘剂、日本的 SS-01 型粘尘剂、南非的 ANTI 型疏水防尘剂和波兰的卡波剂。

第三章　矿井粉尘基本理论

第一节　矿　尘　概　述

一、矿尘概念

粉尘是指能够较长时间悬浮在空气中的固体颗粒。从胶体化学观点来看，含尘空气是一种气溶胶，悬浮粉尘散布在空气中，与空气共同组成一个分散体系，分散相是悬浮粉尘，分散媒是空气。矿井粉尘是指在煤矿开拓、掘进、回采和提升运输等生产过程中产生，并能长时间悬浮于空气中的岩石和煤炭的细微颗粒。

二、矿尘分类

目前，常用的矿尘分类方法包括以下七种。

（一）按矿尘的成分分类

（1）煤尘。采煤、煤巷掘进以及运煤等过程中产生的，尘粒中以含固定碳可燃物为主的矿尘称为煤尘。

各个国家在定义煤尘的粒度范围是不相同的，没有统一的严格规定。美国规定 0.64 mm 以下的煤粒为煤尘；英国规定 0.59 mm 以下的煤粒为煤尘；中国规定 1.0 mm 以下的煤粒为煤尘。

（2）岩尘。岩巷或半煤岩巷掘进中产生的，尘粒中不含或极少含有固定碳可燃物的矿尘称为岩尘。

煤矿井下作业产生的矿尘主要是煤尘和岩尘，此外，还有少量金属微粒和爆破时产生的其他尘粒等。

（二）按矿尘粒径划分

（1）粗尘。粒径大于 40 μm，相当于一般筛分的最小粒径，在空气中极易沉降。

（2）细尘。粒径为 10~40 μm，在明亮的光线下，肉眼可以看到，在静止空气中作等速沉降运动。

（3）微尘。粒径为 0.25~10 μm，用光学显微镜可以观察到，在静止空气中作等速沉降运动。

（4）超微尘。粒径小于 0.25~10 μm，要用电子显微镜才能观察到，在空气中作扩散运动。

（三）按矿尘产生来源划分

（1）原生矿尘。在开采之前因地质作用和地质变化等原因而生成的矿尘。原生矿尘存在于煤体和岩体的层理、节理和裂隙之中。

（2）次生矿尘。在采掘、装载、转运等生产过程中，因破碎煤岩而产生的矿尘。次生矿尘是煤矿井下矿尘的主要来源。

（四）按矿尘的存在状态划分

（1）浮游矿尘。悬浮于矿井空气中的矿尘，简称浮尘。

（2）沉积矿尘。从矿井空气中沉降下来的矿尘，简称落尘。

浮尘和落尘在不同风流环境下可以相互转化。矿井防尘的主要对象是悬浮于空气中的矿尘，所以一般所说的矿尘就是指这种状态的矿尘。

（五）按矿尘的粒径组成范围划分

（1）全尘（总粉尘）。包括各种粒径在内的矿尘的总和。对于煤尘，常指粒径在 1 mm 以下的所有尘粒。

（2）呼吸性粉尘。主要指空气动力学直径 5 μm 以下的尘粒。它能通过人体上呼吸道进入肺泡区，是导致尘肺病的病因，对人体健康威胁很大。

全尘和呼吸性粉尘是粉尘检测中常用的术语。在一定条件下，两者有一定比例关系，其比值大小与矿物性质及生产条件有关，可以通过多次粉尘粒径分布测定获得。

（六）按矿尘中游离二氧化硅含量划分

（1）硅尘。指含游离二氧化硅在 10% 以上的矿尘，是引起矿工矽肺病的主要因素，煤矿中的岩尘一般多为硅尘。

（2）非硅尘。指含游离二氧化硅在 10% 以下的矿尘，煤矿中的煤尘一般均为非硅尘。

（七）按矿尘有无爆炸性划分

（1）有爆炸性煤尘。经过煤尘爆炸性鉴定，确定悬浮在空气中的煤尘在一定浓度和有引爆热源的条件下，本身能发生爆炸或传播爆炸的煤尘。

（2）无爆炸性煤尘。经过爆炸性鉴定，不能发生爆炸或传播爆炸的煤尘。

（3）惰性粉尘。能够减弱和阻止有爆炸性粉尘爆炸的粉尘，如岩粉等。

三、矿尘的危害

在全球范围内，包括中国在内的许多国家的煤矿都存在着粉尘灾害问题。世界主要采煤国家，如美国、印度、澳大利亚、中国、俄罗斯、德国、波兰等，都不同程度地存在煤矿粉尘安全隐患和职业健康等问题。

（一）职业病

矿尘的危害是多方面的，污染劳动环境，降低生产场所的可见度，影响工人的劳动效率和操作安全。工人长期在存有矿尘环境中工作，吸入大量矿尘后，轻者能引起呼吸道炎症，重者可导致尘肺病，严重影响人体健康和寿命。尘肺病作为煤炭行业的一类多发职业病，是一种"隐性"矿难，较之瓦斯爆炸等"显性"矿难更具有杀伤力，它损害的群体更多、更广，潜在的危害性更重，破坏性更强。

1969 年，美国颁布了《联邦煤矿健康和安全法案》（The Federal Coal Mine Health and Safety Act）之后，几十年来，黑肺病作为煤矿工人的职业病得到了有效控制，患病率有所降低。然而，在 20 世纪 90 年代后，该病发病率开始出现明显上升趋势。2009 年 12 月，美国矿业安全和健康管理局发起了"终结黑肺病"运动，并举行听证会、收集公众意见。2013 年 8 月，该管理局将提案交至美国联邦政府，接着又经过了近一年的等待，美国联邦政府确定了改革议程。此次改革创造了历史，但仍需严加监管。对于我国来说，不但煤矿接尘工人数在全世界居于首位，而且尘肺病患病率居高不下，带来了一系列的负面影响。例如，统计数据表明，2003 年国有重点煤矿新报告尘肺病 1.2 万例，约占当年井下工人总数的 1.5%，这些数字还不包括职业危害更严重的原国有地方煤矿和乡镇煤矿。到2007 年末，全国煤矿（包括乡镇小煤矿、小煤窑）累计尘肺病患者达 70 余万人，接近我国各行业尘肺病人数的一半，尘肺病患者累计死亡 18.6 万人。2009 年，共报告尘肺病新病例 14495 例，其中煤工尘肺和矽肺占 91.89%。2013 年，煤矿职业病报告病例达 15078例，是同年煤矿事故死亡人数的 14 倍。数量众多的职业尘肺病患者，要花费大量的人力、物力、财力来进行治疗，不仅经济损失巨大，而且也给患者及家属带来了很大的痛苦。从职业健康方面来看，我国煤矿粉尘防治工作刻不容缓。

（二）煤尘爆炸

矿尘中的煤尘具有可燃性，在遇有外界火源情况下，很容易引起火灾，有的煤尘还能导致爆炸事故，造成巨大损失。1906 年，法国吉利耶尔煤矿发生煤尘爆炸，死亡 1099人，这是世界上第一次发生煤尘爆炸。1907 年，美国孟诺加煤矿发生煤尘爆炸，死亡 362人。1942 年，本溪煤矿发生了世界史上最大的一次瓦斯煤尘爆炸事故，死亡 1549 人，伤残 246 人。1960 年 5 月 9 日，山西省大同矿务局老白洞煤矿发生煤尘爆炸事故，造成 684人死亡。1962 年，山西省大同矿务局老白洞煤矿发生煤尘爆炸事故，死亡 629 人。1963年，日本三池煤矿发生煤尘爆炸，死亡 458 人，伤 832 人。2002 年，原国有重点煤矿有532 处矿井煤尘有爆炸危险，占总矿井数量的 87.4%。小煤矿中 91.35% 煤矿的煤尘具有爆炸危险，其中高达 57.71% 的具有强爆炸性，煤尘爆炸及瓦斯爆炸时参与煤尘爆炸所造成的重大特大事故占煤矿事故的很大比重。2005 年 11 月 27 日，黑龙江省龙煤矿业集团七台河分公司东风煤矿违规爆破处理 275 输送带巷道主煤仓堵塞，导致煤仓给煤机垮落，煤仓内的煤炭突然倾出，带出大量煤尘并造成巷道内积尘飞扬达到爆炸界限，爆破火焰引起煤尘爆炸，造成 171 人死亡、48 人受伤。2006 年 7 月 15 日，山西省灵石县蔺家庄煤矿又发生一起重大煤尘爆炸事故，死亡 53 人。2006 年 2 月 23 日，山东省枣矿集团联创公司（原陶庄煤矿）发生一起煤尘爆炸特大事故，在现场施工的 27 人中，15 人死亡，12 人受伤。2013 年 12 月 13 日，新疆维吾尔自治区昌吉回族自治州呼图壁县白杨沟煤矿违规实施架间爆破，引发瓦斯爆炸，冲击波扬起工作面运输巷道、运输平巷的煤尘参与爆炸，导致事故扩大，造成 22 人死亡。因此，有效降低矿井粉尘的浓度，解决煤矿工作面粉尘浓度高的问题迫在眉睫。

第二节　矿尘的产生及来源

一、矿尘的产生

为准确测定煤矿粉尘的特性、评价作业人员所受尘害状况及有针对性地采取粉尘控制技术，需要掌握煤矿粉尘的产生及来源。煤矿作业的各个生产过程都可以产生矿尘，主要包括以下生产作业工序。

（1）钻眼作业，如气动凿岩机或煤电钻打眼、打锚杆眼、注水眼等。

（2）炸药爆破。

（3）采煤机割煤、装煤和掘进机掘进。

（4）采场支护、放顶。

（5）巷道支护，特别是锚喷支护。

（6）装载、运输、转载、卸载和提升。

（7）通风安全设施的构筑等。

煤矿粉尘的主要尘源是采掘、运输和装载、锚喷等作业场所。采掘工作面产生的浮游粉尘约占矿井全部粉尘的 80% 以上；其次是运输系统中的各转载点，由于煤岩遭到进一步破碎，也产生相当数量的粉尘。

按产尘来源分析，在现有防尘技术条件下，各生产环节所产生的浮游粉尘量比例关系大致为采煤工作面产尘量占 45% ~ 80%，掘进工作面产尘量占 20% ~ 38%，锚喷作业点产尘量占 10% ~ 15%，运输通风巷道产尘量占 5% ~ 10%，其他作业点产尘量占 2% ~ 5%。井下各生产系统及各工序环节的产尘量并不是一成不变的，其受到多种条件的制约而经常发生变化。

因此，在进行防尘工作时，要对上述各个产尘环节采取有效措施，使矿井粉尘浓度达到国家规定的卫生标准。

二、影响矿尘产生的主要因素

不同矿井由于煤层和岩层的地质条件不同，采掘方法、作业方式和机械化程度不同，矿尘的生成量多少有很大差异。即使在同一个矿井里，产尘的多少因地因时而发生着变化。矿尘生成量的多少主要取决于下列六方面因素。

（一）地质构造及煤层赋存条件

在地质构造复杂、断层褶曲发育并且受地质构造破坏强烈的地区开采时，矿尘产生量最大；反之则较小。井田内如有火成岩侵入，煤体变脆变酥，产尘量也将增加。

一般说来，开采急倾斜煤层比开采缓倾斜煤层的产尘量要大，开采厚煤层比开采薄煤层的产尘量要高。

（二）煤岩的物理性质

通常节理发育且脆性大的煤易碎，结构疏松而且干燥坚硬的煤岩在采掘工艺相近的条件下产尘细微且量大。

（三）环境的温度和湿度

煤岩本身水分低，煤帮岩壁干燥，而且环境相对湿度低时，作业时产尘量会相对增大；反之，若煤岩体本身潮湿，矿井空气湿度大，虽然作业时产尘量较多，但由于水蒸气和水滴的吸湿作用，矿尘悬浮性减弱，空气中矿尘含量会相对减小。

（四）采煤方法

不同的采煤方法产尘量差异很大。例如，急倾斜煤层采用倒台阶方法开采比用水平分层开采的产尘量要大；全部冒落采煤法比水砂充填法的产尘量要大得多。就减少产尘量而言，旱采（特别是机采）又远不及水采。

（五）产尘点的通风状况

矿尘浓度的大小和作业地点的通风方式、风速及风量密切相关。当井下实行分区通风，风量充足且风速适宜时，矿尘浓度就会降低。如采用串联通风，含尘空气再次进入下一个作业地点或风量不足、风速偏低时，矿尘浓度就会逐渐增高。保持产尘点的良好通风状况，关键在于选择既能使矿尘稀释并排出，又能避免落尘重新飞扬的最佳风速。根据现场试验研究，回采工作面风速在 1.2~1.6 m/s 时，浮游煤尘最小；掘进工作面的风速以 0.25~0.63 m/s 为宜。

（六）采掘机械化程度和生产强度

煤矿采掘工作面的矿尘生成量是随着采掘机械化程度的提高和生产强度的加大而急剧上升的。在地质条件和通风状况基本相同的情况下，炮采工作面干爆破时矿尘浓度一般为 300~500 mg/m³，机采干割煤时矿尘浓度为 1000~3000 mg/m³，而综采干割煤时矿尘浓度则高达 4000~8000 mg/m³，有的甚至更高。

采取措施后，炮采的矿尘浓度一般可为 40~80 mg/m³，机采为 30~100 mg/m³，而综采为 20~120 mg/m³。

采用的采掘机械及其作业方式不同时，产尘强度也随之发生变化。如综采工作面使用双滚筒采煤机组时，截割机构的结构参数及采煤机的工作参数均和产尘量密切相关。

据有关资料统计，在现代化矿井中，一昼夜煤尘的生成量可以达到矿井煤炭产量的 3%。

第三节　矿尘的理化特性

一、矿尘的比表面积

煤或岩石被破碎为微细的矿尘，其总表面积显著增大。单位质量（或体积）矿尘的总表面积称为矿尘的比表面积。设尘粒为球形，则比表面积 S_w 与直径 d 的关系可用式（3-1）或式（3-2）表示。

$$S_w = \frac{\pi d^2}{\left(\dfrac{\pi}{6}\right) d^3 \rho_1} = \frac{6}{\rho_1 d} \tag{3-1}$$

或

$$S_w = \frac{\pi d^2}{\left(\dfrac{\pi}{6}\right) d^3} = \frac{6}{d} \tag{3-2}$$

式中　d——尘粒的直径，m；

　　　ρ_1——矿尘的密度，kg/m³。

由式（3-1）可以看出，矿尘的比表面积与其直径成反比。如果矿尘的粒径越小，它的比表面积越大。因而，比表面积是衡量矿尘颗粒大小的指标之一。

二、矿尘中游离二氧化硅的含量

二氧化硅在岩石和矿物中的存在状态有 2 种：一种是结合状态的二氧化硅，即硅酸盐矿物，如长石（$K_2O \cdot Al_2O_3 \cdot 6SiO_2$）、滑石（$3MgO \cdot 4SiO_2 \cdot H_2O$）等，对人体危害不大；另一种是游离状态的二氧化硅，常见的煤系沉积岩（如页岩、砂岩、砾岩、石灰岩等）都含有不同数量游离状态的二氧化硅。矿尘中的游离二氧化硅是危害人体的决定因素，其含量越高，危害越大。在煤矿生产过程中，矿工接触的岩石粉尘中游离二氧化硅的含量为 18%～80%，通常多在 30%～50%。煤炭中也含有 1%～5% 的游离二氧化硅，无烟煤一般较烟煤高。游离二氧化硅是引起矿工矽肺病的主要因素。

三、矿尘的湿润性

当空气湿度较大或有水雾时，矿尘的粒子表面空气膜被水雾或水滴破坏，因而粒子相互碰撞时凝聚在一起，这种性质叫作矿尘的湿润性。

实际上，矿尘的湿润现象是液体（水）和固体（尘粒）分子之间的分子力作用的结果。如果水分子间的引力小于水与尘粒分子间的引力，则矿尘就能被水所湿润，反之不易被湿润。矿尘的湿润性除决定于矿尘的成分外，在通常情况下，矿尘的湿润性随着尘粒变小及表面积的增大而减弱，随温度的上升而下降，随压力增加而加大，随矿尘与水接触时间的加长而变强。它也与液体的表面张力有关，表面张力越小的液体，越容易被尘粒吸湿。

井下矿尘都具有一定的吸湿能力，矿尘的湿润性是决定液体除尘效果的重要因素，对于吸湿性好的矿尘，易与水分子结合，使尘粒质量增加而易于沉降。井下的各种喷雾洒水降尘及湿式防尘器就是利用了矿尘的吸湿性。对于吸湿性较差的矿尘，在采用喷雾洒水、煤体注水、湿式除尘器除尘等降尘措施时，就需要在水中加入适量的湿润剂，以降低水的表面张力，增加矿尘的吸湿性，以提高防尘效果。

四、矿尘的荷电性

同一种尘粒可带正电，也可带负电或不带电，而与其化学性质无关。尘粒的荷电性与电荷符号对防尘工作有重要的意义。同性电荷相斥，增加了尘粒在空气中的运动，不易凝聚沉降；异性电荷相吸，可使尘粒在碰撞时凝聚沉降。所以，在煤矿井下除尘时，可以利用矿尘的荷电性，设计和使用电除尘器。目前，因空气的电离作用和尘粒之间或尘粒与其他物体碰撞、摩擦、吸附而带有电荷，在袋式除尘器和湿式除尘器中，已越来越多地利用尘粒的荷电性来提高悬浮于空气中的尘粒。尘粒的荷电量取决于尘粒的大小和比重，并与湿度和温度有关。当湿度升高时，荷电量增加；而当温度增大时，荷电量降低。煤尘的电荷符号主要取决于煤的变质程度、灰分组分和对矿尘的捕集性能。但另一方面，由于矿尘具有荷电性，带电的尘粒也较容易沉积在人体的支气节和肺泡中，从而增加了对人体的危害性。

五、矿尘的浓度

矿尘的浓度是指在单位体积的矿内空气中所含矿尘的数量。

（一）表示方法

1. 质量法

用每立方米矿内空气中所含浮尘的克数或毫克数表示，g/m^3 或 mg/m^3。

2. 计数法

用每立方厘米的矿内空气中含浮尘的颗粒数表示，粒/cm^3。

我国规定采用质量法来计量矿尘浓度。计数法因其测定复杂且不能很好地反映矿尘的危害性，因而较少使用。矿尘浓度的大小直接影响着矿尘危害的严重程度，是衡量作业环境的劳动卫生状况和评价防尘技术效果的重要指标。

（二）除尘效率

除尘效率（也叫防尘率）是表示除尘措施或装置使空气中含尘量降低程度的指标，其实质就是除掉的矿尘与空气中原有总的含尘量之比的百分数，可用式（3-3）计算。

$$\eta = \frac{G_1 - G_2}{G_1} \times 100\% = \frac{C_1 - C_2}{C_1} \times 100\% \qquad (3-3)$$

式中　G_1——原空气中的总矿尘量，g；

G_2——降尘后空气中的矿尘量，g；

C_1——原空气中的矿尘的浓度，g/m³ 或 mg/m³；

C_2——降尘后空气中的矿尘的浓度，g/m³ 或 mg/m³。

六、矿尘的分散度

矿尘的分散度是指矿尘中不同粒径范围内（粒度分布）的尘粒占总数的粒数或质量百分数，用其表示煤岩等物质被粉碎的程度。一般来说，分散度越高，表示矿尘中微细尘粒占的比例大；分散度低，表示矿尘中粗大颗粒占的比例大。

矿尘的分散度有质量百分比和数量百分比两种表示方法。

1. 质量分散度

质量分散度是以各粒级尘粒的质量占矿尘总质量的百分数表示，可用式（3-4）计算。

$$P_t = \frac{u}{W} \times 100\% \qquad (3-4)$$

式中　P_t——质量分散度，%；

u——某粒级矿尘的质量，mg；

W——矿尘的总质量，mg。

2. 数量分散度

数量分散度是以各粒级尘粒的颗粒数占矿尘总颗粒数的百分数表示，可用式（3-5）其计算。

$$P_t' = \frac{n}{m} \times 100\% \qquad (3-5)$$

式中　P_t'——数量分散度，%；

n——某粒级尘粒的颗粒数，粒；

m——矿尘的总尘粒颗粒数，粒。

我国煤矿矿尘分散度，按数量百分比划分为 4 个计测范围：Ⅰ 级为小于 2 μm，Ⅱ 级为 2~5 μm，Ⅲ 级为 5~10 μm，Ⅳ 级为大于 10 μm。在矿尘分散度的 4 级组成中，小于 5 μm 的尘粒所占的百分数越大，对人体的危害越大。

根据一些实测资料，矿井中矿尘的数量分散度大致为：小于 2 μm 的占 46.5%~60%，2~5 μm 的占 25.5%~35%，5~10 μm 的占 4%~11.5%，大于 10 μm 的占 2.5%~7%。一

一般情况下，小于 5 μm 的矿尘（即呼吸性粉尘）占 90% 以上。

矿尘分散度是衡量矿尘颗粒大小的一个重要指标，是研究矿尘性质与危害时的一个重要因素。矿尘的分散度直接影响着它的比表面积的大小，矿尘分散度越高，其比表面积越大。

矿尘分散度对尘粒的沉降速度有显著的影响，微细尘粒难以沉降，给降尘工作带来了不利影响。矿尘分散度对尘粒在呼吸道中的阻留有直接影响。可见，矿尘的分散度越高，危害性越大，而且越难捕获。

七、矿尘的燃烧性和爆炸性

有些矿尘（主要是硫化矿尘和煤尘）在空气中达到一定浓度时，遇到外界明火、电火花，或在高温热源的作用下，能发生燃烧和爆炸。矿尘爆炸时能产生高温、高压，生成大量的有毒有害气体，对矿井安全生产威胁极大。

一般认为，含硫大于 10% 的硫化矿尘即有爆炸性，发生爆炸的粉尘浓度范围为 250~1500 g/m^3，引燃温度为 435~450 ℃。

八、矿尘的可见度

在强烈的阳光下，当尘粒的背影颜色不同时，可以见到 10 μm 大小的尘粒。然而，在照明条件很差的矿井里，100 μm 的尘粒肉眼是看不见的。因此，看上去井下空气似乎很清洁，而实际上可能含有大量的矿尘，这部分矿尘恰恰对人身体危害比较严重。

九、矿尘的密度和相对密度

单位体积矿尘的质量称为矿尘密度，单位为 kg/m^3 或 g/cm^3。排除矿尘间空隙以纯矿尘的体积计量的密度称为真密度，用包括矿尘间空隙在内的体积计量的密度称为表观密度或堆积密度。

矿尘的真密度是一定的，而堆积密度则与堆积状态有关，其值小于真密度。

矿尘的真密度对拟定含尘风流净化的技术途径（如除尘器选型）有重要价值。

矿尘的相对密度是指粉尘的质量与同体积标准物质的质量之比，因而是无因次量。通常采用标准大气压（1.031×10^5 Pa）和温度为 4 ℃时的纯水作为标准物质。由于在这种状态下 1 cm^3 的水的质量为 1 g，因而粉尘的相对密度在数值上就等于其密度。

十、矿尘的光学特性

矿尘的光学特性包括矿尘对光的反射、吸收和透光强度等性能。在测尘技术中，常利用矿尘的光学特性来测定它的浓度和分散度。

（1）尘粒对光的反射能力。光通过含尘气流的强弱程度与岩粒的透明度、形状、气流含尘浓度及尘粒的大小有关，但主要取决于气流含尘浓度和尘粒直径大小。当尘粒直径大于 1 μm 时，光线由于被直接反射而损失，即光线损失与反射面而积成正比。当浓度相同时，光的反射值随粒径减小而增加。

（2）尘粒的透光程度。含尘气流（对光线）的透明程度，取决于气流含尘浓度的高低。当浓度为 0.115 g/m^3 时，含尘气流是透明的，可通过 90% 的光，随着浓度的增加，其透明度将大为减弱。

（3）光强衰减程度。当光线通过含尘气流时，由于尘粒对光的吸收和散射等作用，会使光强减弱。

十一、矿尘的吸附性和凝聚性

（一）吸附性

矿尘微粒之间存在着吸附力，与尘粒的粒径、分散度等因素有关。粒径越小，分散度越高，颗粒之间自然接触面积就越大，矿尘微粒之间的吸附力、溶解性和化学活性也随之增强。这些微粒一旦进入人体肺部，容易引起纤维性病变。例如，石英粒子的大小由 $75\ \mu m$ 减小到 $50\ \mu m$，它在碱溶液中的含量由 2.3% 上升到 6.7%，这对尘肺的发病机理起着重要作用。

（二）凝聚性

矿尘体积小，质量轻，比表面积大，增强了尘粒间的结合力。当粒子间的间距非常小时，由于分子引力作用，尘粒相互结合而形成较大尘粒，矿尘的这种性质叫作凝聚性。若尘粒和其他物体相结合，这种现象称为附着。

十二、矿尘的悬浮性及扩散性

（一）悬浮性

尘粒粒度越小、质量越轻，矿尘表面积越大，吸附空气的能力也越强。矿尘的表面形成一层空气膜，因此矿尘不易降落，可以长时间的悬浮在空气中，矿尘的这种特性叫作悬浮性。直径大于 $10\ \mu m$ 的矿尘，在静止的空气中里加速下降，很快落到底板；直径在 $0.1 \sim 10\ \mu m$ 之间的呈等速下降；直径小于 $0.1\ \mu m$ 的尘粒基本不下降。

（二）扩散性

悬浮于空气中的矿尘，如果存在浓度差别，则矿尘往往就会从高浓度区域向低浓度区域扩散移动，具有趋向于浓度均匀化，这种特性称为矿尘的扩散性。由于扩散作用，则向液滴或除尘滤料等降尘物表面附着的尘粒就越多。因此，扩散作用对矿尘的分离起着主要作用，有利于捕集粒径小于 $0.1\ \mu m$ 的矿尘。

第四节　煤尘的爆炸性

我国多数煤矿所产生的煤尘具有爆炸性。当空气中飞扬的煤尘达到一定的浓度，在引爆热源的作用下，可以发生猛烈的爆炸，给煤炭生产与井下工人的安全造成严重的危害。

一、煤尘爆炸机理

煤尘爆炸是空气中氧气和煤尘急剧氧化的反应过程。煤是复杂的固体化合物，煤尘爆炸的机理与可燃气体爆炸的机理相比要复杂。一般认为，煤炭被破碎成微细的煤尘后，总表面积显著增加。当它悬浮于空气中，吸氧和被氧化的能力大大增强，在外界高温热源的作用下，悬浮的煤尘单位时间内能吸收更多的热量，$300 \sim 400\ ℃$ 时，就可放出可燃性气体，主要成分为甲烷、乙烷、丙烷、丁烷、氢和 1% 左右的其他碳氢化合物。这些可燃气体集聚于尘粒周围，形成气体外壳，当这个外壳内的气体达到一定浓度并吸收一定能量后，链反应过程开始，游离基迅速增加，就发生了尘粒的闪燃；闪燃的尘粒被氧化放出的热量，以分子传导和火焰辐射的方式传递给周围的尘粒，并使之参加链反应，反应速度急剧增加，燃烧循环地继续下去；由于燃烧产物的迅速膨胀而在火焰面前方形成压缩波，压缩波在不断压缩了的介质中传播时，后波可以赶上前波；这些单波叠加的结果，使火焰面前方的气体的压力逐渐增高，因而引起了火焰传播的自动加速；当火焰速度达到每秒数百米以后，煤尘的燃烧便在一定的临界条件下跳跃式地转变为爆炸。

从燃烧转变为爆炸的必要条件是由于化学反应产生的热能必须超过热传导和辐射所造成的热损失；否则，燃烧既不能持续发展，也不会转为爆炸。

二、煤尘爆炸的过程

煤尘爆炸是空气中氧气和煤尘急剧氧化的反应过程。第一步是悬浮的煤尘在热源作用下迅速地被干馏或气化而放出可燃气体；第二步是可燃气体与空气混合而燃烧；第三步是煤尘燃烧放出热量，这种热量以分子传导和火焰辐射的方式传给附近悬浮的或被吹扬起来的落地煤尘，这些煤尘受热后被气化，使燃烧不断循环继续下去。由于燃烧产物的迅速膨胀而在火焰面前方形成压缩波，压缩波在不断压缩了的介质中传播时，后波可以赶上前波；这些单波叠加的结果，使火焰面前方的气体的压力逐渐增高，因而引起了火焰传播的自动加速；当火焰速度达到每秒数百米以后，煤尘的燃烧便在一定的临界条件下跳跃式地转变为爆炸。

从燃烧转变为爆炸的必要条件是由于化学反应产生的热能必须超过热传导和辐射所造成的热损失；否则，燃烧即不能持续发展，也不会转为爆炸。

三、煤尘爆炸的条件

煤尘爆炸必须同时具备三个条件：煤尘本身具有爆炸性；煤尘必须悬浮于空气中，并达到一定的浓度；存在能引燃煤尘爆炸的高温热源。

（一）煤尘的爆炸性

并不是所有的煤尘都具有爆炸性。煤尘具有爆炸性是煤尘爆炸的必要条件。煤尘爆炸的危险性必须经过试验确定。

（二）悬浮煤尘的浓度

井下空气中只有悬浮的煤尘达到一定浓度时，才可能引起爆炸，单位体积中能够发生煤尘爆炸的最低和最高煤尘量称作下限浓度和上限浓度。低于下限浓度或高于上限浓度的煤尘都不会发生爆炸。煤尘爆炸的浓度范围与煤的成分、粒度、引火源的种类和温度及试验条件等有关。一般说来，煤尘爆炸的下限浓度为 $30 \sim 50$ g/m³，上限浓度为 $1000 \sim 2000$ g/m³，其中爆炸力最强的浓度范围为 $300 \sim 500$ g/m³。

一般情况下，浮游煤尘达到爆炸下限浓度的情况是不常有的，但是爆炸和其他震动冲击都能使大量落尘飞扬，在短时间内使浮尘量增加，达到爆炸浓度。因此，确定煤尘爆炸浓度时，必须考虑落尘这一因素，即通过试验得出落尘的爆炸下限，用作确定巷道按煤尘爆炸危险程度分类的指标。

（三）引燃煤尘爆炸的高温热源

煤尘的引燃温度变化范围较大，它随着煤尘性质、浓度及试验条件的不同而变化。我国煤尘爆炸的引燃温度在 610～1050 ℃ 之间，一般为 700～800 ℃。煤尘爆炸的最小点火能为 4.5～40 mJ。这样的温度条件，几乎一切火源均可达到，如爆破火焰、电气火花、机械摩擦火花、瓦斯燃烧或爆炸、井下火灾等。根据 20 世纪 80 年代的统计资料，由于爆破和机电火花引起的煤尘爆炸事故分别占总数的 45% 和 35%。

以爆破引燃煤尘爆炸为例，爆破作业时炸药释放的能量是导致煤尘氧化反应加速所需热能的主要来源。其引燃或引爆的原因：①炸药爆炸时形成的空气冲击波的绝热压缩；②炸药爆炸时生成的炽热的或燃烧着的固体颗粒的点火作用；③炸药爆炸时生成的气态爆炸产物（也称爆炸瓦斯，如 NO_2、H_2、CO 和 O_2 等）及二次火焰的直接加热。这三种因素尽管其发火机制不同，但都能引燃甚至引爆，即都有发火作用。

四、煤尘爆炸的危害性及特征

煤尘爆炸的危害性表现为对人员的伤害和设备的破坏，其特征概括为五方面。

（一）产生高温高压

煤尘着火燃烧的氧化反应主要是在气相内进行的。当煤尘云开始被点燃时，产生的火焰和压力波两者的传播速度几乎相同。随着时间延长，压力波的传播速度加快。国外用化学方法算出的煤尘爆炸最大火焰速度为 1120 m/s，而在实际试验中所测得的火焰速度为 610～1800 m/s，计算出的压力波速度为 2340 m/s。根据实验室测定，煤尘爆炸火焰的温度是 1600～1900 ℃。煤尘爆炸产生的热量，可使爆炸地点的温度高达 2000 ℃ 以上。这是煤尘爆炸得以自动传播的条件之一。煤尘爆炸的理论压力为 736 kPa，但是在有大量沉积煤尘的巷道中，爆炸压力将随着离开爆源的距离增加而跳跃式地增大。只要巷道中有煤尘，这种爆炸就会不停地向前发展，一直传播到没有煤尘的地点为止。对发生煤尘爆炸事故的矿井调查表明，一般距爆源 10～30 m 以内的地点，破坏较轻，而后离爆源越远，破坏越严重。根据煤尘爆炸平硐试验，距爆源 200 m 的巷道出口处，爆炸压力可达 0.5～1.0 MPa。如在爆炸波传播的通道内有障碍物、断面突然变化处或拐弯等，爆炸压力还将上升。

（二）连续爆炸

煤尘爆炸和瓦斯爆炸一样，都伴随有两种冲击。进程冲击，指在高温作用下爆炸瓦斯及空气向外扩张。回程冲击，指发生爆炸地点空气受热膨胀，密度减小，瞬时形成负压区，在气压差作用下，空气向爆源逆流，促成的空气冲击，简称返回风，若该区内仍存在着可以爆炸的煤尘和热源，就会因补给新鲜空气而发生第二次爆炸。

由于煤尘爆炸的压力波传播速度很快，能将巷道中的落尘扬起，使巷道中的煤尘浓度迅速达到爆炸范围，因而当落后于压力波的火焰到达时，就能再次发生煤尘爆炸。有时可如此反复多次，形成连续爆炸。

连续爆炸是煤尘爆炸的一个重要特征。因为再次爆炸是在前一次爆炸的基础上发生的，爆炸前的初压往往大于大气压，所以在很多情况下，在一定距离范围内，离爆源越远破坏力越大。

（三）煤尘爆炸的感应期

煤尘爆炸也有一个感应期，即煤尘受热分解产生足够数量的可燃气体形成爆炸所需的时间。根据试验，煤尘爆炸的感应期主要决定于煤的挥发分含量，一般为 40~280 ms，挥发分越高，感应期越短。

（四）挥发分减少或形成黏焦

煤尘爆炸时，参与反应的挥发分约占煤尘挥发分含量的 40%~70%，致使煤尘挥发分减少，根据这一特征，可以判断煤尘是否参与了井下的爆炸。

对于气煤、肥煤、焦煤等黏结性煤的煤尘，一旦发生爆炸，一部分煤尘会被焦化，黏结在一起，沉积于支架和巷道壁上，形成煤尘爆炸所特有的产物——焦炭皮渣或黏块，统称黏焦。黏块是属于完全未受到焦化作用的煤尘集合体，其断面形状通常为三角形，如图 3-1a 所示，而皮渣是一种烧焦到某种程度的煤尘集合体，其形状通常为椭圆形，如图 3-1b 所示。黏焦也是判断井下发生爆炸事故时是否有煤尘参与的重要标志，同时还是寻找爆源及判断煤尘爆炸强弱程度的依据，因此是鉴定煤尘爆炸事故的一个重要依据。黏焦的形状与爆炸特征密切相关。

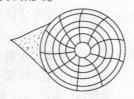

(a) 煤尘的黏块   (b) 已烧焦的煤尘的皮渣

图 3-1　煤尘的黏块和皮渣形状

（1）弱爆炸时，火焰与爆破风流以慢速传播，黏焦粘附在支柱两侧，而迎风侧（迎向爆源方向）较密，且多呈椭圆形。

（2）中等强度爆炸时，传播速度较快，黏焦主要附着在支柱的迎风侧，且多呈三角形。

（3）强爆炸时，传播速度极快，黏焦附着在支柱的背风侧，而在迎风侧有燃烧的痕迹。

（4）距爆源较远处，由于煤尘颗粒飞扬较远和燃烧时间较长，可形成焦化作用较完全的焦炭颗粒，大量附着在巷道支柱的迎风侧和周壁上，或堆积在背风侧的支柱下边，在头灯光照下有闪光亮点。

（五）产生大量的一氧化碳

煤尘爆炸时产生的一氧化碳，在灾区气体中的浓度可达 2%~3%，甚至高达 8% 左右。爆炸事故中受害者的大多数（70%~80%）是由于一氧化碳中毒造成的。煤尘爆炸中一氧化碳明显增多，是因为单位空间的氧与燃料比与气体爆炸相比较，燃料显得充裕，发生不完全燃烧所致。根据对爆炸后气体的分析，计算出 C/H 比，就可以确定爆炸物质是气体还是煤尘。瓦斯爆炸时的 C/H 比值为 2.3~2.8，煤尘爆炸为 3~16。煤尘爆炸传播过程中，由于煤尘粒子的热变质和干馏作用，除产生一氧化碳、二氧化碳（富氧时）、甲烷和氢气以外，还产生干馏气体，并含有毒气体，如氢氰酸（HCN）。

（六）煤尘与瓦斯在参与爆炸时的不同点

煤尘爆炸比瓦斯爆炸复杂，煤尘与瓦斯在参与爆炸时表现出各自不同的特点。

（1）存在状态不同。矿井巷道中的瓦斯通常完全混合于空气中；而煤尘有浮尘和落尘之分，落尘比浮尘的量多数倍，且落尘可转化为浮尘参与爆炸。

（2）发现的难易程度不同。瓦斯在巷道中的浓度在比它的爆炸下限浓度低几倍时就能发现；而落尘厚度小于 1 mm 时则很难判断其是否具有爆炸的危险性，而实际上这部分煤尘一旦飞扬于空气中，就能够引起强烈的爆炸。

（3）爆炸倾向性不同。矿内瓦斯的燃烧性与爆炸性在所有的瓦斯矿井内实际上都是相同的，而煤尘的爆炸倾向程度各矿不尽一致。在某些矿井内，煤尘完全没有爆炸的倾向，而在有煤尘爆炸危险的矿井内，煤尘爆炸又受诸多因素的影响而显示较大差异。

（4）荷电性不同。尘云很容易带有静电荷，而瓦斯则不具有这种特性。

（5）产生一氧化碳量多少不同。瓦斯爆炸时，若氧气不足，则产生少量一氧化碳；而煤尘爆炸时，由于部分煤尘被焦炭化，可产生大量的一氧化碳。

五、煤尘爆炸性鉴定

根据《煤尘爆炸性鉴定规范》（AQ 1045—2007）、《煤矿安全规程》的规定，新矿井的地质精查报告中，必须有所有煤层的煤尘爆炸性鉴定资料。生产矿井每延深一个新水平，应进行 1 次煤尘爆炸性试验工作。煤尘的爆炸性由国家授权单位进行鉴定，鉴定结果必须报煤矿安全监察机构备案。煤矿企业应根据鉴定结果采取相应的安全措施。

煤尘爆炸性的鉴定方法有两种：一种是在大型煤尘爆炸试验巷道中进行，这种方法比较准确可靠，但工作繁重复杂，所以一般作为标准鉴定用；另一种是在实验室内使用大管状煤尘爆炸性鉴定仪进行，方法简便，目前多采用这种方法。

大管状煤尘爆炸性鉴定仪如图3-2所示，它的主要部件包括内径为75~80 mm 的燃烧管，长为1400 mm 的硬质玻璃管，一端经弯管与排尘箱连接，在另一端距入口400 mm 处径向对开的 2 个小孔装入有铂丝加热器，加热器是长为 110 mm 的中空细瓷管（内径1.5 mm，外径3.6 mm），铂丝缠在直径0.3 mm 的管外，两端由燃烧管的小孔引出，接在

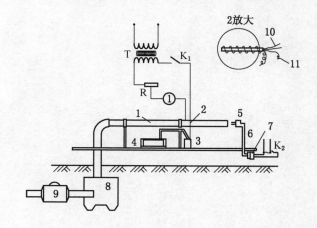

1—燃烧管；2—铂丝加热器；3—冷瓶；4—高温计；5—试料管；6—导管；
7—电磁气筒；8—排尘箱；9—小风机；10—铂铑热电偶；11—铂丝

图3-2 煤尘爆炸性鉴定仪示意图

变压器上，铂铑热电偶，它的两端接上铜导线构成冷接点置于冷瓶中，然后连到高温计以测量火源温度，铜制试料管，长 100 mm，内径 9.5 mm，通过导管与电磁气筒连接，排尘管内装有滤尘板，并和小风机连接。试验的程序：将粉碎后全部通过 75 μm 筛孔的煤样在 105 ℃温度时烘干 2 h，称量 1 g 尘样放在试料管中；接通加热器电源，调节可变电阻值将加热器的温度升至（1100±5）℃；按压电磁气筒开关 K_2，煤尘试样呈雾状喷入燃烧管，同时观察大管内煤尘燃烧状态，最后开动小风机排除烟尘。

煤尘通过燃烧管内的加热器时，可能出现以下现象：①只出现稀少的火星或根本没有火星；②火焰向加热器两侧以连续或不连续的形式在尘雾中缓慢地蔓延；③火焰极快地蔓延，甚至冲出燃烧管外，有时还会听到爆炸声。

同一试样应重复进行 5 次试验，其中只要有 1 次出现燃烧火焰，就定为爆炸危险煤尘。在 5 次试验中都没有出现火焰或只出现稀少火星，必须重做 5 次试验，如果仍然如此，定为无爆炸危险煤尘，在重做的试验中，只要有 1 次出现燃烧火焰，仍应定为爆炸危险煤尘。

对有爆炸危险的煤尘，还可进行预防煤尘爆炸所需岩粉量的测定。具体做法是将岩粉按比例和煤尘均匀混合，用上述方法测定它的爆炸性，直到混合粉尘由出现火焰刚转入不再出现火焰，此时的岩粉比例，即为最低岩粉用量的百分比。

矿井中只要有一个煤层的煤尘有爆炸危险，该矿井就应定为有煤尘爆炸危险的矿井。

第四章 尘肺病预防

第一节 尘肺病的概念及分类

各国对尘肺病的很多基本问题在认识上不一致，如对尘肺病的确切含义、粉尘的种类和尘肺病的对应关系，以及不同粉尘的危害程度的评价。

1866 年，德国学者 Friedrich Albert Von Zenker 用希腊语中表示"肺"（pneumon）和"尘"（conis）的 2 个词组合成"pneumonokoniosis"（尘肺）一词，表示粉尘在肺部的潴留，使尘肺病作为独立的疾病列入肺疾病的分类中。

1930 年，ILO 在南非约翰内斯堡召开第一次国际矽肺会议，认为"尘肺病是吸入二氧化硅粉尘所致的肺病疾病状态，在发病中的二氧化硅必须是化学的游离状态并达到肺部"。会议上将"pneumonokoniosis"修改成"pneumoconiosis"。

1938 年，第二届国际矽肺会议在日内瓦举行，多数学者认为只有游离二氧化硅粉尘才可导致尘肺病，尘肺病即矽肺，矽肺是尘肺病的唯一形式。但是随后越来越多实验研究和临床资料证明，游离二氧化硅不是尘肺病的唯一病因。1950 年，ILO 在澳大利亚悉尼召开第三届国际尘肺病会议提出，除矽尘外，其他粉尘如铍、滑石、石墨等亦能引起尘肺病，因此将尘肺病的定义修改为"尘肺病是指由吸入粉尘而引起的并能诊断的肺病，粉尘是排除细菌生物体的固体粉末物质"。1971 年，ILO 在罗马尼亚布加勒斯特召开的第四届国际尘肺病会议上，各国学者从病理学观点将尘肺病定义为"尘肺是由于粉尘在肺内的蓄积和组织对粉尘存在的反应。其中，粉尘是指由非生物固体微粒所组成的气溶胶"。

20 世纪 30 年代，英国工业肺病委员会对南威尔士煤矿工人的病例开展了病理和组织学研究，发现掘进工罹患矽肺，而采煤工从其所接触的粉尘种类、放射影像和病理情况分析，认为所患疾病不是矽肺，委员会建议用煤工尘肺（Pneumoconiosis of coal workers / Coal workers' pneumoconiosis，CWP）一词来表示煤矿掘进工和采煤工所患尘肺病，并规定尘肺诊断的 X 射线影像学标准应包括网状影（reticulation）以及结节影（nodular shadows）和团块。在 2010 年版最新的国际职业病目录中 ILO 的专家们普遍认为区分致纤维化矿物粉尘和非致纤维化矿物粉尘导致的尘肺是重要的，在目录中明确以是否致纤维化将尘肺病分成了致纤维化矿物粉尘所致的尘肺病和非致纤维化矿物粉尘所致的尘肺病。我国的专家则认为吸入并潴留在肺内的任何粉尘（视为异物）均能引起异物反应，长期潴留在肺内的异物均可以导致非特异性的纤维性增生，因此结合我国国情，我国 13 种尘肺病分类分别对应不同的工种或不同种类的粉尘。

一、国际劳工组织

国际劳工组织《国际职业病目录》中职业病名单按靶器官分类，由粉尘所致的职业病包括呼吸系统疾病、皮肤病和职业癌三大类，其中尘肺病位于呼吸系统疾病条目下，共四类。

(1) 致纤维化矿物粉尘所致的尘肺病（矽肺、煤矽肺、石棉肺）。

(2) 非致纤维化矿物粉尘所致的尘肺病。

(3) 铁尘肺。

(4) 铝所致的肺病。

二、中国

《职业性尘肺病的诊断》（GBZ 70—2015）标准中尘肺病的定义"在职业活动中长期吸入生产性矿物性粉尘并在肺内潴留而引起的以肺组织弥漫性纤维化为主的疾病"。

我国《职业病分类和目录》中共规定了 13 种职业性尘肺病，包括矽肺、煤工尘肺、石墨尘肺、炭黑尘肺、石棉肺、滑石尘肺、水泥尘肺、云母尘肺、陶工尘肺、铝尘肺、电焊工尘肺、铸工尘肺、其他尘肺。

第二节　对现有尘肺发病机理的认识

一、尘肺的发生发展

虽然先后提出了多种学说和假设，但至今尚未完全认识和解决尘肺病的发病机理，尽管如此，大多数学者专家认为巨噬细胞在尘肺病发病的过程中起着关键作用。根据已提出的理论，在尘肺病诊断和治疗方面提供了多种方法和途径。例如，在尘肺诊断方面，除胸部 X 线的判断外，探索了多种生化和免疫诊断指标，在尘肺治疗上寻找了一些溶矽、排矽、解毒和抑制胶原纤维形成的药物，并为医药工业合成治疗尘肺药物提出了一些理论依据。

二、存在的问题

就尘肺发病机理的各种学说来看，它们并不是十全十美的，普遍存在以下三个倾向。

（一）着重外因的研究

着重研究致病子（粉尘）对机体的危害，而忽略了机体对外来因素的反应。例如，对粉尘的形状、硬度、表面晶体结构、溶解程度、压电效应等，及其对机体的危害作用，虽然做了一些的研究，并在某些程度上阐明了一些问题，但只是解释了粉尘与人体组织发生接触的变化，涉及的内容也仅是尘肺病病变的最早阶段。

（二）局限性

尘肺发生发展的起始是一系列变化，是个整体。尘肺发生发展是受多种因素影响的复杂的病理变化过程，各种学说的局限性就在于把尘肺的发展视为单一变化的简单过程，只能解释尘肺发病过程中某一个局限性的问题，而说明不了尘肺病变形成的整个过程。例如，化学毒性学说认为粉尘在体内的溶解产物是一种细胞毒，是造成尘细胞死亡的原因，但回答不了尘细胞死亡与矽结节玻璃样变组织形成之间的关系。又例如，免疫学说证明矽肺玻璃样变组织中含有大量的球蛋白，可能是抗原抗体反应后复合物沉积的结果。从这点出发有人分析了胶原病的几个特点，包括溶解性炎症、细胞基质损害、血清蛋白的改变以及某些免疫反应等，尘肺符合上述条件，则肯定地认为尘肺属自身免疫性疾病。但当前还存在一些问题，缺乏奠定该疾病的物质基础，其抗原物质究竟是什么？抗原物质在尘肺发病中究竟起什么作用？免疫现象属于尘肺病发病过程中的一种机体应答现象，为发病的一个环节，而不是整个发病过程的全部。有些现象与免疫性疾病对不上号，就把免疫学说全部否定了，其他学说亦然如此，只顾其一，不管其他，因而造成各学派之间常见分歧互相争论，至今尚无一个统一的认识。

（三）对临床工作的影响

理论是指导行动的依据，由于各学说研究的内容，多偏重于粉尘与生物膜接触的最早阶段，因而在探讨尘肺的药物上，无论是药筛和临床使用方面，主要是属于预防性性质的药物。例如，铝制剂和克矽平等，在实验治疗上正是由于早期给药（染尘后马上给药或1~2个月之内给药），因而获得比较好或很好的效果。但把这些药物用在矽结节已经胶原纤维化的病人身上，得不到与实验相等的效果，除两者之间的发病机理上可能有不同之外，前后病变基础不一，从而出现不同结果是比较容易理解。这也可能是很多治疗实验性尘肺成功的药物虽然很早就已提出然而迟迟不能在临床有效应用的主要原因之一。

三、认识尘肺发病机理对临床工作的意义

（一）预防为主

引起尘肺发生发展的外因是生产性粉尘，尘肺发生发展与粉尘的浓度有着直接的关系，只有当粉尘浓度超越了机体的防御能力时才能致病。因此，要积极防尘降尘，力争把粉尘浓度降到国家卫生标准以下。从医学的角度，增强机体防御能力，防止粉尘对机体的危害，预防或延缓尘肺的发生，也是一种思路。克矽平预防实验性尘肺发生的研究，为采用药物预防尘肺发生，提供了实验依据。

（二）对症用药

尘肺形成过程经历着几个主要阶段，针对尘肺发展各阶段的特点，采取相应的防治措施是非常必要的。例如，在早期以排尘溶尘为主，用碱性药物可以促使粉尘的溶解与排除。粉尘被吞噬后，要保护尘细胞不被破坏，克矽平对此有显著作用。一旦尘细胞破坏崩解，是否采用某些免疫抑制药物和抑制胶原纤维形成的药物为妥。既然各种因子在肺纤维化发生发展过程中发挥重要作用，那么各种因子的抑制剂和基因治疗在尘肺病的治疗中势必将具有重要地位。

（三）综合治疗

在尘肺病变形成过程中，在同一个机体发展也是不平衡的，老、中、新病变往往同时存在，更需采用综合治疗方案。

（四）适当的观察指标

根据尘肺发展过程中的特点，除采用针对性的药物外，在早期诊断、疗效评价上也要选择相应的观察指标。当前较为普遍使用的生化方面的指标有血清铜蓝蛋白、溶菌酶、黏多糖、黏蛋白、胶原蛋白、碱性磷酸酶、水解酶的含量测定等。在免疫方面用的指标有血清 IgA 和 IgG 含量、抗矽组织血清免疫沉淀反应、类风湿因子和抗因子的测定、淋巴细胞

转化试验等。但随着研究的深入，临床意义较大的指标有Ⅲ型前胶原氨基肽（PⅢP、PⅢNP）、Ⅳ胶原、层黏蛋白（LN）、MMPs/TIMPS、TGF-β1、TNF、β-N已酰氨基己糖苷酶及透明质酸（HA）等。

（五）模型要求

尘肺是工人长期吸入粉尘，形成的以肺纤维化为主的全身性疾病。尘肺的发生需要有一个较长的过程。人体内的矽肺结节在动物体内是不能完全被复制的，除与动物种属差异之外，与实验性矽肺模型形成过程时间太短有关。前者属慢性尘肺，后者属急性尘肺。因而在用实验性尘肺模型形成筛选防治尘肺药物时，除气管注入染尘方法外，在有条件的单位最好配合自然吸入染尘，以求尘肺病变尽量接近于临床尘肺病变。

第三节　防尘降尘设施现状

一、除尘降尘总要求

我国在煤矿除尘降尘措施方面主要采取以通风除尘、湿式作业为主，结合"密、护、革、管、教、查"等综合防尘措施，把生产场所的粉尘浓度控制在国家法律法规规定的标准范围内。

我国《煤矿安全规程》规定，煤矿采煤工作面应当采取煤层注水防尘措施，煤矿炮采工作面应当采用湿式钻眼、冲洗煤壁、水炮泥、出煤洒水等综合防尘措施；采煤机必须安装内、外喷雾装置；煤矿采煤工作面回风巷应当安设风流净化水幕；煤矿掘进井巷和硐室时，必须采取湿式钻眼、冲洗井壁巷帮、水炮泥、爆破喷雾、装岩（煤）洒水和净化风流等综合防尘措施；煤矿掘进机作业时，应当采用内、外喷雾及通风除尘等综合措施；煤矿在煤、岩层中钻孔作业时，应当采取湿式降尘等措施；井下煤仓（溜煤眼）放煤口、输送机转载点和卸载点，以及地面筛分厂、破碎车间、带式输送机走廊、转载点等地点，必须安设喷雾装置或者除尘器，作业时进行喷雾降尘或者用除尘器除尘；喷射混凝土时，应当采用潮喷或者湿喷工艺，并配备除尘装置对上料口、余气口除尘。

二、除尘降尘八字方针

我国针对防尘降尘制定了八字方针，即"革、水、密、风、护、管、教、查"。主要指：

革，即技术革新。改革工艺过程，革新生产设备，使生产过程中不产生或少产生粉尘，以低毒粉尘代替高毒粉尘，是防止粉尘危害的根本措施。具体的措施主要体现在各行业粉尘工作场所实行生产过程的机械化、管道化、密闭化、自动化及远距离操作等。

水，即湿式作业。采用湿式作业来降低作业场所粉尘的产生和扩散，是一种经济有效的防尘措施。在矿山企业推广的湿式凿岩、水式电煤钻、煤层注水、爆破喷雾、扒装岩渣洒水、冲洗岩帮等均为湿式降尘措施。

密，即密闭尘源。对不能采取湿式作业的场所，应采取密闭抽风除尘的办法。如采用密闭尘源与局部抽风机结合，使密闭系统内保持一定负压，可有效防止粉尘逸出。

风，即通风除尘。通风除尘是通过合理通风来稀释和排出作业场所空气中粉尘的一种除尘方法。在矿山系统，虽然各主要产尘工序都采用了相应的防、降尘措施，但仍有一部分粉尘，尤其是呼吸性粉尘悬浮在空气中难以沉降下来。针对这种情况，通风排尘是非常有效的除尘方法。

护，即个体防护。对于采取一定措施仍不能将工作场所粉尘浓度降至国家卫生标准以下，或防尘设施出现故障等情况，为接尘工人佩戴防尘口罩仍不失为一个较好的解决办法。

管，即加强管理。要认真贯彻实施《职业病防治》《安全生产法》等法律法规，建立健全防尘的规章制度，定期监测工作场所空气中粉尘浓度。用人单位负责人应对本单位尘肺病防治工作负有直接的责任。应采取措施，不仅要使本单位工作场所粉尘浓度达到国家卫生标准，而且要建立健全粉尘监测、安全检查、定期健康监护制度；加强尘肺病患者的治疗、疗养和职业卫生宣传教育等的管理工作。

查，即加强对接尘工人的健康检查、对工作场所粉尘浓度进行监测和各级监管部门、安全监察机构对尘肺病防治工作进行监督检查。

教，即宣传教育。对企业的安全生产管理人员、接尘工人应进行职业病防治法律法规的培训和宣传教育，了解生产性粉尘及尘肺病防治的基本知识，使工人认识到尘肺病是百分之百可防的，只要做好防尘、降尘工作，尘肺病是可以消除的。

三、除尘防尘相关规定

（一）粉尘来源及防尘措施

煤矿生产过程中的采、掘、装、运、支生产环节是产生粉尘的主要来源，矿井风流是粉尘在井下扩散的主要途径。所以井下的防尘措施是由井下采矿生产过程及生产环境的特点所决定的，应采取以下综合性防尘措施。

（1）坚持湿式作业。打眼、装载必须洒水、喷雾，控制粉尘的产生和飞扬，装煤前向煤（岩）洒水，卸煤（岩）点安设喷雾装置。

（2）采用添加水炮泥，爆破后喷雾降尘，爆破后立即向碛子面喷雾，回风巷每隔400~500 m安装一道净化水幕，并做到正常使用。

（3）定期用水冲洗和清扫巷道，设立水幕，清除积尘，防止粉尘在空气中弥散，各采煤队和掘进施工单位至少每旬要对积尘冲洗一次，主要胶带运输大巷及采区胶带集中巷内的积尘至少每月冲洗一次；主要进风大巷或采区进风巷道每季度不少于一次，从而减少二次扬尘。

（4）加强通风，保证作业面有足够的通风量，独头掘进作业面和全面通风达不到的作业面，要安设局部通风装置。

（5）预先润湿煤体防尘。在煤体尚未开采之前对煤体进行预注水，减少开采时的煤尘产生量。

（二）我国《煤矿安全规程》防尘专篇中的规定

（1）矿井必须建立完善的防尘洒水系统。永久性防尘水池容量不得小于200 m³，且贮水量不得小于井下连续2 h的用水量，并设有备用水池，其贮水量不得小于永久性防尘水池的一半。防尘管路应铺设到所有可能产生粉尘和沉积粉尘的地点，管道的规格应保证各用水点的水压能满足降尘需要，且必须安装水质过滤装置，保证水质清洁。

（2）掘进井巷和硐室时，必须采用湿式钻眼、冲洗井壁巷帮、使用水炮泥、爆破过程中采用高压喷雾（喷雾压力不低于 8 MPa）或压气喷雾降尘、装岩（煤）洒水和净化风流等综合防尘措施。

（3）在煤、岩层中钻孔，应采取湿式作业。煤（岩）与瓦斯突出煤层或软煤层中瓦斯抽放钻孔难以采取湿式钻孔时，可采取干式钻孔，但必须采取捕尘、降尘措施，其降尘效率不得低于 95%，并确保捕尘、降尘装置能在瓦斯浓度高于 1% 的条件下安全运行。

（4）炮采工作面应采取湿式钻眼法，使用水炮泥；爆破前、后应冲洗煤壁，爆破时应采用高压喷雾（喷雾压力不低于 8 MPa）或压气喷雾降尘，出煤时应当洒水降尘。

（5）采煤机必须安装内、外喷雾装置，内喷雾压力不得低于 2 MPa，外喷雾压力不得低于 4 MPa，如果内喷雾装置不能正常使用，外喷雾压力不得低于 8 MPa，无水或喷雾装置不能正常使用时，必须停机。液压支架必须安装自动喷雾降尘装置，实现降柱、移架同步喷雾。破碎机必须安装防尘罩，并加装喷雾装置或用除尘器抽尘净化。放顶煤采煤工作面的放煤口，必须安装高压喷雾装置（喷雾压力不低于 8 MPa）。掘进机掘进作业时，应使用内、外喷雾装置和除尘器构成的综合防尘系统，并对掘进头含尘气流进行有效控制。

（6）采掘工作面回风巷应安设至少 2 道自动控制风流净化水幕。

（7）井下煤仓放煤口、溜煤眼放煤口以及地面带式输送机走廊，都必须安设喷雾装置或除尘器，作业时进行喷雾降尘或用除尘器除尘。其中煤仓放煤口、溜煤眼放煤口采用喷雾降尘时，喷雾压力不得低于 8 MPa。

（8）预先湿润煤体。煤层注水过程中应当对注水流量、注水量及压力等参数进行监测和控制，单孔注水总量应使该钻孔预湿煤体的平均水分含量增量不得低于 1.5%，封孔深度应保证注水过程中煤壁及钻孔不漏水或跑水。在厚煤层分层开采时，应采取在上一分层的采空区内灌水，对下一分层的煤体进行湿润。

（9）锚喷支护防尘。打锚杆眼应实施湿式钻孔。锚喷支护作业时，沙石混合料颗粒的粒径不得超过 15 mm，且应在下井前洒水预湿。距离锚喷作业点下风流方向 100 m 内，应设置 2 道以上风流净化水幕，且喷射混凝土时工作地点应采用除尘器抽尘净化。

（10）转载及运输防尘。转载点落差应小于 0.5 m，若超过 0.5 m，必须安装溜槽或导向板。各转载点应实施喷雾降尘（喷雾压力应大于 0.7 MPa）或采用密闭尘源除尘器抽尘净化措施。在装煤点下风侧 20 m 内，必须设置一道风流净化水幕。运输巷道内应设置自动控制风流净化水幕。

（11）露天煤矿钻孔作业时，应采取湿式钻孔；破碎作业时应采取密闭、通风除尘措施；应加强对钻机、电铲、汽车等司机操作室的防护；电铲装车前，应对煤（岩）洒水，卸煤时应设喷雾装置；运输路面应经常洒水，加强维护，保持路面平整。

四、除尘降尘技术措施

近几年来，我国有效控制粉尘的技术措施主要有以下七种。

（一）煤层注水防尘

在进行煤矿的开采时，通过对开采煤层之间进行注水处理可以使得煤层湿润性增加，降低煤层开采过程中粉尘产生的概率，这是我国当前的煤矿开采中普遍使用的防尘手段。在具体实施时，要借助于煤矿开采设备的钻头对煤层先进行钻孔处理，然后通过钻孔向煤层内部进行注水，借助煤层本身的缝隙向煤层内部渗透，增加煤层的含水量，使得机器对其进行开采时，可以减少粉尘的产生和飞扬。煤层注水主要分为以下四种。

（1）短孔注水，如图 4-1 中的 a 所示。在回采工作面垂直煤壁或与煤壁斜交打钻孔注水，注水孔长度一般为 1.5~3.5 m。优点：对地质条件适应性强，注水设备、工艺、技术均较简单。缺点：钻孔数量大而润湿范围小；封孔频繁而不易严密，易跑水；注水与采煤面其他工序相互干扰。

适用范围：有走向断层或煤层倾角不稳定的煤层，煤层较薄（＜0.7 m），围岩有吸水膨胀性质而影响顶底板管理时，采用短孔注水较合理。

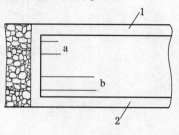

a—短孔；b—深孔；
1—回风巷；2—运输巷

图 4-1 短孔、深孔注水
方式示意图

（2）深孔注水，如图 4-1 中的 b 所示。在回采工作面垂直煤壁打钻孔注水，孔长一般为 5~15 m。优点：具有短孔注水的很多优点；更能适应围岩的吸水膨胀性质；较短孔注水的钻孔数量少，润湿范围大而均匀。缺点：因压力要求，故设备、技术复杂；较长孔注水的钻孔数量多，封孔工序也较频繁。适用范围：由于钻孔较长，其要求煤层赋存稳定；其具有适应顶底板吸水膨胀性质等特点；适用于采煤循环中有准备班以进行注水工作。

（3）长孔注水，如图 4-2 所示。从回采工作面的运输巷或回风巷，沿煤层倾斜方向平行于工作面打上向孔或下向孔注水，孔长 30~100 m。当工作面长度超过 120 m 而单向孔达不到设计深度或煤层倾角有变化时，可采用上向、下向钻孔联合布置钻孔注水。优点：一个钻孔能湿润较大区域的煤体；注水时间长，湿润均匀；预注时，注水与生产无干扰；经济。缺点：打钻技术较复杂；对地质条件的变化适应性差，易穿顶底板，不仅难以达到设计长度，而且还影响正常注水；封孔较复杂。

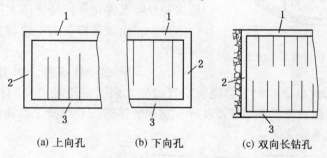

(a) 上向孔　　　(b) 下向孔　　　(c) 双向长钻孔

1—回风巷；2—开切眼；3—运输巷

图 4-2 长孔注水示意图

（4）巷道钻孔注水，如图 4-3 所示。由上邻近煤层的巷道向下煤层打钻注水或由底板巷道向煤层打钻注水，优点：钻孔少湿润范围大；采用小流量、长时间的注水方式，湿润效果好。缺点：岩石钻孔量大不够经济，受条件限制。

（二）喷雾降尘

喷雾降尘是向浮游于空气中的粉尘喷射水雾，通过增加尘粒的质量，达到降尘的目的。喷雾除尘过程是喷嘴喷出的液压雾粒与固态尘粒的惰性凝结过程。当风流携带尘粒向

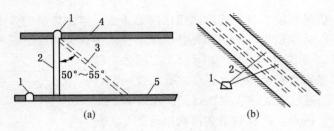

1—巷道；2、3—钻孔；4—上煤层；5—下煤层

图 4-3　巷道钻孔注水示意图

水雾粒运动，并离雾粒不远时就要开始绕流水雾运动，风流质量较大，颗粒较大的尘粒因惯性作用会脱离流线而保持向雾粒方向运行。如不考虑尘粒质量，则尘粒将与风流同步，因尘粒有体积，当粉尘粒质心所在流线与水雾粒的距离小于尘粒半径时，尘粒便会与水雾滴接触被拦截下来，即尘粒附着在水雾上。喷雾降尘的机理主要是水雾颗粒与粉尘颗粒的惯性碰撞、拦截和溶湿凝结，细微粉尘需要细小密集的水雾颗粒才能达到降尘目的。

图 4-4　采煤机内喷雾示意图

（1）内喷雾，如图 4-4 所示。喷嘴装在滚筒的齿根部，从滚筒齿根喷向截齿。高压水源经采煤机滚筒截齿周围喷嘴（每只滚筒约 40 个喷嘴），在滚筒周围形成一层喷雾包围区，雾化水滴与煤尘不断发生碰撞、湿润、凝聚，同时喷雾气流引射工作面含尘风流向滚筒周围及煤壁侧流动，煤尘不断被喷雾雾滴吸附，达到降尘目的。喷雾压力越高，喷雾流量越大，降尘效果越好。

（2）架间自动喷雾，如图 4-5 所示。利用高压水源经喷嘴雾化来控制液压支架移架过程中所产生的煤尘，由液压控制阀实现与支架同步的自动喷雾降尘。

（3）工作面净化雾幕，如图 4-6 所示。处在主通风道上的 10 μm 以下的粉尘会随着空气的流动向下游更远的空间扩散。应该在采煤机组的下风侧不远处设置喷雾装置产生净化雾幕，来进一步沉降工作面的粉尘。利用支架前探梁下的架间喷雾装置来实现。

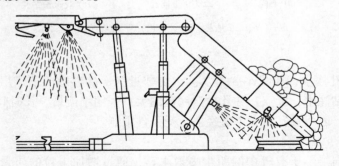

图 4-5　液压支架自动喷雾喷嘴布置示意图

风水联动喷雾降尘，喷雾射程的远近可以通过水压和风压来调节，从而达到最好的喷雾效果。同时通过控制喷雾眼角度来控制净化水幕喷雾方向，可以覆盖整个巷道断面，提高了整体的降尘效果。

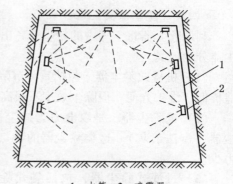

1—水管；2—喷雾器

图4-6　巷道水幕示意图

我国当前煤矿开采工作面喷雾防尘技术的应用形式主要分为两种。一是在煤矿开采的机械本身安设喷雾装置，这种装置可以将水进行雾化喷洒，将粉尘同外界的接触面加以隔离，同时粉尘通过对水雾的吸附也会使其自身的重力增大，从而产生沉降，这种方式对煤矿开采过程中产生的火花以及瓦斯等也有一定的抑制作用。二是利用多个喷雾器对粉尘含量比较大的地区进行喷雾处理，其喷头之间形成的水幕净化风流可以使粉尘沉降。

（三）化学抑尘

化学抑尘是一种十分有效地粉尘防治方法。按照抑尘机理分为湿润剂、黏性抑尘剂、吸湿剂、复合抑尘剂抑尘等。

润湿型化学抑尘剂。由于水的表面张力较大，单纯用水喷洒（或注水）防尘时，微细尘粒不易被水润湿，对微细粉尘的捕获率很低。但如果在水中加入湿润剂（有的再加入添加剂）后，水的表面张力大大减小，从而提高了抑尘效率。润湿型化学抑尘剂由一种或多种表面活性剂组成，是由亲水基和疏水基组成的化合物。湿润剂溶于水时，其分子完全被水分子包围，亲水基一端被水分子吸引，疏水基一端则被排斥伸向空中，这样湿润剂物质的分子在水溶液表面形成紧密的定向排列层（界面吸附层），使水的表层分子与空气接触状态发生变化，接触面积大大缩小，导致水的表面张力降低，同时朝向空气的疏水基与粉尘之间有吸附作用，而把尘粒带入水中，使得粉尘得到充分湿润。

黏结型化学抑尘剂，是利用覆盖、黏结、硅化和聚合等原理防止泥土和粉尘飞扬，其经常应用于以下领域：土质路面扬尘控制、物料搬运过程产尘控制等。黏结型化学抑尘剂目前所研究和应用的主要是黏结型有机化学抑尘剂，其主要成分是有机黏性材料，包括油类产品、造纸、酒精工业的废液、废渣等。这些材料的特点是不溶于水，通常应用之前需要对其进行乳化，最终配制成油、水、乳化剂为一体的具有一定黏性的乳状液。当乳状液喷洒到尘面时，外相水首先与粉尘接触，使粉尘润湿、凝结；同时，乳状液中游离的少量表面活性剂分子在水面的憎水基在水和尘粒之间架起"通桥"，冲破尘粒表面吸附的空气膜，促进了水对粉尘的润湿、凝结作用。由于破乳发生，乳状液中的表面活性剂分子在尘粒表面形成定向排列的吸附膜，能抑制其基底水的蒸发。另外，乳状液喷洒粉尘后能形成一层具有很好的耐蒸发性和较好强度的大分子量油膜，抑制水分的蒸发，使尘粒保持湿润的时间更长。当乳状液与尘粒接触时，由于乳状液中各相分子与尘粒间的相互作用，形成以范德华力为主的物理吸附和以化学键为主的化学吸附，促使了乳状液与尘粒之间的黏结。

凝聚型化学抑尘剂，是由能吸收大量水分的吸水剂组成，常用于扬尘控制，能使泥土或粉尘保持较高的含湿量从而防止扬尘。

（四）除尘器除尘

利用除尘器将空气中的粉尘分离出来，从而达到净化空气含尘量的目的，习惯上将除尘器分为四类。

（1）机械式除尘器，包括重力沉降室、惯性除尘器和旋风除尘器。特点是结构简单、造价低、维护方便，但除尘效率不很高，往往用作多级除尘系统中的前级预除尘。

（2）电除尘器，是以电力为捕尘机理，分干式电除尘器（干法清灰）和湿式电除尘器（湿法清灰）。这类除尘器的特点是除尘效率高（特别是湿式电除尘器），消耗动力少。

（3）过滤式除尘器，包括袋式除尘器和颗粒层除尘器等，其特点是以过滤机理作为除尘的主要机理。根据选用的滤料和设计参数不同，袋式除尘器效率可达很高（99.9%）。

（4）湿式除尘器，包括低能湿式除尘器和高能文氏管除尘器。这类除尘器的特点主要是用水作为除尘的介质。一般来说，湿式除尘器的除尘效率高。当采用文氏管除尘器时，对微细粉尘的去除效率仍可达95%以上，但所消耗的能量较高。湿式除尘器的主要缺点是会产生污水，需要进行处理，以消除二次污染。

（五）通风除尘

通风除尘技术是利用风流来控制粉尘扩散，是目前应用较广、效果较好的一项防尘技术措施。通风除尘通常是在尘源处或其近旁设置吸尘罩，利用风机作动力，将生产过程中产生的粉尘连同运载粉尘的气体吸入罩内，经风管送至除尘器进行净化，达到排放标准后再经风管排入大气。长压短抽通风除尘系统如图4-7所示。前压后抽通风除尘系统如图4-8所示。

（六）泡沫除尘

泡沫除尘过程是由几种机理一起作用，如碰撞、湿润等。泡沫在遇到的粉尘时，利用湿润性好、黏性大等优点，能捕集几乎所有的粉尘并使之沉降。泡沫除尘同喷雾洒水降尘相比，其耗水量减少一半以上。其优点是对尘源的包围程度大，同时因泡沫中含有表面活性物质，降尘效果也较好。泡沫除尘应用在采煤机、掘进机滚筒附近等，泡沫由泡沫发生器产生。

（七）隔尘措施

隔尘措施主要有空气幕、挡风隔尘装置、湿式振弦栅等。

（1）空气幕。空气幕是使空气以一定的风速从条缝风口吹出而形成的隔断气帘，当出风窄缝长边与短边比超过10：1时，称为条缝射流。空气幕是利用喷射气流的射流原理使污染源散发出来的污染物与周围空气隔离，并利用除尘设备使控制在一定范围内的粉尘得到净化处理。该技术在我国的煤矿采掘工作面已有应用，对呼吸性粉尘具有较高的隔尘效率。

（2）挡风墙隔尘。挡风墙也被称为挡风抑尘墙、挡风抑尘网、防风抑尘网，常见的简称是挡风墙。挡风墙的防风机理一方面是由于其对来流风的阻碍，以及网状结构本身的摩擦作用，造成了来流风能量损失，在自然条件下使用时，将造成网后的平均风速降低；另一方面防风网的多孔结构，对来流风中的大尺度涡旋有过滤作用，可以降低网后的紊流度，从而降低脉动风速，有助于抑制扬尘。

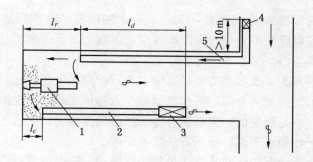

1—掘进机；2—短抽风筒；3—除尘器；4—长压局部通风机；5—长压风筒；

l_r、l_c—压入式和抽出式风筒口距工作面的距离；

l_d—压入式风筒口与除尘器重叠段的距离

图 4-7　长压短抽通风除尘系统

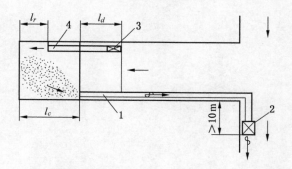

1—长抽风筒；2—长抽除尘局部通风机或抽出式局部通风机；

3—压入式局部通风机；4—短压风筒

图 4-8　前压后抽通风除尘系统

（3）格栅除尘。格栅通常指振弦栅，用细丝绕制成较密的几排（有 4 排、8 排之分）而形成，当含尘风流通过振弦栅时，风带动栅丝振动，利用振动产生的声凝聚效应，增强粉尘与粉尘、粉尘与雾粒间的碰撞凝聚作用，从而阻止风流中的粉尘通过。格栅除尘机理实际上是利用格栅振动产生的声波进行除尘。由声学原理可知，处于声场中的粒子，在声波作用下产生振动，小粒子振动速度大，大粒子振动速度小，结果促使大小不同的粒子进行大量的正向动力凝聚，使较大的粒子接近离它很远的小粒子，并相互碰撞，结合成大粒子，这样就非常有利于捕集，达到去除呼吸性粉尘的目的。

第四节　个　体　防　护

个体防护是预防职业病的最后屏障，也最为关键、最为有效，是解决矿山粉尘危害严重的重要技术措施之一。煤矿个体防护用具主要包括防尘面罩、防尘帽、防尘呼吸器、吸尘口罩等。

个体防护方面，国有重点煤矿虽建立了劳动防护用品采购、发放、使用等管理制度，但没有严格按照配备标准执行。大部分国有地方及乡镇煤矿没有执行《煤矿职业安全卫生个体防护用品配备标准》（AQ 1051—2008），也未制定劳动防护用品相关管理制度，物资采购及验收审核监督程序不到位，无发放使用记录或记录不齐全，且部分劳动防护用品质量不合格。

目前，矿山企业在为工人佩戴防尘口罩等个人防护用品上还存在一些问题。一是部分矿山企业未按规定给工人配发合格的防尘口罩等个人防护用品。二是虽为工人配发了防尘口罩，但数量不足。三是配发的防尘口罩，由于产品质量低劣，工人不愿意佩戴。四是配发了防尘口罩，但是使用率不高，使用方法也不正确。

因此，煤矿企业必须要加强对从业人员的个体防护，按时发放符合标准要求的个体防护用品，并开展经常性检查，督促接尘人员正确佩戴和使用，从而保障工人的生命安全。

第五章 矿井防尘供水

《煤矿安全规程》规定，矿井必须建立完善的防尘供水系统。没有防尘供水管路的采掘工作面不得生产。主要运输巷、带式输送机斜井与平巷、上山与下山、采区运输巷与回风巷、采煤工作面运输巷与回风巷、掘进巷道、煤仓放煤口、溜煤眼放煤口、卸载点等地点都必须敷设防尘供水管路，并安设支管和阀门。防尘用水均应过滤。水采矿井和水采区不受此限。

第一节 矿井防尘供水水源、水质要求及水的净化

一、防尘供水水源

1. 地表水

地表水包括河水、井水、水库、湖泊等。一般井水较洁净，含杂质少；其他水源在洪水季节可能含较多的泥沙和杂质，需要考虑过滤处理。利用地表水作水源时，要注意矿井开采沉陷对水源的影响。

2. 矿井水

矿井水包括水仓水和含水层水。矿井水应根据水质情况加以利用，水质较好，杂质少，可修筑小水仓储存，无需净化处理，直接使用。对于含杂质较多的水源，为避免管网堵塞或影响喷雾效果，需要进行净化处理。

3. 工业或生活用水

为节约排水费用和管材等器材费用，防尘水源应首先考虑取用矿井水，只有在矿井涌水量不足时，可考虑采用地表水源。选择水源时，应进行技术经济比较加以确定。

二、防尘供水水源的水质

根据《煤矿井下粉尘综合防治技术规范》（AQ 1020—2006）和《煤矿井下消防、洒水设计规范》（GB 50383—2016），防尘供水水源的水质必须符合以下要求。

防尘用水系统中，必须安装水质过滤装置，保证水的清洁，水中悬浮物的含量不得超过 30 mg/L，粒径不大于 0.3 mm，水的 pH 值应在 6.0~9.0 范围内，大肠杆菌含量不得超过 3 个/L。滚筒采煤机、掘进机等喷雾用水的水质除符合以上规定外，其碳酸盐硬度应不超过 3 mmol/L（相当于 16.8 德国度）。

三、水的净化

矿井防尘用水应定期进行检验分析，使水质符合防尘的有关规定。分析的内容主要是水中固体悬浮物（煤矿井下水中主要是煤尘和岩尘）含量和水的酸碱性。因为水中固体

悬浮物含量过高会造成喷嘴堵塞，以及污水蒸发后粉尘二次污染工作空间。防尘也不能使用酸性水，因为它对供水管道、水泵、风钻水针和机组截齿等材料及机器配件的腐蚀性很大，致使设备锈蚀腐烂，缩短了使用寿命，造成经济损失。

通常，水质净化大体要经历沉淀或澄清、过滤和消毒等工艺过程。矿井防尘供水因用途不同，水质要求不高，处理方法也比较简单。从防尘角度考虑，除酸性水需要进行碱化处理外，水质净化主要是为了滤除水中粉尘颗粒和其他悬浮杂质，避免污水堵塞喷嘴及污水蒸发后粉尘二次污染作业空间。一般采取水池沉淀过滤方法及管道上安装管道滤流器方法对污水实施净化。

1. 沉淀池净化

地表或井下静压水池都应设有净化水源的沉淀池。沉淀池形式有平流式、竖流式和辐流式，以及沉淀效率较高的斜板式与斜管式等。设计时应根据水源水质、水量、净化水池平面和标高的布置要求等选择沉淀池形式。

水泵供水的井下水池，如果水源为岩层裂隙涌水和井下汇聚的污水，就应同时掘凿两个储水池，一个作为污水沉淀池，另一个作为清水给水池，如图5-1所示。

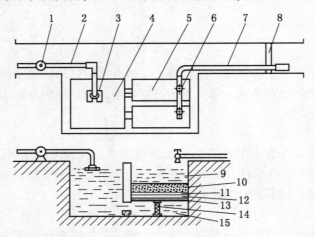

1—水泵；2—水泵吸水管；3—浮漂吸水器；4—清水池；5—污水池；6—污水阀；

7—污水进水管；8—挡水墙；9—沉淀池；10—砾石；11—树棕；

12—细砂；13—金属网；14—滤层支柱；15—过滤后清水

图5-1　井下沉淀储水池

污水沉淀池一般可分隔成2个独立沉淀过滤部分，并根据清水池的容积相应确定容积。污水沉淀池的过滤层一般由2~3层不同粒度的砂子、砾石和树棕以及金属网等构成。过滤层的底层为底梁和金属网，往上是厚300 mm粒度为0.1~1.0 mm的厚的细砂，然后铺一层40 mm厚的棕皮，并再铺一层300 mm粒度为10~15 mm的砾石，这样污水过滤后，水中含尘量可由1500~2400 mg/L降至200~300 mg/L，粉尘阻留率达75%~85%。沉淀水池每隔1~2个月要清理一次，并更换砂子和砾石。

2. 管道滤流器净化

供水管路内的防尘用水难免含有少量泥沙或杂物，为避免堵塞喷嘴，应在管路上，特别是机采、机掘工作面的支管道上安装管道滤流器。煤矿使用的MPD-1型管道滤流器的结构如图 5-2 所示。由壳体、筛网筒及堵头组成，壳体为铸铁或铸钢件，筛网筒由铜质骨架、铜丝或不锈钢丝、尼龙丝制成，堵头为黄铜件。管道滤流器的规格尺寸见表 5-1。

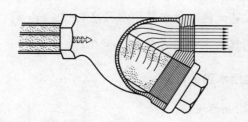

图 5-2 MPD-1 型管道滤流器

表 5-1 管道滤流器的规格尺寸与网眼直径

规格/in	内径/mm	尺寸/mm			筛网孔径/目
		A	B	C	
1/2	15	105	70	45	80~120
3/4	20	125	75	55	60~100
1	25	145	95	62	60~80
2	50	185	120	100	60~80
3	75				30~50
4	100	350	175	215	20~40
6	150	403	210	250	10~24

滤流器的承受压力为 1~3 MPa。水流中所含砂砾被阻留在筛网筒内。滤网率可达 75%~95%。卸下堵头，取出筛网筒即可排出尘砂。

第二节 矿井防尘用水量的计算

一、矿井防尘设计用水量计算

矿井防尘设计用水量 $Q_设$ 可按式（5-1）计算。

$$Q_设 = KQ \tag{5-1}$$

式中　$Q_设$——矿井防尘设计用水量，m^3/h；

　　Q——矿井防尘用水量，m^3/h；

　　K——系数，考虑到供水不均衡、管道系统漏水、消防用水及产量增用水等，可取 1.2~1.8。

矿井防尘用水量 Q 可按式（5-2）计算。

$$Q = \sum Q_采 + \sum Q_掘 + \sum Q_运 + \sum Q_风 + \sum Q_他 \tag{5-2}$$

式中　$\sum Q_采$——各采煤工作面防尘用水量之总和，m^3/h；

$\sum Q_{掘}$——各掘进工作面防尘用水量之总和，m^3/h；

$\sum Q_{运}$——主要运输巷及转载系统防尘用水量之总和，m^3/h；

$\sum Q_{风}$——运输大巷风流净化水幕用水量之总和，m^3/h；

$\sum Q_{他}$——防尘的其他用水量之总和，m^3/h。

二、各工作地点防尘用水量的计算

（一）采煤工作面防尘用水量

采煤工作面防尘主要用水量包括煤层注水、采空区灌水、采煤机内外喷雾、液压支架移架、回柱喷水、湿式打眼、爆破落煤喷雾、冲洗煤壁、出煤洒水、工作面巷道输送机转载点喷雾、回风巷净化水幕、冲洗顺槽沉积煤尘及支架乳化液用水等用水量。

（1）煤层注水用水量（$Q_{采1}$）：

$$Q_{采1} = Q_{钻} + Q_{注} \qquad (5-3)$$

式中　$Q_{钻}$——每一处的湿式钻孔用水量，可取 3 m^3/h；

　　　$Q_{注}$——每一工作面的煤层注水流量，可按下式计算。

$$Q_{注} = 1.3\, AGq_1 \qquad (5-4)$$

式中　1.3——漏水与注水超流量的综合系数；

　　　A——受注湿润的煤产量与工作面总产量的比值；

　　　G——工作面平均小时产量，t/h；

　　　q_1——吨煤注水量，q_1 为 0.02~0.04 m^3/t，可根据煤层情况及落煤方式选定。

煤层注水用水量也可以按同时注水工作面数、同时注水水管数、注水管径、注水管注水流速来进行计算。

（2）采空区灌水用水量（$Q_{采2}$）：

$$Q_{采2} = n_{灌}\, Q_{孔} \qquad (5-5)$$

式中　$n_{灌}$——每一工作面灌水孔数；

　　　$Q_{孔}$——单孔灌水流量，倾斜分层超前钻孔采空区灌水流量一般可取 1 m^3/h；回风巷采空区灌水流量可取 6 m^3/h；水平分层采空区灌水流量可取 2 m^3/h。

（3）采煤机内外喷雾用水量（$Q_{采3}$）：

$$Q_{采3} = Gq_3 \qquad (5-6)$$

式中　G——工作面平均小时产量，t/h；

　　　q_3——吨煤喷雾水量，可取 0.02~0.04 m^3/t。

（4）液压支架降、移架、放煤时喷雾水量（$Q_{采4}$）：

$$Q_4 = n_{c4}q_4 \qquad (5-7)$$

式中　n_{c4}——同时使用的架间、放煤口喷雾喷嘴数；

　　　q_4——喷嘴流量，可取 0.02 m^3/h。

（5）湿式煤电钻打眼用水量（$Q_{采5}$）：可取 0.5 m^3/h。

（6）爆破落煤喷雾用水量（$Q_{采6}$）：可取 1.5 m^3/h。

（7）冲洗煤壁用水量（$Q_{采7}$）：可取 1.0 m^3/h。

（8）出（撮）煤洒水量（$Q_{采8}$）：

$$Q_{采8} = Gq_{洒} \tag{5-8}$$

式中　G——工作面平均小时产量，t/h；

　　$q_{洒}$——吨煤洒水量，一般可取 0.02~0.04 m^3/t。

（9）运输巷转载点喷雾用水量（$Q_{采9}$）：

$$Q_{采9} = n_{转} \, Q_{嘴} \tag{5-9}$$

式中　$n_{转}$——转载点的个数，个；

　　$Q_{嘴}$——喷嘴的喷雾流量，根据煤的水分选取适宜流量的喷嘴，设计时可取 0.2 m^3/h。

（10）回风巷风流净化水幕用水量（$Q_{采10}$）：

$$Q_{采10} = n_{幕} \, Q_{幕} \tag{5-10}$$

式中　$n_{幕}$——一处水幕的喷嘴个数，个；

　　$Q_{幕}$——水幕一个喷嘴的喷雾流量，设计时可取 0.1~0.15 m^3/h。

（11）回风与运输巷冲洗沉积煤尘用水量（$Q_{采11}$）：可取 2 m^3/h。

（12）单体液压支柱乳化液用水量（$Q_{采12}$）：采用单体液压支柱支护时，应把乳化液用水量 $Q_{采12}$ 考虑在内。

各采煤工作面防尘用水量之总和 $\sum Q_{采}$ 为机采或综采工作面用水量 $\sum Q_{机采}$ 与炮采工作面防尘用水量 $\sum Q_{炮采}$ 之和。

$$\sum Q_{采} = \sum Q_{机采} + \sum Q_{炮采} \tag{5-11}$$

计算采煤工作面防尘用水量时，必须考虑同时采用的各防尘措施的用水量相加，本工作面没有采用的防尘措施不予计算，非同时采取的防尘措施，可选取其中用水量较大的一项进行计算。

$$\sum Q_{机采} = Q_{采1}（或 Q_{采2}） + Q_{采3} + Q_{采4} + Q_{采9} + Q_{采10} + Q_{采11} + Q_{采12} \tag{5-12}$$

$$\sum Q_{炮采} = Q_{采1}（或 Q_{采2}） + Q_{采5} + Q_{采6} + Q_{采7} + Q_{采8} + Q_{采9} + Q_{采10} + Q_{采11} \tag{5-13}$$

（二）掘进工作面防尘用水量

掘进工作面防尘用水量包括湿式打眼，爆破落煤，岩喷雾，冲洗岩、煤帮喷雾，装岩、煤洒水喷雾，掘进机喷雾，湿式除尘器喷雾，锚喷支护喷雾，转载点喷雾，风流净化水幕等。

（1）凿岩机湿式打眼用水量（$Q_{掘1}$）：

$$Q_{掘1} = n_{凿} \, Q_{凿} \tag{5-14}$$

式中　$n_{凿}$——凿岩机同时工作台数，台；

　　$Q_{凿}$——单台凿岩机用水量，可取 0.2~0.3 m^3/h。

（2）湿式煤电钻打眼用水量（$Q_{掘2}$）：可取 0.5 m^3/h。

（3）爆破落岩风水喷雾用水量（$Q_{掘3}$）：可取 1.5 m^3/h。

（4）爆破落煤喷雾用水量（$Q_{掘4}$）：可取 1.5 m^3/h。

（5）冲洗岩、煤帮用水量（$Q_{掘5}$）：可取 1.0 m^3/h。

（6）装岩洒水用水量（$Q_{掘6}$）：

$$Q_{掘6} = Gq_{装} \tag{5-15}$$

式中　　G——工作面平均每小时产量，t/h；

　　　　$q_装$——装岩洒水时，可取 0.02 m³/t；装煤洒水时，可取 0.03~0.04 m³/t。

（7）装岩机装岩喷雾用水量（$Q_{掘7}$）：可取 0.5 m³/h。

（8）掘进机喷雾用水量（$Q_{掘8}$）：

$$Q_{掘8} = Gq_喷 \qquad (5-16)$$

式中　　G——工作面平均每小时产量，t/h；

　　　　$q_喷$——吨煤喷雾水量，$q_喷$ 值可取 0.02~0.04 m³/t。

掘进机喷雾用水量，也可根据各种类型掘进机额定耗水量来进行计算。

（9）掘进机配套湿式除尘器喷雾用水量（$Q_{掘9}$）：可取 1.5~1.8 m³/h。

（10）锚喷支护混凝土喷射机上料口除尘器喷雾用水量（$Q_{掘10}$）：根据除尘器型号确定喷雾用水量，可取 0.8 m³/h。

（11）混凝土喷头用水量（$Q_{掘11}$）：可取 0.8 m³/h。

（12）转载点喷雾用水量（$Q_{掘12}$）：

根据煤的水分大小选取适宜流量的喷嘴，设计时取：

$$Q_{掘12} = n_转 Q_喷 \qquad (5-17)$$

式中　　$n_转$——转载点个数，个；

　　　　$Q_喷$——喷嘴的喷雾流量，可取 0.2 m³/h。

（13）风流净化水幕用水量（$Q_{掘13}$）：

$$Q_{掘13} = n_幕 Q_{幕喷} \qquad (5-18)$$

式中　　$n_幕$——水幕的喷嘴个数，个；

　　　　$Q_{幕喷}$——喷嘴的喷雾流量，可取 0.1~0.15 m³/h。

各掘进工作面防尘用水量之和 $\sum Q_掘$ 为岩巷掘进工作面防尘用水量之和 $\sum Q_{岩掘}$ 与煤及半煤岩炮掘工作面防尘用水量之和 $\sum Q_{半煤掘}$ 及煤巷机掘工作面防尘用水量之和 $\sum Q_{煤机掘}$ 的总和。

$$\sum Q_掘 = \sum Q_{岩掘} + \sum Q_{半煤掘} + \sum Q_{煤机掘} \qquad (5-19)$$

其中　　$\sum Q_{岩掘} = Q_{掘1} + Q_{掘2} + Q_{掘5} + Q_{掘6} + Q_{掘7} + Q_{掘10} + Q_{掘11} + Q_{掘13}$

（岩石掘进锚喷支护时计算）

$$\sum Q_{半煤掘} = Q_{掘2} + Q_{掘4} + Q_{掘5} + Q_{掘8} + Q_{掘12} + Q_{掘13}$$

$$\sum Q_{岩掘} = Q_{掘8} + Q_{掘9} + Q_{掘12} + Q_{掘13}$$

（三）主要运输巷的运输及转载系统防尘用水量

主要运输巷道及转、装载点防尘用水量包括电机车运输、集中运输巷带式输送机转载点、装车站及翻车机等处的喷雾用水量。

（1）电机车运输喷雾用水量（$Q_{运1}$）：

$$Q_{运1} = n_运 Q_{喷1} \qquad (5-20)$$

式中　　$n_运$——喷嘴个数，可取 4~6 个；

　　　　$Q_{喷1}$——每个喷嘴的喷雾流量，可取 0.3 m³/h。

（2）带式输送机转载点喷雾用水量（$Q_{运2}$）：

$$Q_{运2} = n_{转} Q_{喷2} \qquad (5-21)$$

式中　$n_{转}$——转载点喷嘴个数，个；

　　　$Q_{喷2}$——转载点每个喷嘴的喷雾流量，可取 0.2 m^3/h。

（3）装车站喷雾用水量（$Q_{运3}$）：

装车站喷雾用水量 $Q_{运3}$ 应根据煤的水分，矿车容量及单位时间放煤量等条件确定喷嘴个数及喷雾流量。1 t 矿车可取 0.4~0.6 m^3/h，3 t 矿车可取 1.5~3.0 m^3/h。

（4）翻车机卸载喷雾用水量（$Q_{运4}$）：

$$Q_{运4} = n_{翻} Q_{喷1} \qquad (5-22)$$

式中　$n_{翻}$——翻车机喷嘴个数，个；

　　　$Q_{喷1}$——每个喷嘴的喷雾流量，可取 0.3 m^3/h。

主要运输巷道的运输及转载系统防尘用水量之和 $\sum Q_{运}$ 可由式（5-23）求得。

$$\sum Q_{运} = \sum Q_{运1} + \sum Q_{运2} + \sum Q_{运3} + \sum Q_{运4} \qquad (5-23)$$

（四）运输大巷风流净化水幕水量 $\left(\sum Q_{风}\right)$

运输大巷风流净化水幕用水量 $\left(\sum Q_{风}\right)$：

$$\sum Q_{风} = m_{风} n_{风} Q_{喷2} \qquad (5-24)$$

式中　$m_{风}$——安装净化水幕的总处数，处；

　　　$n_{风}$——每处水幕安装喷嘴的个数，个；

　　　$Q_{喷2}$——每个喷嘴的喷雾流量，可取 0.2 m^3/h。

（五）防治矿尘的其他用水量 $\left(\sum Q_{他}\right)$

防治矿尘的其他用水量包括对主要运输、通风巷道的定期冲洗刷白及对隔爆棚的充水等用水量，这类用水经常是临时性的，可根据矿井的具体情况给其他用水量 $\sum Q_{他}$ 以适当值。

第三节　防尘静压和动压供水

煤矿井下防尘供水方式主要有静压供水和泵压供水两种，而采用最多的是静压供水，水泵动压供水只是在开采深度浅的矿井或静压供水系统尚未形成的矿井或采区中使用。

一、防尘静压供水

（一）静压水池的容积

矿井永久性防尘静压水池与消防水池同时考虑，并能满足一个班生产中防尘用水的需要。水池的容积 V 按式（5-25）计算。

$$V = 8Q_{设} \qquad (5-25)$$

式中　$Q_{设}$——矿井防尘设计用水量可按式（5-1）计算；

　　　8——一个班的作业时间，h。

根据《煤矿井下粉尘综合防治技术规范》(AQ 1020—2006) 的要求, 地面建设的永久性水池其容量不得小于 200 m³, 并设有备用水池, 贮水量不得小于井下连续 2 h 工作的用水量。

(二) 静压水池的结构

1. 地面静压水池

地面防尘静压水池要采用钢筋混凝土浇筑, 结构应符合储水池标准设计。一般常用的有圆形池和矩形池两种, 圆形钢筋混凝土防尘水池的平面布置如图 5-3 所示。常用不同容积的防尘静压水池尺寸和排水管径见表 5-2、表 5-3。

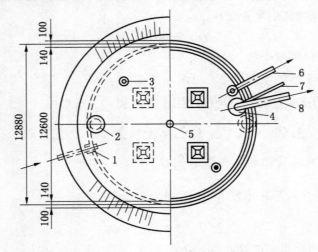

1—进水管; 2—检修孔; 3—通风孔; 4—积水坑; 5—φ100 mm 水标尺孔;
6—溢水管; 7—放空管; 8—出水管

图 5-3 圆形钢筋混凝土防尘蓄水池

表 5-2 圆形钢筋混凝土蓄水池规格尺寸

水池容积/m³	水池外形尺寸/m			加筋混凝土厚度/mm				池底集水坑/mm			
	纯高度	外直径	内直径	池壁厚度		池底	盖板	水坑直径		高度	排泥管径
				顶部	底部			顶径	底径		
200	3.2	9.2	8.94	130	130	200	130	2000	1500	1000	150
500	3.5	14.45	14.15	120	170	220	120	2000	1500	1100	150
1000	3.7	15.40	15.10	120	250	200	120	2000	1500	1000	150

表 5-3 防尘蓄水池的配管管径

管路　　　水池容量/m³　　管径/mm	50	100	150	200	300	400	500
进水管	100	150	150	200	250	250	300
出水管	150	200	250	250	300	300	300
溢水管	100	150	150	200	250	250	300
排水管	100	100	100	150	150	150	150

2. 井下静压水池

井下静压水池多半是为采区服务，且寿命不超过2~3年的临时性水池。这类水池主要是利用采空区和巷道岩层裂隙涌水因地制宜建立起来的，一般为封闭或半封闭式。常见的有平巷隔离式水池、平巷水窝式水池和斜巷密闭式水池，如图5-4、图5-5、图5-6所示。

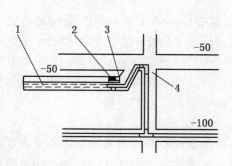

1—水池；2—隔离水墙；3—卸流水管；4—供水管

图5-4 平巷隔离式水池

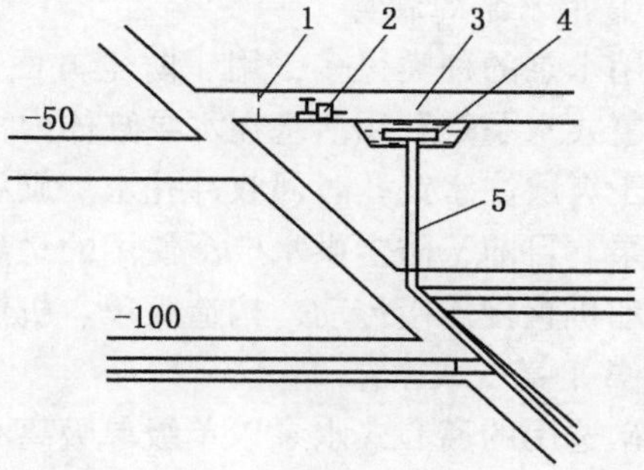

1—栅栏；2—挡水墙；3—卸流管；4—水池；5—供水管

图5-5 平巷水窝式水池

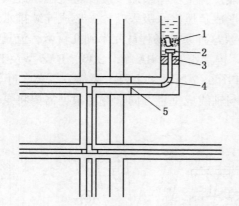

1—净化滤层；2—吸水过滤器；3—密封混凝土挡水墙；4—供水管；5—栅栏

图5-6 斜巷密闭式水池

利用井下废弃旧巷建立的静压水池一般都采用砖砌（或料石）水泥砂浆抹面结构，出水管和进水口尽量布置靠近水池底部，并设过滤装置。如果条件许可，最好于水源侧多建一个沉淀水池，使浑浊水沉淀后再进入使用着的静压水池，以保证水质清洁。

（三）静压水池位置的选择

静压水池位置的确定主要应考虑其服务年限和供水范围。永久性水池（地面或井下）较为经济合理的位置应使进水和供水管总安装长度缩短到最小的程度，避免管材浪费和不必要的管路安装和维修工程。临时性水池要保证供水管路末端压力足够。

无论在地面还是在井下建筑水池，水池标高距用水地点的高差（静压头）必须保证不小于管网总阻力和管路末端喷雾洒水装置所需额定压力之和。

二、防尘动压供水

静压供水系统未形成的矿井和采区,其防尘工作则需要采用水泵动压供水。水泵动压供水的优点是安装简单、投用快、机动灵活;缺点是电耗大,资金浪费较严重。

(一) 矿用水泵的种类和性能

1. 常用水泵的种类

矿用水泵的种类很多,用于防尘方面的水泵主要有往复式水泵、旋涡泵和离心式水泵。往复式水泵是利用活塞在水泵缸体内往复运动进行吸水和排水。这种类型的水泵现在主要用于煤层注水钻孔时回收冲孔水。旋涡泵主要用于局部增压调节,常用的是单级悬臂式旋涡泵。目前,防尘供水广泛使用的是离心式水泵。这种水泵具有很高的效率,能够和高速电动机直接连接传动,构造简单、机体轻便、操作简单、调节容易。

2. 常用离心式水泵

煤矿选用的离心式水泵以单级单吸离心泵与多级单吸离心泵为最常见。离心式水泵的工作原理与离心式通风机相同。水泵启动前,泵腔需注满水。当由装在一根轴上的单级或多级叶轮构成的转子被电动机拖动旋转时,叶片之间流道中的液体质点受到叶片离心力的作用朝叶轮边缘运动,汇集于螺壳形的机壳中,而后经出水口排出或进入次级叶轮入口,并在次级叶轮上继续增加能量,直至由最后一级叶轮流出,进入排水或供水管路。与此同时,在第一级叶轮入口处形成负压,水吸入叶轮,形成连续排水或供水。

(1) 单级悬臂式离心泵这种泵的扬程从几米到几百米,流量从 4.5 m^3/h 到 360 m^3/h;口径从 40 mm 到 200 mm。较常用的有 BA 型、B 型、BAZ 型及 BZ 型等。

BA 型离心泵的结构如图 5-7 所示。主要由泵体、泵盖、叶轮、轴和托架等组成。泵进水口在轴线上,出水口与轴线成垂直方向,并可根据需要将泵体旋转 90°、180°、270°。泵由联轴器直线传动。

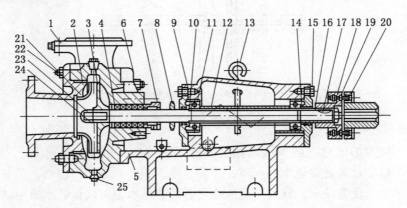

1—泵体;2—泵盖;3—叶轮;4—轴;5—托架;6—填料;7—填料压盖;8—挡水圈;9—轴承端盖;
10—挡油圈甲;11—单列向心球轴承;12—定位套;13—油标;14—挡油圈;15—螺栓;16—挡套;
17—键;18—联轴器;19—小圆螺母止退垫圈;20—小圆螺母;21—密封环;22—螺钉;
23—叶轮螺母;24—外舌止退垫圈;25—四方螺塞

图 5-7 BA 型离心泵的结构

（2）多级单吸离心泵这种泵扬程比较大。煤矿中主要排水和防尘集中供水水泵大都属于这种类型。最常用的是 D 型、DA 型和 TSW 型水泵。这类水泵的口径一般为 5.08~25.40 cm，流量为 25~450 m³/h，扬程为 14~600 m，也有高达 1000 m 以上的。

DA 型离心水泵结构如图 5-8 所示。DA 型离心水泵的扬程可以根据矿井供水高度的需要，用增加或减少水泵的级数来调整。

D 型离心水泵目前在新投产的矿井中使用比较普遍，是在 DA 型泵的基础上改革而成的产品，如图 5-9 所示，虽然性能接近，但效率较高。

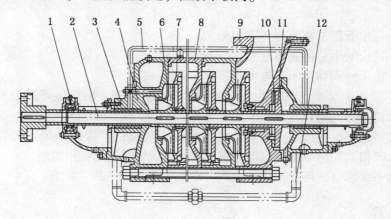

1—轴承体部件；2—转子部件；3—填料；4—进水段；5—水封管；6—叶轮；7—导叶；
8—中段；9—出水段；10—平衡环；11—平衡盘；12—平衡水管

图 5-8 DA 型离心水泵的结构

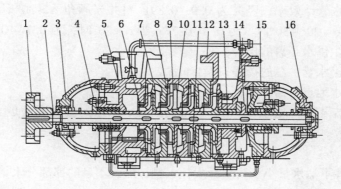

1—柱销性联轴器；2—轴；3—滚动轴承部件；4—填料压盖；5—吸入段；6—密封环；7—中段；
8—叶轮；9—导叶；10—导叶套；11—拉紧螺栓；12—吐出段；
13—平衡套（环）；14—平衡盘；15—填料晶体；16—轴承

图 5-9 D 型离心水泵的结构

（二）泵压供水方式和设备选型

1. 泵压供水布置方式

井下防尘泵压供水的布置方式，通常有独立泵压供水系统和与排水系统合用供排混用供水系统两种。

（1）独立泵压供水井下防尘独立式泵压供水与矿井排水系统互相独立，各不干扰。根据井下生产实际需要和水源水质情况，水泵可以安设在任一位置，也可以设在井底水仓，实行全井集中供水，由于独立式泵压供水水泵安设位置既可能在用水地点水平标高的下面，也可能在用水地点水平标高的上面，所以水泵扬程损失的大小是因地而易的。

向上供水时水泵扬程损失可由式（5-26）计算。

$$H = H_p + H_l + H_g \tag{5-26}$$

向下供水时水泵扬程损失可由式（5-27）计算。

$$H = H_p + H_l - H_g \tag{5-27}$$

式中　H_p——用水管路末端所需额定水头，m；

　　　H_l——进出管中总的扬程（水头）损失，m；

　　　H_g——吸水水面到用水地点水平垂直高差，m。

（2）混用泵压供水井下防尘供水与排水并用一趟管路，形成供排混用系统。这种情况下除主排水设备必须符合《煤炭工业矿井设计规范》（GB 50215—2015）和《煤矿安全规程》的有关规定外，还应有备有供水主干管路。局部供排混用系统还必须有可靠的流量控制装置和严格的管理制度，以避免意外事故造成管道跑水淹没井巷。

混用供水系统水泵的扬程损失可由式（5-28）、式（5-29）计算。

$$H_B = \frac{H_g}{\eta_g} \tag{5-28}$$

$$H_T = H_g + H_l + H_P \tag{5-29}$$

式中　H_B——排水必需的扬程，m；

　　　H_g——管出水口与井底水仓水面高差，m；

　　　η_g——排水管路效率，竖井为 0.9~0.89；斜井当倾角 $\alpha > 30°$ 时，为 0.83~0.8；当 $\alpha = 20°~30°$ 时，为 0.8~0.77；当 $\alpha < 20°$ 时，为 0.77~0.74。

　　　H_T——防尘供水必需的扬程，m；

　　　H_l——进出水管中总的扬程损失，m；

　　　H_P——用水地点所需水头，m。

两式计算的结果选较大的作为预选水泵的扬程。水泵的流量要满足 20 h 内排出 24 h 最大涌水量的要求。

$$Q_{B\max} \geq 1.2 q_{\max} \tag{5-30}$$

但是，如果井下涌水量小于防尘最大耗水量，那么不足的那部分水量就需要另寻水源补充。

2. 泵压供水设备选型计算

为适应现场防尘工作需要，泵压供水设备选型计算大体需要经过初选水泵，确定管路系统、计算选择管径、计算选择管道特性，确定工况点和校验计算等步骤。

（三）水泵的串联和并联

为满足防尘的需要，矿井防尘泵压系统常常需要多台水泵联合工作，用以提高扬程或增加流量。多台水泵联合工作主要有串联和并联两种布置方式。

1. 水泵串联工作

水泵串联工作的目的是为了增加供排水扬程。串联工作可分为直接串联和间隔串联两种，如图5-10、图5-11所示。两泵直接串联时，一般流量并不改变（只是在净扬程很低的情况下，流量有所增加），扬程增加。

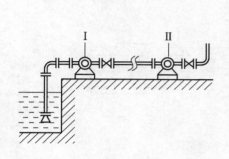

图 5-10　水泵间接串联　　　　　　　图 5-11　水泵直接串联

$$Q_m = Q_1 = Q_2 \qquad\qquad (5-31)$$
$$H_m = H_1 + H_2 \qquad\qquad (5-32)$$

此时，如两泵型号相同，则 $H_m = 2H_1$。

2. 水泵并联工作

2台同型号水泵并联，扬程不变，流量增加。

2台不同型号水泵并联时，只有当高扬程泵扬程低于低扬程泵的空转水头时，2台泵才能并联工作。反之高扬程泵只能单独工作，低扬程泵不仅不出水，甚至还会有压力水倒流。因此，并联的水泵其扬程应基本相近。2台水泵并联时总流量大于1台泵单独工作时的流量，但也小于2台泵单独工作时的流量。所以，并联水泵台数不宜过多。

第四节　管　网　系　统

一、管网布置形式

管道与附件（法兰盘、弯头、阀门等）连接起来成一整体称为管路。井下若干条管路按需要相互连接就构成了矿井管网系统。

矿井防尘管网系统按其结构，可分为树状网和环状网两种类型。

所谓树状网就是管网布置像树枝一样，如图5-12a、图5-12b所示，从树干到树梢越来越细。树状网倒立或正立形状受供水方式制约。如全矿井从井底水仓集中供水，管网系统即为一个正立形树状网；如全矿井从地面水池集中供水，则管网系统正好是一个倒立状树状网。倒立形树状网是矿井防尘常见的管网形状之一，适用于静压供水的矿井。

所谓环状网是将主干管路连成环状，如图5-12c所示。由于环连管四通八达，当部分管线损坏时，一侧断水影响范围较小，全矿井或整个采区防尘工作不致中断。环状网适用于生产集中的水平煤层和作业地点所需水压基本均等的矿井或井下相同水平设有几个大小不等的静压水池同时为全矿井供水的矿井。

树状网和环状网相比，树状网结构简单、主干管线短、投资少，但可靠性较环状网差。当某一条管路损坏时，在它以后的各分支管路都将断水。而对于环状网可以克服这一弊病，但主干管路长度常需要成倍增长，造价也就相应增加。在生产实践中究竟采用哪种形式，应以安全可靠、经济合理为原则，结合各矿具体条件因地制宜地选择。

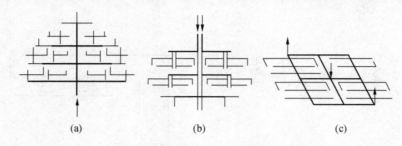

图 5-12 矿井防尘供水管网形状

二、管网布置原则

管网布置应遵循以下基本原则。

（1）管网造价应尽可能低，输水至任何一点的距离最短。

（2）管网应包围整个防尘用水区，而且必须满足防尘用水的流量与压力。

（3）管网某区段一旦发生事故，对重要的用水区仍能保证不断供水。

（4）地表管路的埋设深度，在严寒地区应保证不受水冻影响，一般应埋在冻土层以下 0.2 m 处。

三、管网水力计算

管网水力计算的主要内容是正确地选择管径、确定管网水头损失，以便决定加压或减压方法及选择装备、器材。以下为水力计算的步骤。

（1）根据矿井开拓、开采平面图及采掘机械化配备图，确定洒水地点及选择洒水器类型，并给出消防系统平面布置图。

（2）确定各洒水地点的耗水量及工作压头。一般规定最不利点位置的洒水器压力不小于 0.2 MPa；为了不使洒水器耗水过多，定点洒水器的工作水压不应大于 0.6 MPa。

（3）确定各管段的计算流量。

（4）根据管网通过的流量及经济流速选择合适的管径。管网中的流速一般规定如下：洒水管流速为 1~2 m/s，设计时取 0.6~0.9 m/s；消防管流速为 2.5~3.0 m/s。

（5）计算各管段的阻力损失。

（6）根据管段所承受的静水压力，选择管材及采取加减压措施。

（7）用消防流量进行校验。井下一旦出现火情，截断洒水供水，就能保证消火栓有足够的水量和所要求的水压。

（8）计算出井下一天的总用水量。计算总用水量时，掘进及综采工作面按三班考虑，其他按两班考虑。

（一）管道水头损失

管道水头损失包括沿程摩擦阻力所产生的水头损失和局部水头损失，可用式（5-33）计算。

$$h_w = \sum h_f + \sum h_m \qquad (5-33)$$

式中 h_w——管道总水头损失，m；

$\sum h_f$——管道沿程水头损失之总和，m；

$\sum h_m$——管道局部水头损失之总和，m。

一般在防尘洒水管网中，主要的水头损失是沿程摩擦阻力所产生的水头损失，局部水头损失所占的比例很小，可以不做详细计算，而是按沿程水头损失的百分数来考虑的。设计时，对采用钢管、铸铁管的局部水头损失按沿程水头损失 5% 计算，对于胶质软管按沿程水头损失的 10% 计算。水力学中的沿程水头损失可按式（5-34）计算。

$$h_f = \lambda \frac{L}{d_f} \frac{v^2}{2g} \qquad (5-34)$$

式中 h_f——管道沿程水头损失，m；

L——管道长度，m；

d_f——管子的计算内径，m；

v——管子中的平均水流速度，m/s；

g——重力加速度，$g = 9.81 \ \mathrm{m/s^2}$；

λ——摩擦系数，即沿程阻力系数。

水力坡度 i 用式（5-35）表示：

$$i = \frac{h_f}{L} = \lambda \frac{1}{d_f} \frac{v^2}{2g} \qquad (5-35)$$

式中 i——水力坡度，即单位管子长度水头损失。

当 $v \geq 1.2 \ \mathrm{m/s}$ 时：

$$i = 0.00107 \frac{v^2}{d_f^{1.3}} \qquad (5-36)$$

当 $v < 1.2 \ \mathrm{m/s}$ 时：

$$i = 0.000912 \frac{v^2}{d_f^{1.3}} \left(1 + \frac{0.867}{v} \right)^{0.3} \qquad (5-37)$$

如果已知管径与管子的平均水流速度，就可以用式（5-36）或式（5-37）计算出水力坡度 i，则管段的摩擦损失可用式（5-38）计算。

$$h_f = iL \qquad (5-38)$$

在矿井管网设计中，管中的平均水流速度 v，经技术经济比较后而确定为经济流速，一般 $v = 1.2 \ \mathrm{m/s}$。设计中考虑管道使用中的锈蚀、沉垢断面变小，一般只取 $v = 0.6 \sim 0.9 \ \mathrm{m/s}$。

如果已给定流量 Q 及选定经济流速 v，则可按式（5-39）计算出管子的计算内径 d_f。

$$Q = Sv = \frac{\pi d_f^{\,2}}{4} v \qquad (5-39)$$

则

$$d_f = 1.1287 \left(\frac{Q}{v} \right)^{\frac{1}{2}} \qquad (5-40)$$

式中 Q——管子的计算流量，$\mathrm{m^3/h}$；

S——管子的断面积，m^2；

d_f——管子的计算内径，m；

v——管子的经济流速，m/s。

因考虑到管子的锈蚀对摩擦阻力损失的影响，故在选择内径时应较计算内径大 1 mm，即 $d = 1 + d_f$（mm）；内径大于 300 mm 的管子不考虑这一因素，管子的计算内径 d_f 的尺寸，见表 5-4。

已知计算内径 d_f，就可以从表 5-4 中查出管子的内径 d、外径 D 及公称直径 D_g 的相应值。

表 5-4　管道水力计算对钢管、铸铁管的计算内径尺寸

钢管/mm											铸铁管/mm	
普通水煤气管				中等管径				大管径				
公称直径 D_g	外径 D	内径 d	计算内径 d_f	公称直径 D_g	外径 D	内径 d	计算内径 d_f	公称直径 D_g	外径 D	计算内径 d_f	内径 d	计算内径 d_f
8	13.5	9.00	8.00	125	146	126	125	400	426	406	50	49
10	17.00	12.50	11.50	150	168	148	147	450	478	458	75	74
15	21.25	15.75	14.75	175	194	174	173	500	529	509	100	99
20	26.75	21.25	20.25	200	219	199	198	600	630	610	125	124
25	33.50	27.00	26.00	225	245	225	224	700	720	700	150	149
32	42.25	35.75	34.75	250	273	253	252	800	820	800	200	199
40	48.00	41.00	40.00	275	299	279	278	900	920	900	250	249
50	60.00	53.00	52.00	300	325	305	305	1000	1020	1000	300	300
70	75.50	68.00	67.00	325	351	331	331	1200	1220	1200	350	350
80	88.50	80.50	79.50	350	377	357	357	1300	1320	1300	400	400
100	114.00	106.00	105.00					1400	1420	1400	450	450
125	140.00	131.00	130.00								500	500
150	165.00	156.00	155.00								600	600
											700	700
											800	800
											900	900
											1000	1000

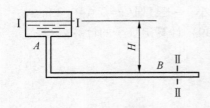

图 5-13　简单防尘供水管路

（二）简单管路水力计算

简单管路是指直径不变，没有支管分出的管路。在简单管路中流量沿途不变或变化甚微可忽略不计。为推导管网系统水力计算的基本公式，现在假设某矿主干管路为一条简单管路，简单防尘供水管路如图 5-13 所示。图中水池内水平面和管路上 B 点管截面高差为 H。

截面 Ⅰ—Ⅰ 与 Ⅱ—Ⅱ 上不可压缩的流体绝对运动总流的伯努利方程式为式（5-41）或式（5-42）。

$$H + \frac{P_a}{\gamma} + \frac{v_1^2}{2g} = 0 + \frac{P_a}{\gamma} + \frac{v_2^2}{2g} + h_w \qquad (5-41)$$

或者

$$H = \frac{v^2}{2g} + h_w \qquad (5-42)$$

式中　　H——静压水池水平面距 B 点高差（作用水头），m；

v——水流速度；m/s；

γ——水的密度，kg/m³；

h_w——管路阻力，m；

P_a——大气压力，kg/m²。

上式表明，静压水池所具有的作用水头 H 全部用于产生管道出口截面上的速度水头以及克服管路阻力 h_w 上，忽略速度水头及局部水头损失，可得式（5-43）。

$$H = h_w = h_f \qquad (5-43)$$

式中　　h_f——A、B 间管路沿程水头损失，m；

$$h_f = \lambda \frac{L}{d} \frac{v^2}{2g} \qquad (5-44)$$

式中　　L——管路长度，m；

d——管径，m；

v——平均流速，m/s；

λ——沿程阻力系数。

将式（5-44）用 v 表示，得式（5-45）。

$$v = \sqrt{\frac{2gdh_f}{\lambda L}} \qquad (5-45)$$

根据水力学定义，水力半径 R 与管径 d 的关系可用式（5-46）表示。

$$R = \frac{A}{\rho} = \frac{\pi d^2}{4\pi d} = \frac{d}{4} \qquad (5-46)$$

式中　　A——过流断面，m²；

ρ——圆周长度，m。

水力坡度 i 的表达式为式（5-47）。

$$i = \frac{\Delta H}{\sum L} \qquad (5-47)$$

式中　　ΔH——管道始终点高差，m；

$\sum L$——管道长度，m。

因此

$$v = \sqrt{\frac{8g}{\lambda} Ri} \qquad (5-48)$$

令

$$C = \sqrt{\frac{8g}{\lambda}} \qquad (5-49)$$

所以有

$$v = C\sqrt{Ri} \tag{5-50}$$

C 即为流速系数，流速系数可利用式（5-51）计算。

$$C = \frac{1}{n}R^Y \text{①} \tag{5-51}$$

式中　C——流速系数（谢才系数），$m^{\frac{1}{2}}/s$;

n——管壁粗糙系数；

R——水力半径，m；

Y——指数。

$$Y = 2.5\sqrt{n} - 0.13 - 0.75\sqrt{R}(\sqrt{n} - 0.10) \text{②}$$

煤矿常用管道管壁的粗糙系数见表5-5。

表5-5　管壁粗糙系数 n 值

管道系列	管壁粗糙及使用状态	n	$\sqrt{n}$
混凝土和钢筋混凝土管	正常使用排污水	0.014	0.118
新铁管、陶瓷管	敷设及连接良好	0.011	0.105
缸瓦管	管壁带釉	0.013	0.114
石棉水泥管	正常使用，连接良好	0.012	0.110
新铸铁管	管壁无污垢	0.013	0.114
无缝钢管	管壁无污垢	0.012	0.110
铆接螺旋钢管	管壁无污垢	0.013	0.114
旧金属管	略带污垢	0.014	

由式（5-50），还可以得出流量表达式（5-52）。

$$Q = vA = AC\sqrt{Ri} \tag{5-52}$$

式中　A——过流截面积，m^2。

令

$$K = AC\sqrt{R} \quad （K 通常被称为流量模数）$$

此时

$$Q = K\sqrt{i} \tag{5-53}$$

将式（5-53）两边平方，并利用 $i = \dfrac{h_f}{L} = \dfrac{H}{L}$。

得

$$Q^2 = K^2 i = K^2 \frac{h_f}{L} = K^2 \frac{H}{L} \tag{5-54}$$

---

① 摘自冶金工业出版社《流体力学及流体机械》附录B。
② 摘自《灌渠水力计算表》，此式也可写作半经验公式 $C = 1/n + 17.72\tan R$。

$$H = \frac{Q^2}{K^2}L \tag{5-55}$$

令

$$R = \frac{L}{K^2} \quad (R \text{ 为管道系数})$$

得

$$H = RQ^2 \tag{5-56}$$

上述公式就是简单管路水力计算的基本方程式。式（5-56）把 H、Q、C 各量联系起来，当管道的粗糙度已知时，K 仅为 C 的函数，其对应关系见表5-6。

表5-6 钢或铸铁管（阻力平方区）流量特性表

管径 $d/$ mm	管壁粗糙状况								
	清洁水管（$n=0.0111$）			正常水管（$n=0.0125$）			污垢水管（$n=0.0143$）		
	λ	$C/$ $(\text{m}^{\frac{1}{2}} \cdot \text{s}^{-1})$	$(K^2/1000)/$ $(\text{L}^2 \cdot \text{s}^{-2})$	λ	$C/$ $(\text{m}^{\frac{1}{2}} \cdot \text{s}^{-1})$	$(K^2/1000)/$ $(\text{L}^2 \cdot \text{s}^{-2})$	λ	$C/$ $(\text{m}^{\frac{1}{2}} \cdot \text{s}^{-1})$	$(K^2/1000)/$ $(\text{L}^2 \cdot \text{s}^{-2})$
50	0.0248	56.3	0.152	0.0366	46.3	0.103	0.06	36.3	0.06
75	0.0222	59.4	1.39	0.0322	49.4	0.894	0.05	39.4	0.57
100	0.0207	61.6	5.77	0.0295	51.6	4.06	0.05	41.6	2.63
125	0.0195	63.4	19.0	0.0275	53.4	13.4	0.04	43.4	8.80
150	0.0188	64.7	49.3	0.0263	54.7	35.0	0.04	44.7	23.4
200	0.0175	67.0	222	0.0242	57.0	161	0.04	47.0	109
250	0.0166	68.7	711	0.0228	58.7	510	0.03	48.7	357
300	0.0160	70.1	1850	0.0217	60.1	1370	0.03	50.1	950
350	0.0154	71.3	4120	0.0209	61.3	3060	0.03	51.3	2130
400	0.0150	72.3	8130	0.0202	62.3	6100	0.03	52.3	4320

利用上述公式可解决以下问题：已知 H、d 求 Q；已知 Q、d 求 H；已知 H、Q 求 K，进而求得 d。

（三）管径选择

1. 计算管径和标准管径

在矿井防尘耗水量已确定的情况下，矿井防尘主干管路的管径可按式（5-57）计算（采区防尘支干管径也可参照计算）。

$$d = \sqrt{\frac{4Q}{v\pi}} = 1.1287 \left(\frac{Q}{v}\right)^{\frac{1}{2}} \tag{5-57}$$

式中　d——矿井防尘主干管路管径，m；

　　　Q——矿井防尘总耗水量，m^3/s；

　　　v——水平均流速，m/s。

设计管径时应考虑管路使用后锈蚀和污垢沉积对过流断面的影响，给出适当的备用系数，则设计管径可按式（5-58）计算。

$$D = Kd \tag{5-58}$$

式中　Q——设计管径，m；

　　　K——锈蚀和污垢沉积预留系数，1.021~1.003。

目前，煤矿采用的管道直径一般均为标准直径。各种标准钢管和铸铁管的有关技术参数可从《给水排水设计手册》中查得。煤矿常用管材的主要规格见表5-7。

表5-7　矿井常用管材规格表

管材名称	管径/mm		壁厚/mm	质量/ （kg·m⁻¹）	试验压力/ （kg·cm⁻²）③
	外径	内径			
无缝钢管	32		2.5~7.0	1.76~4.32	
	57		3.0~7.0	4.0~8.63	
	83		3.5~7.0	6.86~13.12	
	108		4.0~7.0	10.26~17.4	
	168		5.0~12.0	20.1~46.2	
	219		6.0~12.0	31.52~61.2	
铸铁管		75	7.5①~9.0②	16.3~19.8	7.5~10.0
		100	7.5~9.0	20.9~25.5	7.5~10.0
		150	8.0~9.5	32.3~38.7	7.5~10.0
		200	8.8~10.0	45.4~51.8	7.5~10.0
		300	10.0~11.1	75.2~88.3	7.5~10.0

注：①为铸铁承插直管。

②为铸铁法兰直管。

③1 kg/cm² = 98.066 kPa。

2. 经济流速和最佳管径

在流量（动能）形同的条件下，流速的大小取决于所选择的管径。如管径选择的较小，虽然管道的价格较低，但流速大、水头损失大，因而增加了水泵电功的消耗（或消耗了静压位能），即增加了运转费用。若管径选择的过大，管内流速降低，水头损失减少，运转费用降低，但管道价格增高。所以在选择管网系统的各种管径时，应使运转与成本（包括维修）费用总和最低，这即所谓选择最佳供水管径的问题，获得最佳管径时的流速即为最佳经济流速。在我国矿山供排水设计中，经济流速的选择范围一般为1.5~2.5 m/s。管径大，取流速偏大；管径小，取流速也偏小。由于在煤矿生产实践中不容易获得经济流速，因此在流量满足矿井防尘总耗水量需要的前提下，可以单从管道价格和安装费用着眼求得比较合理的管道直径，即 $\sum Ld^2 =$ 最小值。

（四）水压调节

在矿井静压供水系统中，由于水池标高一定，而井下各作业地点各种喷雾洒水设施对水压的要求又各不相同，因此常常要对水压进行调节和控制。

水压调节和控制与供水水源的选择关系很大，因供水水源的位置不同，可能需要对整个管网加压或减压，也可能仅需局部加压或减压。若供水水源提供的自然水头对管网大部分的压力要求能基本得到满足，则仅对局部网点加压或减压。

1. 加压措施

井下局部网点，因管网分支供水压力不足，不能满足洒水压力要求时，可以采用压气水箱进行加压，压气水箱因受风压的限制，只能作局部加压，如某掘进工作面湿式凿岩等防尘用水。

如供水水源低于用水地点标高时，必须设置加压泵提高供水压力。井下加压泵的设置位置，应根据加压泵的服务范围，经过水力计算确定，应尽量使管网分支的阻力值不致相差太大，同时还应顾及加压泵位置不致因开采工作的开展而频繁搬家。

井下加压泵有以下两种供水连接方式。

1）加压泵与供水管路连接

其优点是可以利用供水管道中的剩余压力减小水泵的功率。在局部加压时，常用这种连接方式。但必须注意水泵流量与供水管路流量相适应，在水泵吸水管上应设阀门，出水管上设置逆水阀和压力表。

2）设置一定容积的吸水池，水泵从水池中吸水加压

这种方式的优点是灵活性较大，水泵便于调节，与管网不发生干扰，缺点是无法利用管网的剩余压力。在洒水设计中，水泵的选型应考虑以下两个因素。

（1）流量。水泵流量应考虑由水泵所担负管网的全部洒水设备耗水量的总和，并考虑 $1.05 \sim 1.10$ 的洒水系数。

（2）扬程。水泵的扬程应包括洒水设备地点所需水头、管道的总水头损失、泵房内部的阻力损失和水泵房至最高位置洒水点之标高差，可用式（5-59）计算。

$$H_B = H_P + H_f + H_g + H_T \tag{5-59}$$

式中　H_B——水泵的扬程，m；

　　　　H_P——洒水设备要求所需水头，m；

　　　　H_f——管道的总水头损失，m；

　　　　H_g——泵房内管道的水头损失，m；

　　　　H_T——泵房至最高位置洒水点的标高差，m。

在选型时，如 H_B 数值较小可不予考虑。防尘洒水加压泵，一般装备 2 台，1 台运转，1 台备用。由于加压泵一般功率较小、质量较轻，可以不做固定基础，安装在整体框架上，位置可选择在采区车场、上下山等适当地点。

2. 减压措施

1）静水压力小于 2 MPa 供水系统的减压措施

这种系统中供水压力可能大大超过洒水设备要求的供水压力，但在供水管材允许的承压范围内，对于洒水设备前多余的水头，可用以下方法消除。

在洒水器前某一支管上安装两个截止阀，一个作截流，一个作减压。可凭经验对喷雾状况调节减压阀。

洒水器前某一支管上安装阻力片，阻力片结构如图 5-14 所示，阻力片的减压作用与减压阀一样，都是用形成的局部损失失去消耗洒水器前多余的水压。阻力片型号尺寸见表 5-8。

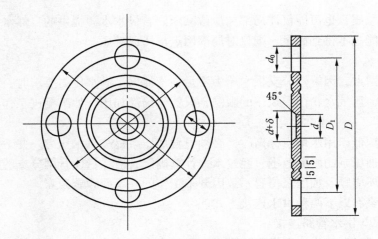

图 5-14 阻力片

表 5-8 阻力片型号尺寸表

型号	管道公称直径/mm	外径/mm	螺栓孔中心圆直径/mm	厚度/mm	螺栓孔中心/mm	螺栓数量/个	螺栓直径	6	7	8	9	10	11	12	13	14	15	16	17	18	19	20	21	22	23	质量/kg
	D_g	D	D_1	b	d_0	a											编	号								
I	20	105	75	5	14	4	M_{12}	1	2	3	4	5	6	—	—	—	—	—	—	—	—	—	—	—	—	0.21
II	25	115	85	5	14	4	M_{12}	—	1	2	3	4	5	6	7	8	9	—	—	—	—	—	—	—	—	0.37
III	32	135	100	5	18	4	M_{16}	—	—	1	2	3	4	5	6	7	8	9	10	11	—	—	—	—	—	0.51
IV	40	145	110	5	18	4	M_{16}	—	—	—	—	—	—	1	2	3	4	5	6	7	8	9	10	—	—	0.60
V	50	160	125	5	18	4	M_{16}	—	—	—	—	—	—	—	—	1	2	3	4	5	6	7	8	9	10	0.78

单个阻力片的减压幅度一般不大，如需消除较大的压力，可串联几个阻力片，片间距要大于管径的 30 倍，并且其前后均要有大于管径 30 倍以上的直管。

上述减压措施中，以设置阻力片方式较好，具有加工简单、消耗材料少、承压大、不易损坏等优点。

2）静水压力大于 2 MPa 供水系统的减压措施

静水压力大于 2 MPa 的供水系统，由于静水压力大，若不采取降压措施，在选择管材及配件方面将会遇到困难，而且很不经济。

对于这种系统，应首先将静水压力设法降低到 2 MPa 以下，然后对多余的作用水头，按静水压力小于 2 MPa 的供水系统处理。

具体办法有以下两种。

（1）管材选用无缝钢管及其配件。无缝钢管虽价格较高，但承压能力较大（最大可承压 5 MPa）。淮南矿业集团九龙岗煤矿采用外径 108 mm 壁厚 8 mm 的无缝钢管，最大承压达到 5.2 MPa，运转良好。

（2）设置一定容积的减压水箱或减压水池。减压水箱实际上是一个开口的盛水容器，如图5-15所示。减压水箱在供水系统中是独立的。首先将地面或上水平的防尘用水，注入降压水箱，然后由水箱再将水注入下部防尘供水系统，如图5-16所示，这样减压箱就能降低系统中的静水压力。

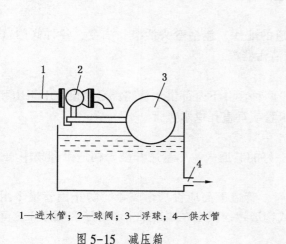

1—进水管；2—球阀；3—浮球；4—供水管

图5-15 减压箱

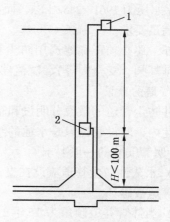

1—分水箱；2—减压箱

图5-16 减压箱在井筒内之布置

减压水箱的容积一般为1 m³，或按0.5~1.0 h的喷雾洒水量计算。水箱一般用钢板制成，但设在斜井、平巷或其他巷道内减压水箱可以用钢筋混凝土制作，也可以作成水仓形式。

目前，不少矿井改用减压水池代替减压水箱，水池的水位控制，可采用水位继电器，水位由信号通知井下打点值班人员，由值班人员启闭水池进水管阀门，或者用水位继电器与电磁闸阀启闭进水管阀门，实现自动补给水量。

减压水池的容积，无统一规定，建议按井下2 h的除尘用水量计算，水池容积稍大一点有利无弊。

减压水池的位置，一般应选择在地质条件较好、不受采动影响的区域，且经减压后静水压力不得超过2.0 MPa。如果大大超过2.0 MPa，则应另外考虑选择恰当位置。

（五）管材选型与管路敷设

1. 管材的合理选型

由于各矿防尘供水的方式不同和用水地点所需供水压力的差异，煤矿井下使用的管材各有一定的适用范围，因此选型时应根据矿井的实际条件因地制宜确定。一般选型应遵循以下三项原则。

（1）管壁承载工作压力必须满足井下防尘系统最大供水压力的要求。

（2）管材质量优良，价格便宜，经济上合理。

（3）采购容易，安装、保养和维修简便。

依据上述原则，采用地面静压水池清洁水作为防尘水源的矿井，可选用钢管作为矿井主干和支干管路；对于中低喷雾洒水供水管路也可选用一般钢管；对于高压煤层注水、水力采煤和高压喷雾洒水的供水管路必须选用无缝钢管。对于高压供水管路和采掘机械液压传动的活动连接部分只能采用高压胶管和高压管件，不能采用低压管。对于湿式作业的采掘工作面，如采用风钻和电钻水打眼、普通采煤机湿式割煤或者静压煤层注水等，其给水软管可以从低压胶管系列中选取。

因为掘进凿岩机要求水压一般不超过 392 kPa，普通采煤机喷雾水压不超过 981~1471 kPa，静压注水水压为 1961~2452 kPa，而普通橡胶管的工作压力均不低于 981~1471 kPa，所以基本上能满足要求。

此外，还必须正确地选用防尘管道的配件，包括弯头活节、法兰、各种阀门（如止回阀、排气阀、安全阀等）、滤流器和清污器等。

2. 管路的敷设

矿井防尘管道的敷设分明设和暗设两种。井下全部供水管路都是明设于上下山和通风运输平巷内，暗设管道只是水池的给水管或垂直孔供水竖管。

1）明管安装的一般要求

（1）永久性防尘管道应设在支护完好的巷道内，尽量避开破碎构造带和集中压力带，以防止管道被砸坏。

（2）当铺管巷道倾角为 15°~25° 时，管道下面应设挡墩支承，防止因管道下滑拉坏接口而漏水。竖井管路用螺栓导向卡或钩形螺栓固定在罐道梁上，管子和罐道梁之间衬以垫木，以防挤伤管壁。

（3）管道在转弯处，须设固定支墩。竖井立管的最下端拐弯处，应设带支承座的弯头，弯头坐落两端预埋于井壁内的横梁上，并用螺栓固定。

（4）管路不能与架线互相交叉，必须通过时应制定安全措施从架线上面或轨道下面通过。

（5）在寒冷地区，矿井采暖能力不能满足要求时，管道停水时应有泄空和保温措施。

（6）井下供水管道的最高点，应设排气阀，以便及时排除管内空气，不使发生气阻现象。

（7）在供水管低凹处应设置泄水阀和泄水管，以备冷冻时将管内存水放空，泄水管接至巷道排水沟，一般为供水管径的 1/3。

2）暗管安装的一般要求

地面防尘静压水池的给水管一般敷设在地下，埋管时应满足下列要求。

（1）非冰冻地区管道的管顶埋深一般不小于 0.7 m，冰冻地区不小于 1.0 m。

（2）管下应做基础，对防止因水管下沉而损坏。在岩性地基中可铺 100 mm 厚砂层作为基础，地基土壤松软时采用标号大于 100 号的混凝土基础。

（3）水管尽端、弯头、叉管等处（特别承插接头的水管）为防止因水压过高而脱节，当管径大于 350 mm，试验压力高于 981 kPa 时，须有砖砌或混凝土支墩。在水管垂直转弯时，同样须用支墩和拉条固定。

（4）地下埋管施工时，应及时绘制竣工图，把实际埋管的位置、管长、管径、埋深、配件种类和尺寸、阀门位置和类型等详细记录下来，便于日后检修时，开挖和寻找。

第六章　矿井通风除尘

第一节　矿尘运动规律

一、矿尘在静止空气中的沉降

矿尘在静止空气中沉降速度可按式（6-1）计算。

$$v_s = \frac{\gamma_s - \gamma}{18\mu} d_p^2 \qquad (6-1)$$

式中　　v_s——矿尘在静止空气中的沉降速度，m/s；

γ_s、γ——尘粒与空气的重力密度，N/m^3；

μ——空气动力黏度系数，Pa·s；

d_p——尘粒粒径，m。

从式（6-1）可以看出，尘粒的沉降速度是和粒径的平方成正比。有关实验表明：10 μm以上的尘粒沉降速度较高，能较快地降落下来。而对人体危害较大的微细尘粒沉降速度非常小，如1 μm的尘粒，从1 m的高度降到地面需7 h。在风流中，由于紊流脉动的速度作用，微细尘粒将能长时间悬浮于空气中并随风扩散。1 μm以下的细微尘粒基本不下沉，而在空气中处于不间断的运动状态，近乎气体分子。

二、矿尘的扩散

在矿井里，矿尘的扩散主要受控于风流。使矿尘扩散和扬起粉尘的气流，大体可分为一次尘化气流和二次尘化气流。所谓一次尘化气流是指在产尘过程中同时产生的气流，如车辆运行、煤岩垮落、采煤机滚筒旋转诱导的气流以及爆破冲击波等。一次尘化气流是使矿尘飞扬扩散于作业空间的主要动力，但作用范围是有限的。虽然如此，也应尽量控制在较小的空间之内，以利于采取除尘措施。

二次气流是指由外部进入产尘空间的气流，主要指井下风流。其他如凿岩机的排气、风筒漏风等亦属此类。二次气流使飞扬于空气中的矿尘向更大范围扩散和蔓延，要控制其所造成的污染必须采取合理的通风措施。

微小的粉尘粒子由于布朗运动，某一空间内的某种粒子个数，将随时间而变化，这一数量浓度随时间的变化进程，宏观上称作扩散现象。粒子从高浓度区域向低浓度区域扩散，逐渐使浓度均一化。表示扩散速度的程度，用扩散系数 D 表示。

$$\bar{x} = \sqrt{2Dt} \qquad (6-2)$$

$$D = \frac{K_s T}{3\pi\mu d_p} \qquad (6-3)$$

式中 $\bar{x}$——微小粉尘粒子 t 秒钟内做布朗运动向一定方向移动的距离，μm；

　　　D——扩散系数，cm^2/s；

　　　K_s——波尔兹曼常数，$K_s = 1.3806505 \times 10^{-23}$ J/K；

　　　T——绝对温度，K。

尘粒的扩散系数见表 6-1。

表 6-1 尘 粒 扩 散 系 数

粒径/μm	$D/(cm^2 \cdot s^{-1})$
0.5	6.4×10^{-7}
0.1	6.5×10^{-6}
0.01	4.4×10^{-4}
0.001	4.1×10^{-2}

三、粉尘的悬浮与运动

粉尘在风流中的运动方程：

$$m \frac{dv}{dt} = F + 3\pi\mu d_p (u - v) \tag{6-4}$$

式中 v——粉尘运动速度，m/s；

　　　u——风流速度，m/s；

　　　F——外力，N。

对于紊流运动，风流除在流动方向上具有速度外，横向上还有脉动速度，外力主要是重力作用，则式（6-4）可按坐标轴方向写成：

$$\left. \begin{aligned} \frac{dv_x}{dt} &= \frac{1}{\tau}(u_x - v_x) \\ \frac{dv_y}{dt} &= \frac{1}{\tau}(u_y - v_y) + g \\ \frac{dv_z}{dt} &= \frac{1}{\tau}(u_z - v_z) \\ \tau &= \frac{d_p^2 \rho_p}{18\mu} \end{aligned} \right\} \tag{6-5}$$

式中 ρ_p——粉尘密度，kg/m^3。

解式（6-5）得

$$\left. \begin{aligned} v_x &= u_x - (u_x - v_x)\exp\left(-\frac{t}{\tau}\right) \\ v_y &= u_y - v_y\exp\left(-\frac{t}{\tau}\right) - v_s \\ v_z &= u_z - (u_z - v_z)\exp\left(-\frac{t}{\tau}\right) \end{aligned} \right\} \tag{6-6}$$

矿井粉尘的粒径都很小（<50 μm），粉尘运动速度与风流速度很接近，故第 2 项可不计，则 $v_x = u_x$；$v_y = u_y - v_s$；$v_z = u_z$。

粉尘在风流中运动，必须处于悬浮状态，使粉尘处于悬浮状态的风速称为悬浮速度，其值与粉尘的沉降速度相等、方向相反。在垂直井巷中，风流速度方向与粉尘沉降方向平行，只要风速大于粉尘的悬浮速度，粉尘即能随风流一起向上运动。在水平井巷中，风流方向与粉尘沉降方向垂直，风流的推力对粉尘的悬浮没有直接作用，使粉尘悬浮的主要速度，是垂直方向的脉动速度，所以必须是紊流而且要有足够大的风速。

粉尘随风流运动，由于风流有横向速度、粉尘有沉降速度以及颗粒形状不规则等影响，不是做直线运动，而是做不规则的曲线运动。粉尘颗粒之间，粉尘与巷壁等之间存在有摩擦、碰撞与黏着等作用，因此含尘空气在流动过程中，粉尘浓度将发生变化。

四、排尘风速

排尘风速逐渐增大，能使较大的尘粒悬浮并带走，同时增强了稀释作用。在连续产尘强度一定的条件下，粉尘浓度随风速的增加而降低，说明增加风量的稀释作用是主要的。当风速增加到一定数值时，粉尘浓度可降低到一个最低数值，这时的风速叫作最佳排尘风速。风速再增高时，粉尘浓度将随之再次增高，说明沉降的粉尘被再次吹扬，该风速造成吹扬为主导作用，稀释降为次要作用。排尘风速与粉尘浓度之间关系如图 6-1 所示。

从防治矿尘、瓦斯等多方面考虑，《煤矿安全规程》规定了井巷中的容许风速值，见表 6-2。

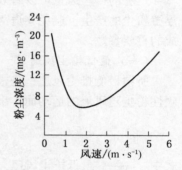

图 6-1　排尘风速与粉尘浓度
之间关系

表 6-2　井巷中的允许风流速度

井 巷 名 称	允许风速/(m·s⁻¹)	
	最　低	最　高
无提升设备的风井和风硐		15
专为升降物料的井筒		12
风桥		10
升降人员和物料的井筒		8
主要进、回风巷		8
架线电机车巷道	1.00	8
运输机巷，采区进、回风巷	0.25	6
采煤工作面、掘进中的煤巷和半煤岩巷	0.25	4
掘进中的岩巷	0.15	4
其他通风人行巷道	0.15	

第二节 掘进工作面通风除尘

用通风的方法将粉尘稀释排出，是降低井下粉尘浓度的重要措施之一。在掘进工作面的打眼、爆破、装岩等作业过程中，虽采取了相应的降尘措施，但对粒径较小的呼吸性粉尘，其降尘效果不明显。这部分微细粉尘不易被水雾捕捉，长期悬浮于空气中，难于沉降，若不及时排出，就会随着生产的继续进行使工作面粉尘越积越多，从而污染作业环境，威胁安全生产，危害工人的身体健康。因此，通风排尘就是要不断地供给新鲜空气，以稀释和排出工作而的粉尘，保证良好的作业环境。

一、巷道排尘风速与风量

足够的排尘风量可以有效地稀释和排出工作面产生的浮游粉尘；适宜的风速可以抑制浮游粉尘的产生，避免巷道落尘两次飞扬于空气中；风速和风量是通风排尘中两个相辅相成的重要参数。

（一）最低排尘风速

所谓最低排尘风速，是指保证风流在巷道断面内有稳定的紊流脉冲速度，使微细的呼吸性粉尘随风流的运动而排出的最低风速。可参考式（6-7）进行计算。

$$v \geqslant \frac{v_s}{\sqrt{\alpha}} \tag{6-7}$$

式中　v——最低排尘风速，m/s；

　　　v_s——粉尘的沉降速度，m/s；

　　　α——巷道的摩擦阻力系数。

最低排尘风速一般需要经过试验来确定，《煤矿安全规程》规定，岩巷风速不得低于 0.15 m/s，煤巷风速不得低于 0.25 m/s。现场的排尘风速一般为 0.25~0.5 m/s，对于产尘强度大的场所（如机掘巷道）可适当加大风速。

（二）极限排尘风速

所谓极限排尘风速，是指当风速增加到一定数值后，会使已经沉积的粉尘重新飞扬的风速，即二次扬尘风速，可参考式（6-8）确定。

$$v = K \sqrt{d\rho} \tag{6-8}$$

式中　v——极限排尘风速，m/s；

　　　ρ——尘粒重率，N/m³；

　　　d——尘粒的直径，m；

　　　K——系数，取 10~16，粉尘粒度及巷道尺寸较大时取大值。

在确定风速参数时，要求不应大于极限风速。在采掘工作面，一般极限风速为 4 m/s。

（三）最优排尘风速

所谓最优排尘风速，是指当风速加大或减小到一定值后，工作面粉尘浓度降到最低时的风速，通常取为 1.5~2.2 m/s。

（四）排尘风量

（1）按保证巷道最低排尘风速确定风量时，可按式（6-9）进行计算。

$$Q = Sv \qquad (6-9)$$

式中　Q——最低排尘风量，m^3/s；

　　　S——巷道断面，m^2；

　　　v——最低排尘风速，m/s。

（2）按满足稀释粉尘使其达到允许浓度标准，其工作面所需通风量可按式（6-10）计算。

$$Q = \frac{G}{C - C_0} \qquad (6-10)$$

式中　G——产尘强度，mg/s；

　　　C——稀释后的粉尘浓度，mg/m^3；

　　　C_0——进风流粉尘浓度，mg/m^3，要求不超过 $0.5\ mg/m^3$。

二、掘进通风的主要方式及选择

（一）压入式通风

目前，多数煤矿的掘进工作面都是采用压入式通风，如图6-2所示。

压入式通风方式通风设备简单、成本低、管理容易，新鲜风流呈射流体作用到工作面作用距离长，能有效地冲淡稀释瓦斯、粉尘和炮烟，使含尘及有害气体迅速沿巷道排除。由于含尘空气是沿巷道全断面排出，使工人处在含尘、炮烟及有害气体的环境下作业。压入式通风时风筒末端距工作面的距离应小于风筒射流的有效射程，否则在靠近掘进工作面地方会形成粉尘及有害气体的涡流区，所以风筒末端距工作面的距离应小于5 m。

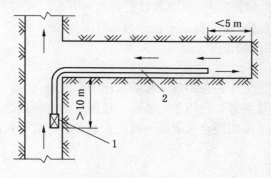

1—局部通风机；2—压入式风筒

图6-2　压入式通风方式示意图

（二）抽出式通风

如图6-3所示，抽出式通风的局部通风机安装在离掘进巷道口10 m以外的回风侧，工作面含尘空气、瓦斯、炮烟等通过风筒由局部通风机抽出。由于污风是通过局部通风机，应防止由于机械摩擦火花引起瓦斯煤尘爆炸事故。抽出式通风时仍必须注意风筒吸风口至掘进工作面的距离不得大于抽出风流的有效吸程，否则将形成涡流区。风筒吸风口至工作面的距离可按式（6-11）进行计算。

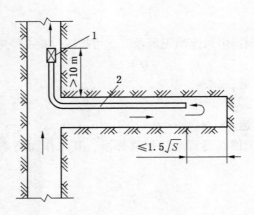

1—除尘风机；2—抽出式风筒

图 6-3　抽出式通风方式示意图

$$L_{抽} \leq 1.5\sqrt{S} \tag{6-11}$$

式中　$L_{抽}$——风筒吸风口至工作面的距离，m；

　　　S——巷道掘进断面面积，m^2。

　　抽出式通风的风量必须满足冲淡排除粉尘、炮烟及有害气体的需要，其抽风量可按式 (6-12) 进行计算。

$$Q_{抽} = \frac{18}{t}\sqrt{ASL} \tag{6-12}$$

式中　$Q_{抽}$——抽出风量，m^3/min；

　　　t——通风排尘的时间，min；

　　　A——同时爆破的炸药量，只取其数值；

　　　S——掘进巷道的净断面积，m^2；

　　　L——炮烟抛掷区的长度，m。

　　（三）混合式通风

　　混合式通风是在掘进工作面采用压入和抽出相结合的通风方式，其兼有压入和抽出式通风的优点，通风排尘效果好，适用于大断面、长距离的巷道掘进，特别是在粉尘污染严重的机掘工作面，更适于采用混合式通风。混合式通风的方式有长压短抽和长抽短压两种方式。

　　1. 长压短抽

　　如图 6-4 所示，长压短抽就是巷道掘进以压入式通风为主，在工作面设抽出式除尘风机，将含尘空气净化后排入巷道。这种通风除尘系统，采用普通的柔性风筒，设备简单、成本低、容易管理，新鲜风流呈射流状作用于工作面，作用距离长，易于排除工作面的瓦斯和粉尘。但除尘风机移动频繁，在机掘工作面可把防尘风机设置在掘进机上，随掘进机移动而前移，减少了频繁移动的麻烦，故该方式主要适用于机械化掘进工作面。

　　长压短抽布置压、抽风筒口的相互位置关系如下：

　　压入式风筒口距工作面的距离 $l_r \leq 5\sqrt{S}$（S 为巷道净断面积），压入式风筒与除尘风机装置的重叠长度 $l_d \geq 2\sqrt{S}$。

抽出式吸风口距工作面的距离 $l_c < 1.5\sqrt{S}$，一般不超过 4 m。

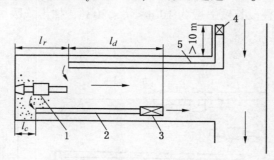

l_r、l_c——压入式和抽出式风筒距工作面的距离；l_d——压入式风筒口与除尘器重叠段长度；

1—掘进机；2—短抽风筒；3—除尘风机；4—长压局部通风机；5—长压风筒

图 6-4 长压短抽通风除尘示意图

2. 长抽短压

长抽短压就是巷道掘进以抽出式通风为主，在工作面附近采用辅助的压入式通风，以提高工作面的风速，加速排尘、排烟及有害气体。根据抽压风筒口的相对位置关系，可分为前压后抽和前抽后压两种方式。

（1）前压后抽，如图 6-5 所示，抽出式风筒吸风口滞后于压入式风筒的出风口，处于新鲜风流中。该方式通风排尘距离长，大面积解决了粉尘炮烟污染问题，但需要抽出式风筒量大、成本高，主要适用于炮掘工作面，特别是在锚喷支护的巷道中，喷浆机可设在风筒的重叠段内，使粉尘直接进入风筒吸风口，有效地解决了工作面及锚喷时的排尘问题。该方式抽出式吸风口及压入式出风口的相对关系为压入式风筒口距工作面的距离 $l_r \leqslant$ 5 m，抽出式风筒口与压入式风筒的重叠段长度 l_d 根据尘源情况（如喷浆、支护等）而定，一般为 10~30 m，抽出式吸风口距工作面的距离 20~30 m。

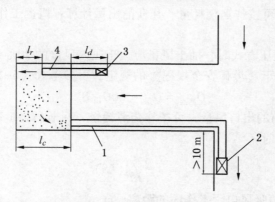

1—长抽风筒；2—长抽除尘局部通风机或抽出式局部通风机；

3—压入式局部通风机；4—短压风筒

图 6-5 前压后抽通风除尘示意图

（2）前抽后压，如图 6-6 所示，压入式辅助通风风筒口滞后于抽出式吸风口。该方式基本解决了整个巷道的污染问题，但需要的抽出式风筒量大、成本高，主要适用于机掘工作面。该方式抽压风筒的相互关系为压入式风筒口距工作面距离 $l_r \leqslant 5\sqrt{S}$，压入式通风口距与抽出式风筒的重叠段长度一般为 10 m< l_d <30 m，抽出式吸风口距工作面的距离越近越好，一般为 2~4 m。

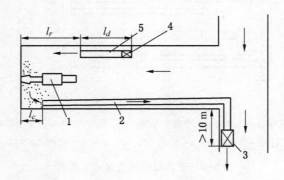

1—掘进机；2—长抽风筒；3—除尘局部通风机或抽出式局部通风机；

4—压入式局部通风机；5—短压风筒

图 6-6　前抽后压通风除尘示意图

3. 压抽风量的匹配

（1）当采用长压短抽方式时，压入式风筒出口风量应比抽出式风筒入口风量大 20% ~ 30%，以保证工作面不出现循环风，可参考式（6-13）计算。

$$Q_{需压} = Q_{抽} + 60Q_{排}S \tag{6-13}$$

式中　$Q_{排}$——风筒重叠区段巷道内的最低排尘风量，m^3/min；

$\qquad$ S——风筒重叠区段的巷道断面面积，只取其数值；

$\qquad$ $Q_{抽}$——短抽风筒内的抽出风量，m^3/min。

对于炮掘工作面，可按炸药消耗量、瓦斯涌出量计算；机掘工作面可按最低排尘风速计算。

（2）当采用长抽短压方式时，抽出风量应大于压入风量的 20% ~ 50%，保证重叠区段内巷道的最低风速不低于《煤矿安全规程》的规定，可参考式（6-14）计算。

$$Q_{需抽} = Q_{压} + 60Q_{排}S \tag{6-14}$$

式中　$Q_{压}$——短压风筒的出口风量，可按炸药消耗量、瓦斯涌出量进行计算。

按炸药消耗量计算时：

$$Q_{压} = \frac{7.8}{t}\sqrt[3]{A(LS)^2} \tag{6-15}$$

式中　L——抽出式风筒吸风口距工作面的距离，m；

$\qquad$ A——一次爆破的炸药消耗量，只取其数值；

$\qquad$ t——通风排烟时间，min。

其他符号意义同前。

采用混合式通风时，需风量要比单一抽出或压入式需风量要大，在风量分配时应配足。无论是长抽或辅助通风的短抽，均需按抽出式通风进行管理。

三、掘进通风的主要方式及选择

（一）抽出式伸缩风筒

该风筒能用于抽出式通风除尘，但阻力较大，清除筒内积尘较难。它是用聚乙烯布及螺旋钢丝骨架制成，每 2 节风筒之间用快速接头软带连接，如图 6-7 所示。

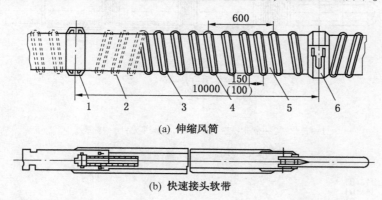

(a) 伸缩风筒

(b) **快速接头软带**

1—端圈；2—螺旋弹簧钢丝；3—吊钩；4—塑料布压条；5—风筒布；6—快速接头软带

图6-7　伸缩风筒及快速接头软带结构图

（二）附壁风筒

附壁风筒又称为康达风筒，它利用风流对流的附壁作用，将工作面普通压入式通风的轴向压入风流改变成沿巷道壁整体旋转的风流，并带动巷道断面内的空气整体向工作面前方推进，使工作面达到足够的风量。采用这种风筒的附壁作用，使整个巷道断面内风速差异不大，产生的流体涡流小，有利于清洗巷道顶部的瓦斯和控制工作面粉尘向外扩散，适用于长压短抽通风除尘的机掘工作面，尤其是可在有瓦斯涌出的工作面中配套使用。

1. 铁质附壁风筒

图 6-8 所示，由德国、波兰引入我国，并普遍使用的铁质附壁风筒结构，其风流沿巷道旋转式出风。风筒长为 2 m，直径 $\phi=800$ mm，在全长风筒断面上有三分之一的圆周呈半径逐渐增大的螺旋线状，并在三分之一的圆周里焊上一块粘有许多 $\phi5$ mm 小孔的钢板，形成一条狭缝状的多孔喷口。该风筒为 2~3 节串联，各节之间用 $\phi800$ mm 的伸缩风筒连接起来，安装在掘进机后方，风筒的出风口端距工作面的距离小于 $5\sqrt{S}$（S 为巷道断面积），另一端与压入式风筒相连。在附壁风筒的出风门设置自动或手动风阀。当掘进机工作，除尘风机启动后，风阀关闭，风流从狭缝喷口喷出，喷出的速度以 15~30 m/s 为佳。停机后，风阀打开，恢复由风筒前出口直接供风。附壁风筒在工作面形成了阻挡粉尘由工作面向外扩散的空气屏幕，使工作面产生的浮游粉尘能完全被抽入除尘风机而得到充分净化，从而提高工作面的除尘效率。

图 6-9、图 6-10 所示分别为附壁风筒在龙固煤矿全岩机掘工作面应用后的风流速度矢量整体、附壁风筒出风口及距掘进工作面 5 m 断面处的风流速度矢量模拟图，图中数值柱单位为 m/s。采用附壁风筒后，附壁风筒径向出风条隙吹出的压风，在与机掘工作面相

距 27~31.3 m 区域内，形成了可覆盖巷道全断面的旋流风幕，并在抽风的作用下，向掘进头方向运移，在与机掘工作面相距 5 m 断面处，风流速度矢量箭头均指向掘进头，从而在掘进机司机前方至掘进工作面间形成均匀压向掘进头的空气屏幕。通过附壁风筒与除尘风机配合使用，综掘工作面的综合降尘率达到 92% 以上。

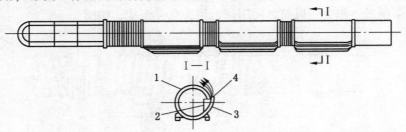

1—筒体；2—带孔；3—筒体螺线状体部分；4—狭缝喷口

图 6-8　铁质附壁风筒结构示意图

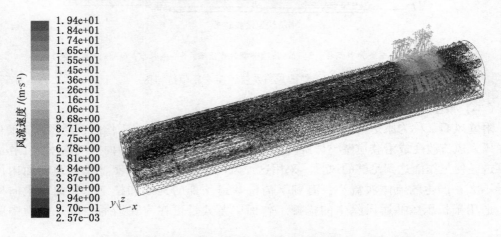

图 6-9　附壁风筒应用后机掘工作面风流速度矢量总体模拟结果

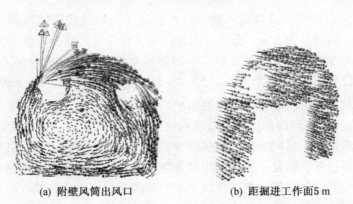

(a) 附壁风筒出风口　　　　　(b) 距掘进工作面 5 m

图 6-10　附壁风筒出风口及距掘进工作面 5 m 断面处的风流速度矢量模拟结果

2. 胶皮附壁风筒

胶皮径向出风附壁风筒的结构如图 6-11 所示。风筒每节长 2 m，直径 600 mm。这种附壁风筒是将出口收小，压入风量的 20%～30% 由风筒轴向进入掘进工作面，而 70%～80% 的风则通过附壁风筒径向壁上开的小孔送向整个巷道并扩散到全断面，以一定的速度向前推进，阻止掘进机工作时产生的粉尘向外扩散，使产生的浮游粉尘被完全吸入除尘风机而得到充分净化。这种附壁风筒体积小、质量轻、移动方便，一般适用于机掘断面在 12 m² 以下的巷道中使用。

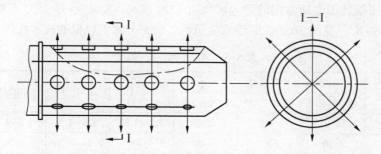

图 6-11　柔性胶皮附壁风筒结构示意图

3. 新型高分子材料附壁风筒

该风筒质量是普通铁质附壁风筒的 5% 左右，材质为一种新型高分子轻质材料，属于脂肪族酯成分，阻燃、抗静电、抗压强度高，主要由三向径向出风条隙、内置导流网、轴径比调节开关、轴径比调节板、外置径向出风条隙挡板等构成，如图 6-12 所示。新型高分子附壁风筒主要通过调节轴径比，使得一部分轴向压风由风筒的三向径向出风条隙沿上、中、下三个方向吹出，高速射流碰到巷道壁面后，在附壁效应的作用下会迅速发生涡旋并贴附于巷道壁面流动，从而形成由多个径向旋流风幕风流场构成的覆盖巷道全断面的三向旋流风幕，以将高浓度粉尘封闭在掘进工作面处，工作原理如图 6-13 所示。新型高分子材料附壁风筒在回坡底煤矿机掘工作面进行应用后，与除尘风机配合使用后，平均降尘率达到 95% 以上。

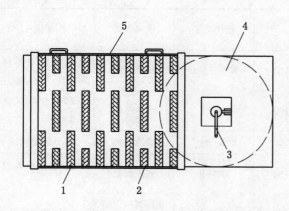

1—三向径向出风条隙；2—内置导流网；3—轴径比调节开关；
4—轴径比调节板；5—外置径向出风条隙挡板

图 6-12　新型高分子附壁风筒结构示意图

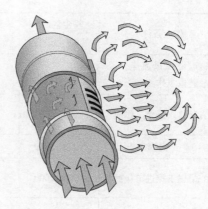

图 6-13　新型高分子附壁风筒
工作原理示意图

（三）除尘风机

除尘风机是指把气流或空气中含有的固体粒子分离并捕集起来的装置，又称集尘器或捕尘器，是掘进工作面采用长抽或压抽混合式通风除尘系统的主要配套设备。根据是否利用水或其他液体，除尘风机可分为干式和湿式两大类。我国煤矿一般采用湿式除尘装置，其是通过尘粒与液滴的惯性碰撞进行除尘的。

目前，我国掘进工作面常用的除尘风机有 KCS 系列、KGC 系列、TC 系列、MAD 系列及奥地利 AM-50 型、德国 SRM-330 型除尘风机等。部分除尘风机的技术性能见表 6-3。

表 6-3　常 用 除 风 机

技术指标		KCS 系列			TC-1	MAD-1	KGC-1	AM-50
		KCS-150D	KCS-200D	KCS-300D				
处理风量/（m³·s⁻¹）		2.5	3.3	5.0	2.5~3.88	2.5~5.0	2.5~3.0	3.0
阻力/kPa		0.50	0.40	0.40	1.47	0.29~0.49	1.76	6.85
吸风口直径/mm		490	490	590	600	380~480	600	600~800
主机功率/kW		11	18.5	22	18.5	11 kW 局部通风机	18.5	111
质量/kg		640	670	780	250	45	1200	7800
除尘效果	全尘/%	≥96	≥96	≥96	80~95	95~98	80~96	95
	呼尘/%	≥90	≥90	≥90	90~98	80	85~90	98
生产厂		山东威特立邦矿山设备有限公司			中煤科工集团重庆研究院	佳木斯市矿山配件厂		奥地利

根据我国井下的不同条件，可以参照表 6-4 选用不同类型掘进工作面的除尘风机。

表 6-4　除 尘 风 机 适 用 条 件

作业条件	粉尘浓度/（mg·m⁻³）	处理风量/（m³·m⁻¹）	选用型号	通风方式	配套设备
锚喷巷道风流净化及爆破巷道工作面	100~600	100~150	KCS-150D	长抽短压	φ500 伸缩风筒 长 800~1000 m
岩巷打眼爆破工作面	100~600	100~150	JTC-Ⅱ	长压短抽	φ500 伸缩风筒 长 150 m
8~14 m² 机掘工作面	1000~2000	150~200	KCS-200D	长压短抽	φ500 伸缩风筒
8 m² 以下掘进工作面	1000~2000	100~150	JTC-Ⅱ	长压短抽	φ500 伸缩风筒 长 100 m
8~14 m² 掘进工作面	1000~2000	150~200	JTC-Ⅰ	短距离抽出式长抽短压	φ600 伸缩风筒

选择除尘风机要从生产特点与排放标准出发，结合除尘风机的除尘效率、设备的阻力、处理能力、运转可靠性、操作工作简繁、一次投资及维护管理等诸因素加以全面考虑。

（1）选用的除尘风机必须满足排放标准规定的排尘浓度。要求除尘风机的容量能适应生产量的变化且除尘效率不会下降，含尘浓度变化对除尘效率的变化要小。当气体的含尘浓度较高时，可考虑在除尘风机前设置低阻力的初净化设备，以去除粗大尘粒，使除尘风机更好地发挥作用。对于运行工况不太稳定的系统，要注意风量变化对除尘风机效率和阻力的影响。

（2）应考虑粉尘的性质和粒度分布。粉尘的性质对除尘风机的性能发挥影响较大，黏性大的粉尘容易黏结在除尘风机表面，不宜采用干法捕尘；水硬性或疏水性粉尘不宜采用湿式除尘。此外，不同除尘风机对不同粒径的粉尘除尘效率是完全不同的，选择除尘风机时必须了解处理粉尘的粒度分布和各种除尘风机的分级除尘效率。

（3）除尘风机排出的粉尘或泥浆等要易于处理。

（4）容易操作与维修。

（5）费用。除考虑除尘风机本身费用外，还要考虑除尘装置的整个费用，包括初建投资、安装、运行和维修费用等。

（四）吸尘罩

1. 箱式吸尘罩

这种吸尘罩是安装在掘进机上，保证吸尘口始终在掘进机司机位置前方与尘源保持定距离，从而保证吸尘的有效性，分为多箱体和单箱体两种结构形式。

1）多箱式吸尘罩

该吸尘罩如图 6-14 所示，由上箱体、下箱体和吸尘口三部分构成。下箱体安装在掘进机回转台上，两吸尘口分别挂在下箱体两侧，使吸尘口更接近尘源，并能随截割头左右摆动。上箱体盖在下箱体的回转中心上保持不动。这种形式及安装位置吸尘效果好。但体积大，容易挡司机视线。较适用于 12 m² 以上的巷道，10~12 m² 断面的拱形巷道可视条件选用。

2）单箱式吸尘罩

该吸尘罩是一个扁平的吸尘箱体，安装在掘进机机座平台上固定不动。吸尘口受掘进机截割悬臂运动的限制不

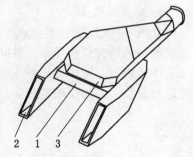

1—下箱体；2—吸尘口；3—上箱体

图 6-14　多箱式吸尘罩结构示意图

能紧靠尘源，吸尘的有效性不如多箱式吸尘罩。但是，该吸尘罩结构简单、体积小，不易挡司机视线，较适合 10~12 m² 的巷道使用，10 m² 以下的巷道也可视条件选用。

2. 用一段抽出式伸缩风筒作吸尘罩

该吸尘罩挂在工作面一侧上方，或者用 2 段抽出式伸缩风筒分挂在工作面两侧上方，与掘进机机体不发生连接关系。吸尘口可紧靠尘源，吸尘口距工作面 2~3m 时，吸尘效果好。这种配套方式不能随掘进机前移，往往因前移不及时而影响吸尘效果。但这种方式不挡司机视线，可适应各种掘进机型，适合在小断面条件下，掘进机上安装吸尘罩有困难的巷道使用。

四、选择恰当的除尘风机与掘进机的配套方式

通风除尘设备在机掘工作面的配套问题，包括吸尘罩与掘进机的配套（称前配套）

和吸尘管网、除尘风机与工作面转载、运输方式的配套（称后配套）。解决好前后配套，不但可以提高除尘设备在工作面的降尘率（评价抽尘效果的指标，是指工作面某点空间未抽尘前的粉尘浓度与抽尘后剩余粉尘浓度之差值与原粉尘浓度之比），还可减轻移动除尘设备的劳动强度，或者实现与掘进机、输送机同步前移而在生产过程中不增加移动工序。因此，配套问题是机掘工作面实施长压短抽通风除尘技术应予考虑的工艺问题。

（一）吸尘罩与掘进机的配套方式

所谓吸尘罩是指靠近尘源的吸尘部件。要提高降尘率，除了与抽尘风量（即选用除尘风机的工作风量）有关之外，还与吸尘罩的结构形式和安装位置有关。在确定吸尘罩的结构形式和安装位置时，应充分考虑不同掘进机组的机型，巷道断面形状、大小，以及不影响掘进机司机视线，不妨碍掘进机截割头工作等因素进行设计。

（二）后配套及工作面的几种配套方案

吸尘管网和除尘风机在工作面的布置方式是随着工作面巷道断面大小、支护条件、运输方式、除尘风机移动装置的不同而变化的，主要的布置方式包括骑轨道布置、单轨吊吊挂布置、骑带式输送机布置等，应根据工作面的生产技术条件选用。

由吸尘罩、吸尘管网和除尘风机构成的除尘系统，与掘进机、转载机、输送机及工作面其他技术条件的配套方式，根据国内外机掘工作面使用除尘风机的经验，有以下四种可行的配套方案供选用。

1. 配套方案 Ⅰ

如图 6-15 所示，多箱式吸尘罩安装在掘进机回转台上，除尘风机同一平板小车骑在沿巷道一侧的材料轨道上，其间用伸缩式风筒连接，巷道另一侧由局部通风机和压入风筒向工作面供风，构成通风除尘系统。这种配套，吸尘罩随机移动，而连接风筒和除尘风机需定时前移，适用于用刮板输送机和材料轨道且断面较大的工作面。

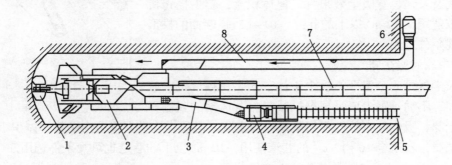

1—掘进机截割头；2—多箱式吸尘罩；3—伸缩式风筒；4—除尘风机；5—材料轨道；
6—局部通风机；7—刮板输送机；8—压入风筒

图 6-15 配套方案 Ⅰ 示意图

2. 配套方案 Ⅱ

如图 6-16 所示，用一段吸尘伸缩风筒挂在沿工作面一侧巷道上方并连接用平板小车骑在材料轨道上的除尘风机构成除尘系统。这种配套与掘进机、输送机都不发生连接关系，整个除尘系统不能随机前移，需定时移动除尘设备，吸尘口前移不及时会影响吸尘效果。一般适用于用刮板输送机和材料轨道的小断面巷道。

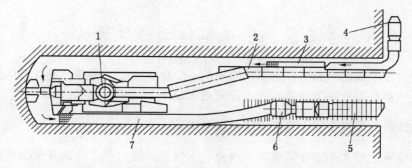

1—掘进机；2—刮板输送机；3—压入风筒；4—局部通风机；5—材料轨道；
6—除尘风机；7—吸尘伸缩风筒

图 6-16 配套方案 Ⅱ 示意图

3. 配套方案 Ⅲ

如图 6-17 所示，吸尘罩安装在掘进机上，除尘风机和连接的伸缩风筒都吊挂于设置在巷道支架顶梁上的专用单轨吊上。这种配套，吸尘罩可跟机前移，随着工作面的推进，单轨吊应往前接长并定时向前移动除尘风机。由于不与工作面运输机械发生连接，无论是用于刮板输送机或带式输送机的大小断面巷道都能适应。

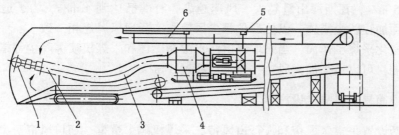

1—掘进机；2—吸尘罩；3—伸缩风筒；4—除尘风机；5—单轨吊；6—压入风筒

图 6-17 配套方案 Ⅲ 示意图

4. 配套方案 Ⅳ

如图 6-18 所示，单箱式吸尘罩固定在掘进机上，除尘风机用小车支承骑在带式输送机机尾跑道上，由连杆与转载输送机机尾相连，构成一个配套整体。吸尘罩、吸尘管网和除尘风机均能跟机前移，不增加工作面移动除尘设备的专门工序。适用于后配套为带式输送机的工作面。

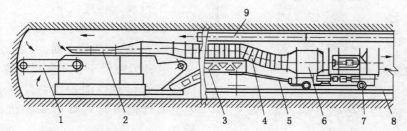

1—掘进机；2—单箱式吸尘罩；3—转载输送机；4—连接风筒；5—连杆；6—除尘风机；
7—小车；8—带式输送机机尾跑道；9—压入风筒

图 6-18 配套方案 Ⅳ 示意图

第三节　采煤工作面通风除尘

通风排尘是采煤工作面综合防尘措施中的一个重要方面，是通过选择工作面的通风系统和最佳通风参数以及安装简易的通风设施来实现的。

一、选择最佳通风参数，保证通风排尘效果

最佳排尘风速的大小随开采煤体的水分、采煤机的能力和采取的其他防尘措施的不同而异。由于受如上所述各种因素的影响，各国或各矿的最佳排尘风速值不尽相同，而且不可能是一个恒定值。如俄罗斯规定回采工作面风速为 1.5~3 m/s；美国矿业局实测表明，当工作面平均风速为 2.3~2.5 m/s 时，采煤机司机处的粉尘浓度最低，而风速超过 2.5 m/s 时，粉尘浓度又呈增高趋势；德国的实测也表明，当煤的湿度为 3%~4%（按质量百分比）、平均风速为 2.3~2.5 m/s 时，工作面的粉尘浓度最低，当风速大于 4.5 m/s 时，粉尘浓度增大，但当煤的水分增加为 5%~8% 时，影响就小些；我国一般认为采煤工作面最佳排尘风速为 1.4~1.6 m/s。

综上所述，最佳排尘风速一般为 1.5~4.0 m/s。实际上，综采（放）工作面的风速都超过了 1.5 m/s，瓦斯涌出量越大，风速越高，有的已达到 4 m/s。为了适应高速通风的现状，必须加强防尘措施，以使最佳排尘风速与实际通风风速相一致。

综合机械化采煤工作面，当采取煤层注水湿润煤体和采煤机喷雾降尘等措施后，经矿总工程师批准，可以适当加大风速，但不能超过 5 m/s。

二、安设简易通风隔尘设施

主要包括设置采空区风帘和人行道风帘、采煤机隔尘帘幕、切口风帘三大隔尘措施。

（一）采空区风帘和人行道风帘

为保证工作面有足够风量和合理的风速，必须杜绝工作面的漏风，方法有两种。

1. 设置采空区风帘

如图 6-19 所示，减少工作面运输巷进入工作面的风流向采空区的泄漏量，使新鲜风流在风帘处拐 90°弯，由支架靠工作面的一侧通过，从而提高工作面的有效风量。

2. 设置人行道风帘

如图 6-19 所示，迫使风流从支架立柱流向需要供风的工作面，以增加工作面风量。这种风帘设于 3 号支架位置，用于采煤机在下切口割煤时控制含尘风流。实测表明，人行道风帘可降低采煤机司机的接尘量。

（二）采煤机隔尘帘幕

采煤机在工作面移动特别是处于割煤行

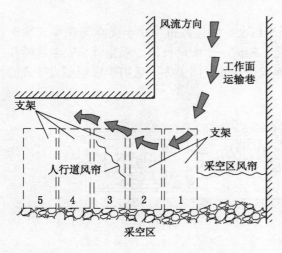

图 6-19　设置采空区风帘和人行道风帘

程时，采煤机周围由于过风断面缩小，形成高速风流，个别地方浮游粉尘量会明显增加，在极薄煤层开采中这一问题更为突出。为了有效地控制采煤机产尘扩散，在尽量保证采煤机周围风流稳定的同时，可沿采煤机机身纵向设置隔尘帘幕，如图6-20所示。这种帘幕可用废输送带按采煤机实际高度制作而成，简易可行，防尘效果较好。

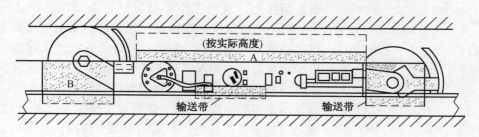

A、B—隔尘胶带

图6-20　安装在采煤机上的隔尘胶带

（三）切口风帘

当采煤机割煤至工作面运输巷时，高速进风风流将流经切割滚筒携带大量粉尘波及采煤机司机位置。尽管这一作用时间较短，但其产尘强度大，且对一个生产班多循环作业的综采面来说，是一个不容忽视的问题。通常，可采用在工作面运输巷转载机与沿工作面侧煤壁推进方向1.2~1.8 m处之间悬挂切口风帘的办法解决，如图6-21所示。这一风帘将引导风流绕过切割滚筒，随着工作面沿走向推进，采煤机每隔2刀，风帘再重新安设一次即可。

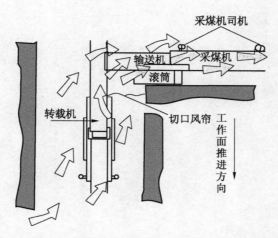

图6-21　利用切口风帘减少采煤机进入工作面运输巷
瞬间尘害对采煤机司机的威胁

三、改变工作面通风系统或风流方向

我国现行的长壁工作面通风系统一般为U形、Y形、W形、E形及Z形等，其中U形应用最为普遍。从排尘效果来看，以W形和E形这类3条巷道的2进1排通风系统为佳。

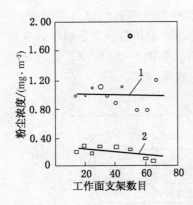

1—上行通风；2—下行通风

图 6-22　通风方向与
粉尘浓度的关系

在尘源分布相近的条件下，工作面的风流方向与粉尘浓度关系极为密切。通常，工作面风流方向与运煤方向相反，因而风流和运煤的相对速度较高。当煤由工作面输送机运出并在转载点卸载时，煤尘（特别是干燥的煤尘）将被重新扬起，致使工作面粉尘量普遍增加，在这种情况下，可以考虑改变工作面的风流方向，采用顺煤流方向通风（或称下行通风），即由工作面回风巷经工作面向工作面运输巷通风，实践证明能极大地减少工作面区域的粉尘浓度，有时可减少 90%，美国测得的结果如图 6-22 所示。但我国在煤层倾角小于 12°的采煤工作面，或大于 12°但能满足《煤矿安全规程》要求的采煤工作面，可采用下行通风，即顺煤流方向通风。

俄罗斯一些煤矿改用下行通风后，基本上排除了采煤机司机和副司机得尘肺病的可能性，采区的其他工作人员得尘肺病的危险性也减少了 50%～60%。

第七章　煤层注水防尘

第一节　煤的孔隙及其渗流特征

一、煤的孔隙及裂隙

当水在煤层内的裂隙、孔隙内均匀存在时，才能使煤层均匀湿润，注水才能取得最好的效果。因此，首先对煤层的裂隙、孔隙应有一个基本了解才能更好研究煤层注水时水在煤体渗流规律。煤体内有无数的裂隙、孔隙，按其成因、存在状态和分布情况大体可有以下五种。

（一）层理

煤层的层理面是在成煤过程中形成的各种煤岩成分的分界面。层理虽然没有直接使煤体（或使煤体和围岩间）断裂开来，但却使煤体沿层理方向产生了一个弱面。注水时，水容易从这个弱面压入通过，因此在研究煤层注水时，把层理纳入裂隙加以讨论。

层理由于形成环境不同，其形态各异，大致分成三类：水平层理、波状层理和斜层理。水平层理的形状为直线状，互相平行，并且平行于层面；波状层理面成对称或不对称，规则或不规则的波状曲线，其总的方向平行于层面；斜层理是由一个或一个以上的斜层系所组成，其特征是层系中的细层均以一定的角度与层系界面相交。层理有连续性与非连续性之分。当煤层属均匀致密的块状构造时（如某些暗淡型煤或腐泥煤），层理不明显。当煤层注水时，层理面常可成为一个连续通道，使水到达整个煤层的待湿润范围。

（二）内生裂隙

煤体的内生裂隙是由煤层在成煤和变质过程中，受上覆岩层压力和温度的作用，使煤炭中凝胶化物质的分子结构压紧并重新排列，体积收缩产生内张力而形成了裂隙，它的形成与地质构造运动和采动影响等外界动力无关，因此称为内生裂隙。在各种煤岩成分中，以镜煤和亮煤中的内生裂隙最为发育。内生裂隙通常垂直于层理面，裂隙面平坦而光滑，往往呈两组互相垂直的裂隙组，其中裂隙密度较大的一组称为主裂隙组，另一组称为次裂隙组，如图 7-1 所示。内生裂隙的发育程度，是用煤体某一断面上沿层理方向每 5 cm 长度内肉眼观察的裂隙数目来表示的。内生裂隙的发育程度和煤的变质程度紧密相关，常常用以判别煤的变质程度，同时也是影响煤层注水难易的一个因素。

（三）外生裂隙

煤层形成后，受地质构造运动的剪切作用，按受力方向和强烈程度不同，产生了与层理面斜交的外生裂隙。外生裂隙产生于各种煤岩成分或各种煤岩类型的煤体中，如图 7-1 所示。外生裂隙常与层理面斜交成不同的交角，可分为几组，常见的为 45° 的斜交外生裂隙。裂隙面上由于在挤压过程中产生剪切滑动，常呈擦痕而凸凹不平。主要的外生裂隙组方向常与附近的断层方向一致。外生裂隙内常有次生矿物或破碎的煤粉（原生煤尘）充填。外生、内生裂隙和层理面相互交错，使煤体沿这些裂隙破裂时，构成一定的几何形状，这就是常称的节理。常见的节理有板状、立方体、平行六面体等。节理发育则有利于注水工程。

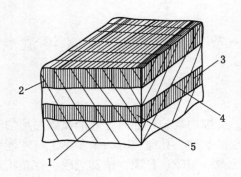

1—层理面；2—内生裂隙组；3—次内生裂隙组；4—外生裂隙；5—镜煤或亮煤

图7-1 内生与外生裂隙

（四）次生裂隙

煤体在采落之前，受本层或上邻近层开采的超前支承压力的作用，或受邻近分层爆破作业的影响所形成的裂隙称为次生裂隙。次生裂隙是由于人的开采活动造成的煤体裂隙，因此和内生裂隙相对应，内生及外生裂隙是在煤体未受开采影响之前形成的，可统称为原生裂隙。次生裂隙内也伴生着原生煤尘。

（五）煤体内的细微孔隙

在煤层的生成及其后的变质过程中，由于挥发物质、瓦斯和水分的不断泄出，煤体中自然形成了各类细微孔隙。这些细微孔隙大多是互相连通的，只有个别的孔隙系统处于封闭状态。煤体中孔隙的直径有的小于液体分子直径，但大于瓦斯分子直径。

煤层在透水性质上可以看成是具有两类孔隙的介质。一类是裂隙系统，具有使水通过并储存一些水的作用；另一类是被这些裂隙所分割的煤块孔隙。显然，裂隙系统起了一种渠道作用，水由裂隙系统进入各种煤块孔隙。按照煤体中各类孔隙的孔径大小可以将孔隙分为5类，见表7-1。

表7-1 孔 隙 分 类

大微空隙	孔径/m	$>10^{-4}$
微空隙	孔径/m	$10^{-4} \sim 10^{-6}$
半微空隙	孔径/m	$10^{-6} \sim 10^{-7}$
中微空隙	孔径/m	$10^{-7} \sim 10^{-8}$
细微空隙	孔径/m	$10^{-8} \sim 10^{-9}$

煤体中各类裂隙都属于可见的大微孔隙。孔径小于 10^{-9} m 的超细微孔，因水分子难以进入而不应包括在煤层注水的讨论范围之内（水分子直径 $d = 2.6 \times 10^{-10}$ m）。在使用液体法测定煤的相对密度时，液体分子不能进入这些超细微孔隙，因此测得的相对密度和孔隙率只反映了那些水分子能够进入的空隙的存在。

煤体的各类型孔隙的发育程度，一般用单位长度或单位面积内所存在的裂隙条数来表示，而煤的孔隙发育程度（包括全裂隙的体积在内）则以孔隙率表示。

二、孔隙率的测定

孔隙率测定主要是用压汞法。在压汞仪中加压时，汞作为不润湿液体可克服表面阻力进入粉末床内的孔隙，所进入孔隙的大小与施加的压力关系用式（7-1）表示。

$$r = - \frac{2\sigma\cos\theta}{p} \tag{7-1}$$

式中　　r——压强下水银所能进入的最小孔隙的半径，nm；

p——外加压强，N/cm^2；

σ——水银的表面张力，N/cm；

θ——水银与粉末的接触角，(°)。

在一定温度下，σ 和 θ 为定值，施加的压力可由压力计直接读出，故可由式（7-1）求得该压力下汞可透入的最小孔隙的半径，由该压力下汞透入孔隙的量，即可求得大于某一孔径的孔隙的总容积。

下面是兖矿集团兴隆庄煤矿煤样的孔隙率测定。

煤样选取：兴隆庄煤矿取 5 个地点的煤样的情况，见表 7-2。每个地点的煤样分上、中、下，取 9 块，尺寸为：2 cm×1 cm×1 cm。

表7-2　煤 层 煤 样 特 征

矿井名称	采集地点	煤层编号	垂深/m	煤层结构	硬度系数（f）
兴隆庄煤矿	4301 开切眼	3	294	简单	2~3
	3304 运输巷	3	370	简单	2~3
	1303 运输巷	3	294	简单	2~3
	10301 开切眼	3	500	简单	2~3
	1307 工作面	3	861	简单	2~3

煤样选取后，用塑料袋封好后，用压汞法测定煤的孔隙率。压汞法是用于孔隙分析仅次于物理吸附法的主要试验技术，更是大孔分析的首选试验方法。其基本原理基于非润湿毛细原理推出的 Washburn 方程，试验测量外压力作用下进入脱气处理后煤孔空间的进汞量，再换算为不同孔尺寸的孔体积、表面积。

表 7-3 是兴隆庄煤矿 4301 开切眼中下部 40 m 处煤样孔隙率测定数据。图 7-2 所示是 4301 开切眼中下部 40 m 处中部煤样孔隙度与孔隙率关系图，不同地点煤样孔隙率分布见表 7-4。

表7-3 4301开切眼中下部40 m处煤样孔隙率测定数据表 (清华大学)

取样地点	煤样名称	孔隙率/%	孔隙率分布/%				
			<0.01 μm	0.01~0.1 μm	0.1~1.0 μm	1.0~10 μm	>10 μm
4301 开切眼中下部 40 m 处	上部	5.8209	59.2761	28.3404	6.1064	3.2306	3.1566
	中部	7.3016	59.9258	29.9978	1.3362	3.1922	5.5480
	下部	6.1280	55.3400	37.2806	0.0000	4.4379	2.9415
	平均	6.4168	58.1806	31.8729	2.4809	3.6202	3.8820

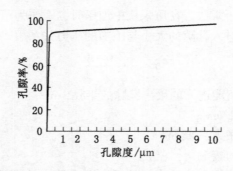

图7-2 4301开切眼中下部40 m处中部煤样孔隙度与孔隙率关系

表7-4 煤层煤样孔隙率分布

取样地点	煤样名称	孔隙率/%	孔隙率分布/%				
			<0.01 μm	0.01~0.1 μm	0.1~1.0 μm	1.0~10 μm	>10 μm
兴隆庄煤矿	4301 开切眼	6.4168	58.1806	31.8729	2.4809	3.6202	3.8820
	3304 运输巷	6.3069	67.2242	23.3343	2.0198	5.0997	2.3320
	1301 运输巷	6.6963	60.1851	27.8956	3.5935	5.3461	2.9798
	10301 开切眼	5.4397	80.6254	9.9284	4.4391	3.1056	2.9015
	1307 工作面	5.77	42.9772	30.1309	5.0823	3.0991	18.7106

煤层可注水孔隙的最小孔径可参照 0.01 μm（水分子 $d=2.6\times10^{-10}$ m）给出，为此可确定各矿的可注水孔隙率，见表7-5。

表7-5 煤层可注水孔隙率

矿井名称	采集地点	煤层编号	垂深/m	孔隙率/%	>0.01 μm 占比例/%	可注水孔隙/%
兴隆庄煤矿	4301 开切眼	3	294	6.4168	41.8200	2.6835
	3304 运输巷	3	370	6.3069	23.7700	2.0671
	1301 运输巷	3	294	6.6963	39.9200	2.6732
	10301 开切眼	3	500	5.4397	19.3700	1.054
	1307 工作面	3	861	5.7700	57.0228	3.2902

由以上的表格数据看出，煤的可注水孔隙在 1%~4% 之间，注水较为困难。

三、根据矿井所处地理位置应采取的防治措施和原则

地下流体在煤层空隙中的流动是一种在无序介质中的缓慢流动，因此称为渗流。

注水过程中，水不断改变煤体自身的物理力学结构和性质，即水从大裂隙通道中不断压裂贯通封闭状态的孔隙进入煤体，直至渗入细微孔隙中，注水的这一扩大渗流通道提高湿润程度的过程是煤体介质所特有的一种形式，其原理十分复杂。为便于研究，将注水的渗流过程大致分为三个过程。

（一）进水过程

压力水开始沿煤体原生连通裂隙通道（一般指空隙大于 10^{-8} m 的裂隙）进入煤体，是一个克服煤体内部阻力（如瓦斯压力、层流团力等）的过程。处于原始状态的煤层，原生裂隙通道只占全部裂隙的极少部分，连通的通道更少。因此，初始注水时，煤层出现明显的不进水现象，注水存在一个临界压力值。

（二）贮水过程

进水的煤体随着注水压力的增高，煤体裂隙系统通道网在水的压力作用下，逐渐扩大丰富，压力水不断进入煤体，并在通道孔裂隙中形成滞留的过程，这是注水渗流湿润的主要过程，煤体最终达到均匀湿润所吸收的就是这部分水。可以认为，煤体大孔隙通道中的贮水即为煤体最终湿润所需要水分的主要部分。随着进水程度增大，煤层水分趋于饱和，进水程度大大减弱。据此，煤层的贮水过程包括两个阶段：非弹性贮水和弹性贮水阶段。

（三）吸附水过程

在水沿渗流系统通道流动的同时，各类细微孔裂隙（孔隙直径小于 10^{-8} m）以较低的流速吸附渗流通道的水，形成吸附水过程，这一过程主要为毛细孔隙的作用。在细微孔隙中，注水压力在这些孔道中已消耗尽，毛细作用力相应增大。

1852—1855 年，达西（H. Darcy）为了研究水在砂土中的流动规律，进行了大量的渗流试验，得出了层流条件下土中水渗流速度和水头损失之间关系的渗流规律，即达西定律。达西渗透试验装置如图 7-3 所示。试验筒中部装满砂土。砂土试样长度为 L，截面积为 A，从试验筒顶部右端注水，使水位保持稳定，砂土试样两端各装一支测压管，测得前后两支测压管水位差为 Δh，试验筒右端底部留一个排水口排水。试验结果表明，在某一时段 t 内，水从砂土中流过的渗流量 Q 与过水断面 A 和土体两端测压管中的水位差 Δh 成正比，与土体在测压管间的距离 L 成反比。那么，达西定律可表示为：

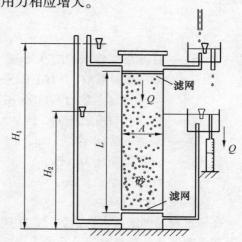

图 7-3　达西试验装置

$$q = \frac{Q}{t} = k\frac{\Delta h A}{L} = kAi \tag{7-2}$$

$$v = \frac{q}{A} = ki \tag{7-3}$$

式中　q——单位时间渗流量，cm^3/s；

　　　v——渗流速度，cm/s；

　　　i——水力坡降；

　　　k——土的渗透系数，cm/s，其物理意义表示单位水力坡降时的渗流速度。

式（7-2）、式（7-3）称为达西渗流公式，它表征水在砂土中的渗流速度与水力坡降成正比。

四、煤层注水难易程度的分类

煤层注水的难易程度也就是煤体湿润的难易程度，其主要含义是指水是否容易浸入煤体的裂隙、孔隙；在某些情况下，还应包括水是否容易从煤体的部分裂隙流失的内容。在煤层注水时，如果水很难进入煤体的裂隙、孔隙，或者水很容易从煤体的大裂隙中泄漏流失，都将给注水造成困难，甚至使注水无法进行或者得不到任何效果。因此，掌握裂解表征煤体注水的难易指标非常重要。但是，迄今为止，这一指标我国尚没有统一的规定，其测定、计算和使用方法都还有待于研究。目前，酸碱的指标是采用煤层透水性系数，反映了当注水时进入煤体裂隙、孔隙的难易程度。由于煤层的裂隙组成情况很复杂，使煤层的透水性在各个局部及各个方向上有很大的差别，只有采用反映某一区域的综合平均的透水性系数值，才能比较真实的表示煤层透水性能。因此，用实验室对煤样的透水性测定结果往往与实际出入很大，远远不能反映大范围内煤层的透水性。实验室测定数值仅能说明小块煤样的细小裂隙、孔隙情况，而不能概括整个煤层的裂隙系统的数量和组合情况。所以，煤层透水性系数 K_T 常用现场实测的方法确定。

煤科集团沈阳研究院采用径向稳定流计算公式，在注水现场进行了测算煤层的透水性系数。

$$K_T = \frac{m}{T} \cdot \frac{\mu}{P_\text{注} - P_\text{瓦}} \cdot \frac{1}{4}\left(2\gamma^2\ln\frac{\gamma}{\gamma_0} - \gamma^2 + {\gamma_0}^2\right) \tag{7-4}$$

式中　m——注水后煤体增加的水分值，%；

　　　μ——水的黏性系数，$0.001\ Pa\cdot s$（水在 20 ℃时，动力黏性系数为 $1.005\times10^{-3}\ Pa\cdot s$，运动黏度系数为 $1.007\times10^{-6}\ m^2/s$）；

　　　$P_\text{注}$——注水孔口有效压力，Pa；

　　　γ——煤体的湿润半径，cm；

　　　$P_\text{瓦}$——煤层瓦斯压力，Pa；

　　　γ_0——注水孔半径，cm；

　　　T——注水时间，s。

在注水现场测定透水性系数时，距注水孔不同的距离和不同的位置钻若干个观测孔，记录在各观测孔的取样时间及孔的距离，测定注水压力与瓦斯压力，从观测孔中取出煤样测定水分、算出增加值，最后将测定数据代入式（7-4）计算透水性系数。

煤层存在的两类孔隙中，大裂隙系统的透水性系数比煤块孔隙高 1~2 个数量级。国外某矿区的实测资料表明，煤层大裂隙系统的透水性系数 $K_1 = 50~100\ mD$；而煤块孔隙的透水性系数 $K_K = 1~2\ mD$。由此可见，煤层的透水性系数主要取决于裂隙系统的透水性能。

不同煤层或同一煤层的不同地压区域其透水性系数差别很大。据已有的测定资料，煤层的透水性系数变化在几个毫达西至数百个毫达西之间；在地压集中区和卸压区，其透水系数可相差 1~2 个数量级。

应当指出，煤层透水性系数随注水压力的升高和注水时间的延续可能出现变化，注水压力可使煤层改变裂隙结构和透水性能；水的流动会使裂隙内的某些原生煤尘和瓦斯等重新分布，也将影响透水性系数的变化。因此，对某一煤层而言透水性系数可能随注水时间的延长呈现一定的变化。

第二节 煤层注水方式

一、煤层注水的实质

煤层注水是采煤工作面最重要的防尘措施，它是在回采前预先在煤层中打若干钻孔，通过钻孔注入压力水，使其渗入煤体内部，增加煤的水分和尘粒间的黏着力，并降低煤的强度和脆性，增加塑性，减少采煤时煤尘的生成量；同时，将煤体中原生细尘黏结为较大的尘粒，使之失去飞扬能力。

煤层的湿润过程实质上是水在煤层裂隙和孔隙中的运动过程，是一个复杂的水动力学和物理化学过程的综合。水在煤层中的运动可以分为压差所造成的运动和本身的自运动。压差所造成的运动是水在煤层中沿裂隙和大的孔隙按渗透规律流动。自运动与注水压力无关，取决于水的重力和水与煤炭的化学、物理化学的作用。自重使水在裂隙与孔隙内向下运动；化学作用是水作用于煤层内的无机的和有机的组分，使之氧化或溶解；物理化学作用包括毛细管凝聚、表面吸着和湿润等。压差和重力造成的水渗透流动，时间不长，范围不大，湿润效果不高，一般只能达到 10%~40%。物理化学作用是煤层湿润的主导作用，可以持续很长时间，并能使煤体均匀、充分地湿润，将湿润效果提高到 70%~80%。此外，煤层注水破坏了煤体内原有的煤-瓦斯体系的平衡，形成了煤-瓦斯-水三相体系，这个体系内各个介质间发生着相互作用。

水在煤层中的运动，主要是注水压力、毛细管力和重力三种力综合作用克服煤层裂隙面的阻力、孔隙通路的阻力和煤层的瓦斯压力。

注水后的煤层在回采及整个生产流程中都具有连续的防尘作用，而其他防尘措施则多为局部的。采煤工作面产量占全矿井煤炭总产量的 90%，因此煤层注水对减少煤尘的产生，防止煤尘爆炸有着极其重要的意义。

二、煤层注水的影响因素

(一) 煤的裂隙和孔隙的发育程度

对于不同成因及煤岩种类的煤层来说，其裂隙和孔隙的发育程度不同，注水效果差异也较大。煤层形成过程中，由于内部应力的变化所产生的内生裂隙，以中等变质程度的煤层最为发育，而低变质和高变质的煤中则较少，如图 7-4、图 7-5 所示。

在地质构造和开采形成的集中应力作用下产生的外生裂隙和次生裂隙，对于脆性较大的中等变质程度的煤层（如焦煤、肥煤等）较发育，而坚硬、韧性较大的长焰煤或无烟煤则较少。

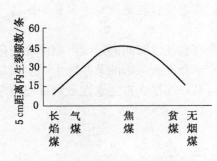

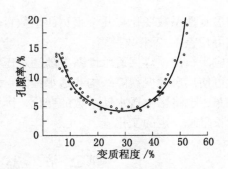

图 7-4 煤的内生裂隙与变质程度关系　　图 7-5 煤的孔隙率与变质程度关系

煤体的裂隙越发育则越易注水，可采用低压注水（根据煤科集团沈阳研究院建议，低压小于 2943 kPa，中压为 2943~9810 kPa，高压大于 9810 kPa），否则需采用高压注水才能取得预期效果。但是当出现一些较大的裂隙（如断层、破裂面等）时，注水易散失于远处或煤体之外，对预湿煤体不利。

煤体的孔隙发育程度一般用孔隙率表示，是指孔隙的总体积与煤的总体积的百分比。煤的孔隙率与变质程度的关系如图 7-5 所示。根据实测资料，当煤层的孔隙率小于 4% 时，煤层的透水性较差，注水无效果；当孔隙率为 15% 时，煤层的透水性最高，注水效果最佳；而当孔隙率达 40% 时，煤层成为多孔均质体，天然水分丰富则无需注水，此多属于褐煤。

可见，煤层注水效果与煤层的裂隙和孔隙有直接关系。水注入煤体后，先沿阻力较低的大裂隙以较快的速度流动，注水压力增高可使水在裂隙中的运动速度加快。而毛细作用力随孔径变细而增加。注水实践表明，大的裂隙和孔隙中水的运动主要靠注水的压力，而细小孔隙中水的运动主要靠毛细管作用，因此水在各级孔隙中的运动速度差异很大。煤体开始注水后，水可以较快地到达一些裂隙中，但细小的孔隙则需要较长时间。国外理论研究表明，在同样压力下，水在半大空隙中的运动速度要比在细微孔隙中大一倍。注水现场也证实，湿润煤体的层理、节理面只需数小时到数天，而使煤体大部分细微孔隙湿润则需要十余天到数十天。对于 10^{-9}m 以下的细微孔隙，由于接近水分子的直径 2.6×10^{-10} m，因此不在注水湿润考虑范围之内。

（二）上覆岩层压力及支承压力

地压的集中程度与煤层的埋藏深度有关，煤层埋藏越深则地层压力越大，而裂隙和孔隙变得更小，导致透水性能降低。因此，随着矿井开采深度的增加，要取得良好的煤体湿润效果，需要提高注水压力。

在长壁工作面的超前集中应力带以及其他大面积采空区附近的集中应力带，因承受的压力增高，其煤体的孔隙率与受采动影响的煤体相比，要小 60%~70%，由此减弱了煤层的透水性。

（三）煤的坚固性

煤的坚固性系数 f 较小时，煤的透气性好，易于注水；反之，则难以注水。但对于那些有夹矸、极松软且遇水易膨胀的煤层，虽然 f 很小，却反而不易注水。如徐州矿务集团多个矿井的下石盒子组煤层，都含有一种俗称膨润土的夹矸，注水效果差。膨润土是一种以蒙脱石为主要成分的细粒黏土，含少量长石、石英、贝得石、方解石及火山碎屑物，主要化学成分是 SiO_2、Al_2O_3 及少量 Fe_2O_3、MgO、CaO、K_2O、Na_2O 和 TiO_2 等。膨润土能吸附 8~15 倍于本体积的水量，吸水后体积膨胀，体积能膨胀增大几倍到十几倍。由于膨润土的膨胀性，很容易堵塞煤层内的裂隙通道，导致注水效果较差。

（四）液体性质的影响

煤是极性小的物质，水是极性大的物质，两者之间极性差越小，越易湿润。为了降低水的表面张力，减小水的极性，提高对煤的湿润效果，可以在水中添加表面活性剂。阳泉一矿在注水时加入 0.5% 浓度的洗衣粉，注水速度比原来提高 24%。

（五）煤层内的瓦斯压力

煤层内的瓦斯压力是注水的附加阻力。水压克服瓦斯压力后才是注水的有效压力，所以在瓦斯压力大的煤层中注水时，往往要提高注水压力，以保证湿润效果。同时，煤层注水也是防止煤与瓦斯突出的一个很好的措施。

（六）注水参数的影响

煤层注水参数是指注水压力、注水速度、注水量和注水时间。注水量或煤的水分增量既是煤层注水效果的标志，也是决定煤层注水除尘率高低的重要因素，如图 7-6、图 7-7所示。通常，注水量或煤的水分增量变化在 50%~80% 之间。注水量和煤的水分增量都和煤层的渗透性、注水压力、注水速度和注水时间有关。

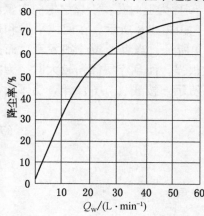

图 7-6　降尘率与注水量的关系

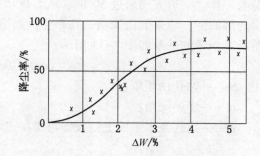

图 7-7　降尘率与煤的水分含量关系

综上所述，煤层注水效果的影响因素较多，为了具体地表示煤层的渗透性和湿润性，根据压力梯度和钻孔单位面积的吸水量，提出了衡量注水难易程度的综合指标 Φ_0，即

$$\Phi_0 = \frac{Q}{p_0 t_0 S_0} \qquad (7-5)$$

式中　Φ_0——衡量煤层注水难易程度的综合指标，$cm/(MPa \cdot s)$；

　　　p_0——初始（最大）注水压力，MPa；

　　　t_0——在压力为 p_0 时连续注水时间，s；

　　　S_0——钻孔吸水的表面积，cm^2；

　　　Q——一个钻孔的吸水量，cm^3。

按煤层注水的难易程度分为三类煤层，以下为各类煤层的指标。

第一类煤层——易注水煤层：

$$\Phi_0 = 0.04 \sim 0.08 \text{ cm/(MPa} \cdot \text{s)}$$

$$V_{daf} (可燃挥发分) = 10\% \sim 30\%$$

第二类煤层——可注水煤层：

$$\Phi_0 = 0.03 \sim 0.06 \text{ cm/(MPa} \cdot \text{s)}$$

$$V_{daf} (可燃挥发分) = 30\%$$

第三类煤层——难注水煤层：

$$\Phi_0 = 0.01 \sim 0.05 \text{ cm/(MPa} \cdot \text{s)}$$

$$V_{daf} (可燃挥发分) \leqslant 30\%$$

三、煤层注水的方式

（一）按照钻孔长度划分

1. 长孔注水

钻孔注水是指在工作面的进回风巷或只在进风巷或回风巷沿煤层打钻孔，且通过钻孔并利用水的压力将水注入煤层中，使煤体得到湿润。这种注水方式主要用于长壁式采煤法，钻孔沿煤层的走向布置，沿煤层倾向打钻孔。钻孔布置在回风巷道，俯斜向下钻进，称为下向孔；钻孔布置在运输巷道，倾向向上钻进，则称为上向孔；沿煤层走向布置的钻孔称为走向孔，这种方式主要用于倾向长壁工作面，如图 7-8 所示。在回风平巷和运输平巷均沿倾斜打下向孔，则称为双向钻孔，如图 7-9 所示。当煤的裂隙很发育，而且主裂隙与工作面推进方向超过 50°时，或者煤层透水性很强，而且煤层倾角较大时，为扩大煤层的湿润带，应采取伪倾斜钻孔布置，如图 7-10 所示。按式（7-6）计算伪倾角，伪倾角与真倾角的关系如图 7-11 所示。

$$\tan\gamma = \tan\alpha \tan\beta \tag{7-6}$$

式中　γ——钻孔伪倾角；

　　　α——煤层倾角；

　　　β——钻孔在水平面上的投影与煤层走向线的夹角。

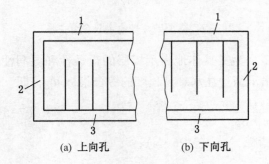

(a) 上向孔　　　(b) 下向孔

1—回风巷；2—开切眼；3—运输巷

图 7-8　单向长钻孔注水方式示意图

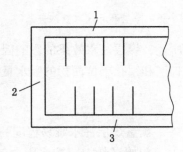

1—回风巷；2—开切眼；3—运输巷

图 7-9　双向钻孔布置平面示意图

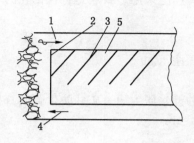
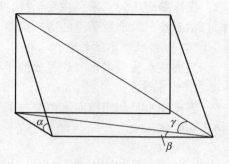

1—乏风；2—工作面；3—钻孔；4—进风；5—裂隙

图 7-10　伪倾斜钻孔布置方式　　　　图 7-11　伪倾角与真倾角的关系

2. 短钻孔注水方法

短钻孔注水是在采煤工作面垂直煤壁，与节理面斜交打钻孔注水的降尘方法，如图 7-12 所示。短钻孔注水的钻孔布置方式主要取决于煤层及其夹矸层厚度，若煤层厚度小于 1.8 m，可考虑布置单排眼；当煤层厚度较大并有夹矸时，可布置三花眼。

3. 深孔注水

深孔注水方式与中深孔注水钻孔布置相似，只是其钻孔长度为 5~6 天进度，如图 7-13 所示。这种方式主要在西方国家应用，我国一般不采用这种方法。

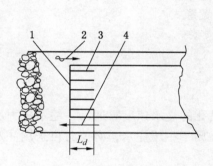
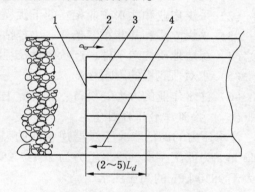

1—工作面；2—回风；3—钻孔；4—进风　　　1—工作面；2—回风；3—钻孔；4—进风

图 7-12　短钻孔注水示意图　　　　图 7-13　工作面中深孔注水示意图

4. 各种注水方式的特点与适用条件

1）短钻孔注水

短钻孔注水适用于煤层赋存不稳定、地质结构复杂、煤层薄（小于 0.7 m）、产量较低的回采工作面，或者工作面顶、底板为易吸水膨胀岩性时。由于短孔注水压力低，所以其工艺装备简单，具有较大的适应性和灵活性。缺点是钻孔数量多，湿润范围小，钻孔长度短，易跑水；由于注水必须在准备班进行，容易与回采作业发生矛盾，对生产能力高的工作面不适用，加上降尘效率不如深孔和长孔注水，所以正规工作面已较少采用。

2）长孔注水

长孔注水是一种先进的注水方式，钻孔能湿润较大区域的煤体，获得较长的注水时间，煤体湿润均匀，采、注无干扰，所以为各国广泛采用。缺点是打长钻孔的难度大，定向打钻困难，对地质条件的适应性差。

（二）按照供水方式划分

煤层注水按照供水方式可分静压注水和动压注水。

1. 静压注水

静压注水是利用地面水源至井下用水地点的静水压力通过矿井防尘管网直接将水引入钻孔向煤体注水。

2. 动压注水

动压注水是利用水泵向煤体注水。这种注水方法又分为固定泵（泵站）注水、移动泵注水、注水器注水。

（1）固定泵（泵站）注水。水泵固定在井上或井下某地点，由固定管路将压力水送到注水地点。

（2）移动泵注水。水泵设在注水工程地点，随注水工作的移动而移动。

（3）注水器注水。注水方式是使用专用的注水器直接在孔口注水。注水器是一种包括水的加压、水的传送和自动封孔装置的联合机具。国外多为短孔或深孔注水而专门设计制造的。

根据上述各种注水方法的特点，在选择注水方法时一定要考虑下列因素。

（1）煤体的透水性及泄水的可能性，这主要决定注水压力的大小及供水方式。

（2）采煤作业和注水作业相互的干扰程度，决定采用短孔或长孔。

（3）采煤方法和井巷布置条件，决定钻孔的布置形式。

（4）煤层地质构造条件、产状要素及埋藏深度。

（5）水对顶底板的影响程度。

（6）注水作业的人力、设备、器材等主观条件。

（三）按照注水压力划分

注水压力的高低取决于煤层逆水性的强弱和钻孔的注水速度。通常，注水压力小于2943 kPa 为低压注水，注水压力为 2943～9810 kPa 属于中压注水，必要时可采用注水压力大于 9810 kPa 的高压注水。

合理的注水方法应使注水工艺尽可能简单、使用设备人力尽可能减少、湿润效果要求要达到预期目的，而且还必须考虑在本矿有条件长期推广使用。我国矿井目前大多数采用低压或中压长钻孔注水湿润煤层，一般情况均能取得预期效果。

四、煤层注水方式的选择原则及规定

（一）注水方式的选择原则

在进行煤层注水方式的选择时，首先要考虑岩石压力的影响。长壁工作面采场受地压作用，在工作面前方形成了卸压带、集中应力带和常压带。短孔注水在卸压带中进行，深孔注水在集中应力带中进行，长孔注水在常压带中进行。卸压带煤体次生裂隙发育、透水性强、注水压力要求较低；集中应力带裂隙不发育、孔隙率低、透水性弱，要求较高的注水压力；常压带煤体未受采动影响，只有原生裂隙和孔隙，注水压力一般低于深孔注水要求。其次要考虑煤层厚度、煤层倾角、有无断层、围岩性质及采煤工艺、作业组织方式等。

以下为三种注水方式的适用条件。

(1) 短孔注水。对于煤层赋存不稳定、地质构造复杂、煤层薄 (<0.7 m)、产量较低的采煤工作面，或者顶、底板岩性易吸水膨胀而影响顶板管理的工作面，采用短孔注水较合理。这种注水方式要求水压低，工艺设备简单；它的缺点是钻孔数量多、湿润范围小、钻孔长度短、易跑水，且钻孔注水必须在准备班进行，容易与回采发生矛盾，对生产能力高的工作面不适用，加之注水效果不如另外两种，所以正规工作面已很少采用。

(2) 深孔注水。由于钻孔较长，要求煤层赋存稳定。它具有适应顶、底板吸水膨胀等特点。与短孔注水相比较，深孔注水钻孔数量少，湿润范围较大且均匀，国外采用较多；但注水压力要求高，注水工艺设备较复杂，而且采用这种方式的前提是采煤循环中要有准备班。

(3) 长孔注水。一般认为长孔注水是一种先进的注水方式，能湿润较大区域的煤体，注水时间长，煤体湿润均匀，注水与回采互不干扰。缺点是钻孔难度较大，定向打孔困难，对地质条件变化的适应性差。这种方法被国内外广泛采用。

(二) 相关规定

煤层注水是国内外煤矿广泛采用的最积极、最有效的防尘措施。《煤矿安全规程》规定，采煤工作面应采取煤层注水防尘措施，有下列情况之一的除外。

(1) 围岩有严重吸水膨胀性质、注水后易造成顶板垮塌或底板变形，或者地质情况复杂、顶板破坏严重，注水后影响采煤安全的煤层。

(2) 注水后会影响采煤安全或造成劳动条件恶化的薄煤层。

(3) 原有自然水分或防灭火灌浆后水分大于 4% 的煤层。

(4) 孔隙率小于 4% 的煤层。

(5) 煤层很松软、破碎，打钻孔时易塌孔、难成孔的煤层。

(6) 采用下行垮落法开采近距离煤层群或分层开采厚煤层，上层或上分层的采空区采取灌水防尘措施时的下一层或下一分层。

第三节 煤层长孔注水

一、长孔注水工艺参数

(一) 钻孔直径

钻孔直径的选择，应与封孔方式相适应。当采用封孔器封孔时，应按封孔器的要求确定钻孔直径，如当采用封孔器封孔，钻孔直径应为 65 mm；当采用水泥砂浆封孔时，钻孔直径一般为 76~110 mm，通常取 90 mm。封孔深度应当超过沿巷道边缘煤体的卸压带宽度，对于静压注水，一般确定为 6~10 m，封孔长度 2~4 m。

(二) 注水孔间距

钻孔间距的大小取决于煤层的透水性、煤层厚度及煤层倾角等综合因素。合理的钻孔间距等于钻孔的润湿直径。

根据我国煤炭行业标准《长钻孔煤层注水方法》(MT 501—1996)，长孔注水钻孔的间距应为 10~25 m。当采用扇钻孔布置方式时，上部孔与下部孔间距应为 1~3 m。单向钻孔长度应比工作面长度短 20~40 m；双向钻孔长度应比 1/2 工作面长度短 5~8 m；扇形钻孔长度上部孔按双向钻孔长度确定，下部孔按单向钻孔长度确定。

（三）钻孔长度

钻孔长度取决于工作面长度、煤层的透水性及钻孔方向。单向钻孔的按式（7-7）计算。

$$L = L_1 - S \tag{7-7}$$

式中　　L——钻孔长度，m；

　　　　L_1——工作面长度，m；

　　　　S——注水常数。

注水常数 S 按下列原则取值：透水性弱的煤层，上向孔、下向孔（从工作面运输巷施工的钻孔为上向孔，反之为下向孔）均取 $S=20$ m；透水性强的煤层，上向孔取 $S \geqslant 20$ m，下向孔取 $S=(1/3 \sim 2/3)L_1$。兖矿集团煤层注水钻孔长度对照情况见表 7-6。

表7-6　兖矿集团煤层注水钻孔长度对照表　　　　　　　　　　　　　m

序号	矿　井						
	南屯煤矿	鲍店煤矿	兴隆庄煤矿	东滩煤矿	济二煤矿	济三煤矿	杨村煤矿
1	50	48	86	54.0	86	91.2	103
2	50	46.4	86	52.5	88	94	102.5
3	42	49.6	86	53.6	90	93.5	103
4	50	52	86	52.2	80	—	103
5	20	44	90	56.2	90	—	104
6	18	44.8	86	54.7	—	—	102
7	—	52.8	86	54.0	—	—	102
8	—	52.8	86	55.5	—	—	102
9	—	52	90	52.5	—	—	103
10	—	51.8	86	56.6	—	—	103
11	—	51.2	90	57.0	—	—	102
12	—	48	87	54.0	—	—	102

双向钻孔的按式（7-8）计算。

$$L = \frac{L_1}{2} - (15 \sim 20) \tag{7-8}$$

式中　　L——钻孔长度，m；

　　　　L_1——工作面长度，m。

（四）钻孔位置

采用长孔注水时，钻孔布置是根据煤层层理、节理、裂隙、孔隙分布等情况，充分考虑综放厚煤层的特殊条件，采用能较好湿润顶煤的穿裂隙钻孔布置，钻孔的长度及方向根据工作面长度、钻孔布置方式、煤层厚度及裂隙和孔隙分布等条件进行确定。

1. 双巷错对扇形钻孔布置

例如，兴隆庄煤矿的 4301 综放工作面长度为 175.34 m，煤层产状平缓，裂隙发育，结构较为复杂，煤的空隙率平均 5.63%。根据该面的具体情况，选择双巷错对扇形钻孔布置方式。孔口距底板高度 1.6~2 m，钻孔相对工作面为平行关系；上孔孔底必须到顶板岩石，如图 7-14 所示。

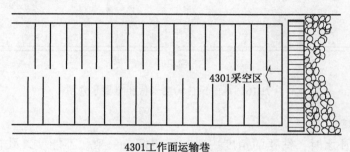

图 7-14 钻孔布置平面示意图

兖矿集团的采煤工作面大多数为综放工作面，并且工作面的长度大多在 200 m，因此确定钻孔的布置形式为双巷错对或双巷错对扇形钻孔，一方面双巷钻孔布置式钻孔的长度较短，钻孔容易施工，钻孔施工质量易于保障；另一方面也有利于煤层及顶煤的充分湿润，如图 7-15 所示。

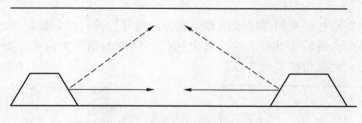

图 7-15 钻孔布置方式示意图

为全面考察钻孔布置形式对注水效果的影响，个别工作面选用单巷长钻孔的布置方式。

2. 单向穿层式钻孔布置

在进行煤层注水钻孔布置时，应最大限度确保钻孔能有效贯穿煤层的层理、节理、裂隙、夹层，有利于注水钻孔沟通煤层内部裂隙，为水向煤体内部渗透提供最多的渗透通道。因此，煤层注水钻孔可采用沿工作面倾斜方向单向穿层布置方式，如东滩煤矿和鲍店煤矿采用脉冲注水的工作面采用了这种钻孔布置方式，如图 7-16 所示。

在注水试验阶段若采用将整个开采煤层均匀湿润的注水钻孔布置方式，将导致注水后位于顶煤放煤位置的水分分析煤样不可采，无法确定煤层注水后的水分分布范围。因此，在煤层注水试验阶段采用位于工作面采高范围内的注水钻孔布置方式，确保沿钻孔长度方向湿润的煤体水分分析煤样均可采。

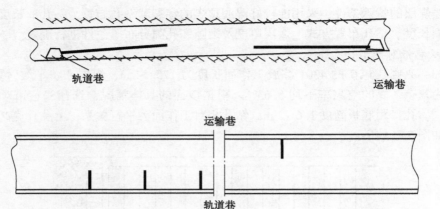

图7-16 单向穿层式注水钻孔布置示意图

（五）钻孔倾角

采用长钻孔注水时，钻孔的角度一般与煤层倾角一致，不能使终孔位置穿入顶、底板。在具体确定倾斜钻孔的角度时，应考虑以下要求。

（1）钻杆和钻具因自重影响要沿铅垂方向下沉，从而使钻孔下弯，为此在确定钻孔倾角时，应按煤层倾角做出相应调整。

（2）如若欲穿透煤层中的夹矸层，应选择合理的孔口位置，调整钻孔的倾角，尽可能不要穿顶、底板。

（3）如果在煤层中布置的倾斜的上向孔时，其伪倾斜方位角可按中梁山煤矿所用方法计算。

首先在工作面钻孔处实测煤层倾角和走向方位角等数据，然后根据注水的要求确定钻孔沿层面的伪倾角，最后按式（7-9）求出钻孔的仰角和钻孔方位角，如图7-17所示。兖矿集团煤层注水钻孔角度见表7-7。

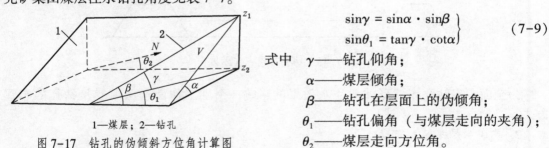

1—煤层；2—钻孔

图7-17 钻孔的伪倾斜方位角计算图

$$\left.\begin{aligned} \sin\gamma &= \sin\alpha \cdot \sin\beta \\ \sin\theta_1 &= \tan\gamma \cdot \cot\alpha \end{aligned}\right\} \qquad (7-9)$$

式中　γ——钻孔仰角；

　　　α——煤层倾角；

　　　β——钻孔在层面上的伪倾角；

　　　θ_1——钻孔偏角（与煤层走向的夹角）；

　　　θ_2——煤层走向方位角。

表7-7 兖矿集团煤层注水钻孔角度一览表　　　　　　　　（°）

序号	矿　井						
	南屯煤矿	鲍店煤矿	兴隆庄煤矿	东滩煤矿	济二煤矿	济三煤矿	杨村煤矿
1	+4	8.7	-4.5	-4.0	2.0	1.3	3.5
2	3	9.1	-4.5	-4.4	1.5	1.45	3.5
3	0	8.4	-4.5	-4.3	1.5	2.0	3.5

表 7-7（续） （°）

序号	矿井						
	南屯煤矿	鲍店煤矿	兴隆庄煤矿	东滩煤矿	济二煤矿	济三煤矿	杨村煤矿
4	0	9.3	-3.5	-4.5	1	2.15	3.5
5	3	10.3	-3.5	-4.2	1	2.37	3.5
6	3	9.3	-3.5	-4.5	—		3.5
7	4	9.2	-3.5	-4.6			3.5
8	4	9.4	-3.5	-4.7			3.5
9	4	9.2	-2.5	5.4			3.5
10	4	9.2	-2.5	5.6			3.5
11	4	9.4	-2.5	5.4			3.5
12	4	8.9	-2.5	5.8			3.5
13	3	—	-2.5	6.2			3.5
14	3	—	-0.5	6.3			—
15	3	—	-0.5	6.5			—
16	4	—	-0.5	6.3			—

（六）封孔方法及封孔深度

封孔是注水技术中的一个重要环节。目前，国内外采用水泥封孔及封孔器封孔两种封孔方法。

1. 水泥封孔

采用水泥封孔时，应将封孔段的钻孔直径扩大至 76~110 mm。钻孔中充填水泥的方法有水泥砂浆灌注法、人工封堵法、送泥器封堵法、压气封堵法及泥浆泵封堵法等，可按具体条件选用。

以水泥砂浆灌注法为例，如图 7-18 所示。先在 1/2 in 注水管前端距管口 10 cm 处焊一个比扩孔直径稍小的圆盘，用棉布条扎好插入孔底处并固紧，以固定注水管和防止漏浆。注水管露出煤壁 0.5 m。如注水压力低，注水管可采用自来水管；如压力不超过 1.5 MPa，则可采用 φ33 mm 硬质塑料管；如压力超过自来水管和塑料管强度时，则注水管不可暴露在水泥包裹之外，必须在孔口以内不小于 0.5 m 长的水泥封孔段处用丝扣牢固连接一段无缝钢管引出钻孔，或者全部使用无缝钢管作注水管。注水管固定后，将 1∶2~1∶3 的水泥砂浆灌入钻孔，即完成封孔。若在砂浆中添加少量速凝剂，则会加速凝固。一个钻孔的水泥砂浆量，可根据注水管与扩孔壁间的环形空间大小来计算。水泥砂浆灌注法主要用于下向俯孔的封孔。

水泥封孔法劳动强度较大、耗工费料，特别是注水钢管被埋入煤层内会给采煤机割煤时带来麻烦；但由于比较可靠，我国基本上采用这种方法。

2. 水泥石膏封孔

水泥石膏封孔适合用于倾斜孔封孔，因为倾斜孔由于砂浆自身的质量的作用，会自动填满因砂浆收缩产生的空隙，封孔严实。而水泥砂浆和水泥石膏用于水平钻孔封孔时，往往产生月牙状的空隙，造成钻孔跑水。为解决此问题，必须在水泥砂浆或水泥石膏中加入膨胀剂等组分，改良材料的性质。实验证明，加入膨胀剂等成分，并合理的配比个组分后，取得了良好的封孔效果。水泥石膏封孔如图 7-19 所示。

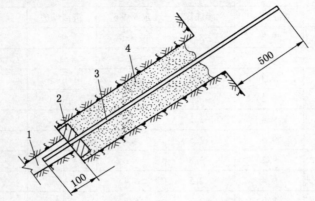

1—钻孔；2—挡盘；3—注水管；4—水泥砂浆

图 7-18　水泥砂浆灌注法

图 7-19　水泥石膏封孔示意图

水泥石膏等封孔方式一旦封好，强度大、有效封孔长度大、经久耐用，既能应用于长时间原始应力带注水，又能较好地适用于动压带的注水。因此，动压带的注水大都采用水泥砂浆或水泥石膏的封孔方式。

煤层注水钻孔的封孔采用 BFK 型封孔泵进行压注式水泥稠浆封孔，BFK 型封孔泵的主要技术参数：

工作压力	1.2 MPa
工作流量	8~10 L/min
工作电压	380 V/660 V
电动机功率	3 kW
搅拌机净容积	30 L
外形尺寸	1450 mm × 400 mm × 800 mm
质量	230 kg

3. 封孔器封孔

在长钻孔的封孔中，因封孔深度比较大，所以多采用封孔器封孔。

使用封孔器封孔，对钻孔质量要求较高，孔径要圆，孔壁要平，弯度要小，孔壁直径比封孔器胶筒直径大 5~10 mm 为宜。封孔器封孔如图 7-20 所示。

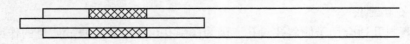

图 7-20　封孔器封孔示意图

封孔器封孔法操作方便，简化了封孔工艺，且封孔器可以复用，材料消耗少，封孔成本较低。缺点：在较软的煤层中，封孔器容易压碎煤壁而漏水，还会因注水压力较高及摩擦力不够，使封孔器从钻孔中射出。因此，应按注水压力选择与其适应的封孔器型号，按注水流量选择合理的注水管直径。

4. 封孔深度

封孔深度取决于注水压力、煤层的裂隙发育程度、沿巷道边缘煤体的破碎带宽度、煤的透水性及钻孔方向等。一般注水压力高、煤层裂隙发育及煤层渗透水性能强的上向钻孔，其封孔深度要大。原则上，封孔深度必须超过破碎带宽度，而且在煤层的湿润范围未达到预计的湿润半径之前，不得从巷道渗水，更不得跑水。一般是通过实验定出合理的封孔深度。我国煤矿的封孔深度通常是 2.5~10 m，有的大于 10 m。俄罗斯为几米到 20 m 之间，德国、法国都是 15~20 m。

（七）注水压力

注水压力的高低取决于煤层逆水性的强弱和钻孔的注水速度。如果水压过小，注水速度太低、水压过高，有可能导致煤岩裂隙猛烈扩散，造成大量窜水或跑水。适宜的注水压力是通过调节注水流量使其不超过地层压力而高于煤层的瓦斯压力。

国内外经验表明，低压或中压长时间注水效果好。在我国，静压注水大多同于低压，动压注水中压居多。对于初次注水的煤层，开始注水时，可对注水压力和注水速度进行测定，找到两者的关系，根据关系曲线选定合适的注水压力。

注水压力实际与流量、时间存在互相联系、互相制约的关系。因此，在确定注水压力时，必须同时考虑流量、注水时间这两个物理量。另外还要考虑煤层的透水性、煤的湿润能力、煤层泄水的可能性及压力-流量曲线。在经过计算的基础上，按照煤层自然特点通过试验因地制宜地确定合理的注水压力范围。但必须注意，注水压力的最低值一般不应使注水时间延得过长，以保证注水作业在采煤之前完成。

各矿区不同煤层注水压力的合理范围是不同的，它们不仅受煤层自然条件的影响，而且还受设备条件、采掘关系等主观因素的影响，具体情况具体考虑。在难透水煤层、采掘关系紧张的工作面，应适当提高注水压力，在不发生泄水的条件下，尽快在采煤之前完成注水任务。我国一般采用中压长时间注水的方法，均取得了明显的经济效果和注水效果。大多数煤层使用中、低压注水均能满足湿润要求，不需要选取高压注水。

（八）注水流量

在长孔注水中，根据水分增值的合理范围及钻孔承担的湿润煤体，则每孔注水量可按式（7-10）计算。

$$M_k = K \cdot T(W_1 - W_0) \tag{7-10}$$

式中　M_k——每个钻孔的注水量，t；

　　　T——钻孔担负的湿润煤量，t；

　　W_0——煤层注水前的泵水分值，%；

　　W_1——根据调查资料确定的煤层水分上限值，%；

　　　K——水量不均衡系数，取 1.5~2.0。

在倾斜长钻孔注水时，每孔担负的湿润煤量按式（7-11）计算，每孔注水量计算如图 7-21 所示。

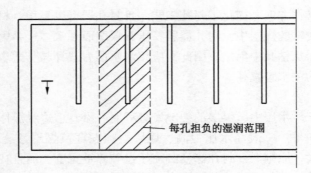

图 7-21　每孔注水量计算图

$$T = l \cdot S \cdot h \cdot \gamma \tag{7-11}$$

式中　l——工作面倾斜长度，m；

　　　S——钻孔两侧待湿润范围，一般情况下等于钻孔间距，m；

　　　h——煤层厚度，m；

　　　γ——煤的密度，t/m^3。

钻孔注水量通常在实践中通过观察予以确定。许多矿井在下向孔注水时，如果机巷煤壁"出汗"、挂水珠时就停止注水。用这种观察方法确定钻孔注水量有时与计算值较接近（发生泄水时除外）。长钻孔每孔注水量一般在 30~100 m^3 之间；特厚煤层的穿层钻孔注水量可达到数百乃至 1000 m^3 以上；在中厚煤层中，每米钻孔注水量在 1 m^3 左右。从中可以看出，如果将注水流量控制在 20 L/（m·h）左右，一般可以获得较好的注水效果。

（九）注水时间

每个钻孔的注水时间与钻孔注水量成正比，与注水速度成反比。在实际注水中，常把在预定的湿润范围内的煤壁出现均匀"出汗"（渗出水珠）的现象作为判断煤体是否全面湿润的辅助方法。"出汗"后或在"出汗"后再过一段时间便可结束注水。通常静压注水时间长，动压注水时间短。为了对注水参数有个总体了解，列出了我国部分煤矿长孔注水参数供参考，见表 7-8。

表 7-8　部分煤矿煤层注水参数表

矿　名	加压方式	钻孔长度/m	钻孔间距/m	钻孔深度/m	注水压力/MPa	每米钻孔有效流量/（L·h⁻¹）	注水时间/h	吨煤注水量/（L·t⁻¹）	钻孔注水量/m³
石炭井各煤矿	静压	25~90	10~15	3~5	0.3~1.2	6~16	100~300	9~20	30~80
抚顺龙凤煤矿	静压	16~130	3~5	1~2	2~15.7	144~300	20~40	30~340	
同家梁煤矿	静压	60~90	12~15	4	0.2~1	17~40	59~286		
汾西水峪煤矿	静压	30~50	25	3~5	0.5~0.8	38	192	15~47	
沈阳采屯煤矿	动压	37~50	8	2.5	0.6~1.1	2.1~20.5	14~120	14~23	4.7~22
阳泉二煤矿	动压	40~66	3~7	3	0.6~1.7	14.9~35.4	12~25	24.5~426	
枣庄陶庄煤矿	动压	80	10	5~6	6~8	13.3~20	48~72	30~40	

表 7-8（续）

矿　名	加压方式	钻孔长度/m	钻孔间距/m	钻孔深度/m	注水压力/MPa	每米钻孔有效流量/(L·h⁻¹)	注水时间/h	吨煤注水量/(L·t⁻¹)	钻孔注水量/m³
新汶孙村煤矿	动压	36~84	15~20	6~9	5~12	12~16.6	30~45		
松藻煤矿	动压	26~42	40	9~16	4.7~6.5	43~90	16~32	20~66	
徐州韩桥煤矿	动压	15~30	15~30	4~6	6~12	25~50	15~20	20~70	10~25

在注水压力、注水流量与注水时间物理参数之间，发现三者之间存在着一定的联系。

1. 注水压力与注水流量关系

煤体注水的流量是随着注水压力的升高而增大，压力越高，每增加单位压力所增加的流量的值越大。大量的低、中、高压注水的实测资料表明，随着注水压力的升高，注水流量大致呈一个抛物线形增加。

在透水性较差的煤层，注水压力往往在超过一定数值后，才开始进水，并随着压力增高流量明显增大，这个压力值称为注水临界压力，该压力因煤层条件不同而异。良庄、孙村等煤矿测定，临界压力值大致在 40~60 个大气压之间。在透水性较好的煤层注水，压力很小时，即开始进水，无明显的临界压力。在不适当地增大注水压力，甚至超过煤体的破坏强度或地层压力时（煤层埋藏很深时），煤体将会出现新的破裂面，此时流量将大幅度增加，易于溢出。

2. 注水压力与注水时间关系

钻孔开始注水后，压力逐渐升高，达到某一数值时，注水压力与钻孔内注水阻力相平衡而渐趋于稳定。由于水在煤体裂隙中运动的阻力是变化的，因而随着流程的增大，阻力也有所增加，因此随时间的延长，注水压力将在一定范围内波动，并有缓慢升高的趋势。

有的煤层，开始注水时有一个较高的起始注水压力，使水张开裂隙进入煤体，然后注水压力才降至一个比较稳定的水平。在注水过程中，如果发现注水压力突然下降，随时间的延长而注水压力不再恢复，说明出现泄水，这时要查明，采取措施。

3. 注水流量与注水时间的关系

在等压注水的条件下，每米钻孔的注水流量随时间的延长而逐渐降低，这是因为随时间的延长，水在煤体内流动距离加长，运动阻力增大，使流量有降低的趋势。

应当指出，在某些裂隙发育的透水性较强的煤层，水沿煤层倾斜向下渗流过程中，注水流量变化不是明显的。如石炭井各煤矿在倾角为 20°~25° 的煤层，采用 5~10 个大气压力注水，注水流量随时间降低均不明显。这是因为水越向下渗流，其静水压头越大，即注水是在逐渐增压情况下进行的。煤层透水性强，注水压力本来就很小，因此静水压头的增加是导致注水流量平稳不变的一个重要因素。

在裂隙不发育的坚硬煤层中进行中、高压注水，流量随时间下降也不十分明显，呈频繁的波动，其平均值变化不大。

（十）注水方式

1. 注水区域的确定

1）工作面超前压力分析

经矿压分析，兖州矿区综放工作面的轨道巷卸压带为 60 m 左右，应力集中带为 23～25 m。工作面超前压力分布，如图 7-22 所示。

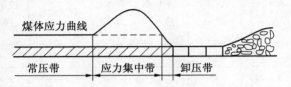

图 7-22　工作面超前压力分布图

2）注水区域

兖州矿区主采煤层为 3 号煤层，而 3 号煤层导水性较差，要提高注水效果，必须根据矿山压力观测的动压带数据进行注水。兖州矿区综放工作面矿压及深基孔观测资料表明，矿山超前压力对沿空侧巷道的影响范围约 50～60 m，对实体侧巷道的影响范围约为 40～50 m，而在距工作面 4～6 m 内，次生裂隙过于发育，所以选择注水超前距离为 30～40 m，终止注水超前距离为 6 m。

同时，为了比较动压区、静压区注水时对煤体水分增加率和降尘率的影响，还在超前工作面 80～100 m 布置静压区注水钻孔，终止注水超前距离 40 m。

2. 注水系统

注水系统分为静压注水系统和动压注水系统。

1）静压注水系统

利用管网将地面或上水平的水通过自然静压差导入钻孔的注水方法叫静压注水。静压注水采用橡胶管将每个钻孔中的注水管与供水干管连接起来，其间安装有水表和截止阀，干管上安装压力表，然后通过供水管路与地表或上水平水源相连。煤层静压注水系统主要由注水流量表、分流器、高压阀门、注水管及封孔器等组成，如图 7-23 所示。

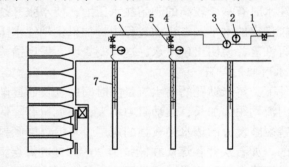

1—水管；2—压力表；3—水表；4—阀门；5—分流器；6—高压胶管；7—水泥石膏

图 7-23　静压注水系统图

2）动压（脉冲式高压）注水系统

脉冲式高压注水系统由 2BZ-40/12 型脉冲式煤层注水泵、注水集成块、高压水表及注水管路系统组成。由于脉冲式煤层注水泵输出压力的强脉动性，其脉冲注水压力由脉冲式煤层注水泵压力显示器手动测定间断直接显示，静压注水压力由注水集成块上安装的压力表显示。在注水集成块上分别设置有脉冲式高压水接口和静压水接口，并在注水集成块内部对应的接口设置单向止回阀，实现在关闭脉冲式高压注水的同时自动切换到静压注水。煤层各注水钻孔的注入水量由安装在注水钻孔前的高压水表进行计量。脉冲式高压注水系统的组成，如图 7-24 所示。

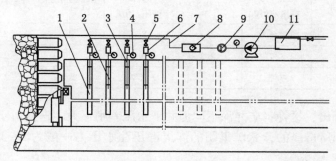

1—注水钻孔；2—注水管；3—封孔段；4—高压水表；5—注水集成块；
6—脉冲式高压水管；7—静压水管；8—单向阀；9—注水表；10—注水泵；11—供水箱

图 7-24　煤层脉冲式高压注水系统示意图

3）注水压力

注水压力可根据采深等确定，也可按式（7-12）确定。

$$(1.2 \sim 1.5) P_G \leqslant P_Z \leqslant 0.75 P_R \tag{7-12}$$

式中　P_R——上覆岩层压力，取 $0.1\gamma H$，MPa；

　　　P_G——煤层中的瓦斯压力，MPa。

兖矿集团所属矿井由于开采深度较大，地面静水池的水到井下后，其压力一般都在 2.0 MPa 以上，见表 7-9。因此，大多数矿井都采用静压注水。

表 7-9　兖矿集团煤层注水压力及统计一览表　　　　　　　　　　MPa

孔号	矿井						
	南屯煤矿	鲍店煤矿（静压/动压）	兴隆庄煤矿	东滩煤矿（静压/动压）	济二煤矿	济三煤矿	杨村煤矿
1	3	2.4/6.2	2.8	2.2/6.6	2.1	2.3	2.1
2	3	2.5/6.3	2.7	2.1/6.5	2.0	2.3	2.1
3	3	2.5/6.3	2.7	2.1/7.0	1.9	2.3	2.1
4	3	2.6/6.4	2.6	2.0/6.2	2.0	2.0	2.1
5	3	2.9/6.2	2.5	2.0/6.4	2.0	2.0	2.1
6	3	2.1/7.1	2.9	1.8/6.0	1.9	2.0	2.1
7	3	2.3/6.9	2.8	2.0/7.1	2.1	2.1	2.1
8	3	2.0/6.5	2.8	2.2/6.3	2.1	2.1	2.1
9	3	2.4/6.2	2.8	2.1/6.7	2.0	2.1	2.1
10	3	2.5/7.1	2.6	2.1/6.8	1.9	1.9	2.1
11	3	2.5/7.0	2.7	2.0/7.2	2.0	1.9	2.1
12	3	2.6/7.3	2.7	2.0/6.9	2.0	1.9	2.1

表7-9（续）　　　　　　　　　　　　　　　　　　MPa

孔号	矿　　井						
	南屯煤矿	鲍店煤矿（静压/动压）	兴隆庄煤矿	东滩煤矿（静压/动压）	济二煤矿	济三煤矿	杨村煤矿
13	3	2.9/6.9	2.2	1.8/6.5	1	2.4	2.1
14	3	2.1/7.1	2.2	2.0/7.0	2.1	2.4	1.1
15	3	2.3/7.2	2.3	2.2/7.2	2.1	2.4	1.1

从上表可以看出，尽管各矿井深不同但井下水压差别不大，这是由于各矿的井下供水的管网的阻力不同所造成的，兖矿集团的煤层静压注水压力一般为2~3.5 MPa。但是注水动压可高达6~8 MPa。

4）动压（脉冲式）注水强度

脉冲式高压注水强度以不压裂煤层为前提，煤层被压裂的压力与上覆岩层的厚度有关，可采用式（7-13）计算。

$$(1.2 \sim 1.5) P_G \leqslant P_Z \leqslant P_R = 13 \text{ MPa} \qquad (7-13)$$

$$P_R = 9.8 \times 10^{-2} H \gamma_{cp}$$

式中　P_G——煤层中的瓦斯压力，MPa；

　　　P_R——上覆岩层压力，MPa；

　　　H——上覆岩层的平均厚度，$H = 530$ m；

　　　γ_{cp}——上覆岩层的平均密度，取$\gamma_{cp} = 2.5$ t/m³。

在注水试验过程中除考察钻孔注水压力外，取脉冲式最大注水压力为脉冲式煤层注水泵的最大脉冲强度，$P_Z = 12$ MPa。

5）动压（脉冲式）注水强度与注水流量的关系

在煤层注水试验过程中，通过改变脉冲注水强度，测定在不同脉冲注水强度条件下单位时间（0.5 h）的注水量，来测定煤层脉冲注水强度与注水流量的关系。鲍店煤矿10304综放工作面和东滩煤矿4312综放工作面的脉冲注水强度与注水流量关系的测定结果见表7-10、表7-11。

表7-10　鲍店煤矿10304综放工作面煤层脉冲注水强度与注水流量测定结果

脉冲强度/MPa	0~2	0~4	0~6	0~8	0~10	0~12
注水流量/(m³·h⁻¹)	0.12	0.46	0.62	1.39	1.96	2.35

表7-11　东滩煤矿4312综放工作面煤层脉冲注水强度与注水流量测定结果

脉冲强度/MPa	2	3	4	5	6	7	8	9	10	11	12
注水流量/(m³·h⁻¹)	0.11	0.25	0.32	0.39	0.46	0.55	0.81	1.13	1.62	1.92	2.25

根据表7-10可得出，鲍店煤矿10304综放工作面煤层脉冲注水强度与注水流量关系，如图7-25所示。

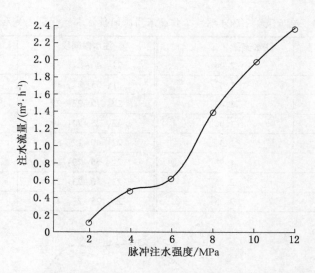

图 7-25 鲍店煤矿 10304 综放工作面煤层脉冲注水强度与注水流量关系图

根据表 7-11 可得出东滩煤矿 4312 综放工作面煤层脉冲注水强度与注水流量关系，如图 7-26 所示。

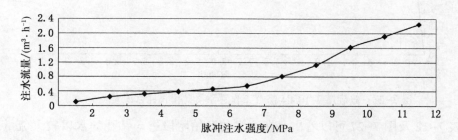

图 7-26 东滩矿 4312 综放工作面煤层脉冲注水强度与注水流量关系图

从图 7-25 和图 7-26 可以看出，鲍店煤矿 10304 综放工作面煤层脉冲式注水强度在大于 6 MPa 时，东滩煤矿 4312 工作面煤层脉冲式注水强度在大于 7 MPa 时，就能有效沟通煤层内部原有封闭裂隙和在煤层内部形成新的裂隙网，并且随着煤层脉冲式注水强度的增加，煤层脉冲式注水流量也相应增加。当注水压力达到临界值时，注水流量会有一个突变，考虑到煤层脉冲式注水对注水时间的要求，确定脉冲式注水强度为 0~12 MPa。

6）动压（脉冲式）注水流量与时间的关系

为考察在相同脉冲注水强度条件下注水流量随时间的变化关系，在注水的初始阶段，每隔 15 min 的时间测定一次注入煤层内部的水量，以此来计算不同注水时间段内的注水流量，从而确定注水流量随时间的变化关系。鲍店煤矿 10304 综放工作面的测定结果见表 7-12。

根据表 7-12 测定的不同注水时间段煤层注水流量，得出鲍店煤矿 10304 综放工作面煤层在注水强度为 0~12 MPa 的脉冲注水条件下，注水流量随时间变化关系，如图 7-27 所示。

表7-12 鲍店煤矿10304综放工作面不同时间段注水流量变化关系统计表

注水时间段	注水流量/(m³·h⁻¹)	注水时间段	注水流量/(m³·h⁻¹)
19：40~19：55	2.04	21：40~21：55	2.36
19：55~20：10	1.02	21：55~22：10	2.34
20：10~20：25	1.02	22：10~22：25	2.35
20：25~20：40	1.06	22：25~22：40	2.16
20：40~20：55	1.34	22：40~22：55	1.84
20：55~21：10	1.95	22：55~23：10	1.56
21：10~21：25	2.25	23：10~23：25	1.54
21：25~21：40	2.35	23：25~23：40	1.63

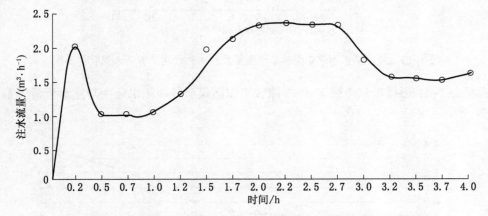

图7-27 鲍店煤矿10304综放工作面不同时间段注水流量变化关系图

从表7-12及图7-27可以看出，在注水的开始阶段进入钻孔的水以较大流量迅速充满注水钻孔内的所有空间及其相互贯通的大裂隙，随后在脉冲式注水作用下，水以较小流量逐渐进入煤层内部的微细孔、裂隙，强制沟通、扩大微细孔、裂隙和封闭裂隙，直至形成新的、相互贯通的裂隙网；水再以较大流量进入已沟通的裂隙网，如此反复直至注水工作完成。

7）吨煤注水量及单孔注水流量

吨煤注水量以 $0.02 \sim 0.025$ m³/t 为宜，单孔注水流量 $V = 0.42 \sim 0.65$ m³/min。单孔注水量和注水时间可按式（7-14）计算。

$$Q = 1.1 LL_c h\gamma W \qquad (7-14)$$

$$T = \frac{Q}{V}$$

式中 1.1——注水系数；

L——钻孔长度，m；

L_c——平均孔间距，m；

h——平均采高，m；

γ——煤的密度，t/m³；

W——吨煤注水量，m³/t。

兖矿集团 7 个矿井各注水工作面注水钻孔的吨煤注水量及单孔总注水量、注水流量见表 7-13。

表 7-13　兖矿集团 7 个矿井各注水工作面注水钻孔的吨煤注水量及单孔总注水量、注水流量

矿井名称	注水日期	单孔注水时间/h			单孔总注水量/m³			吨煤注水量/(m³·t⁻¹)(动压区/静压区)	单孔注水流量/(m³·h⁻¹)(动压区/静压区)	注水方式
		最大	最小	平均	最大(动压区/静压区)	最小(动压区/静压区)	平均(动压区/静压区)			
南屯煤矿(7322)	2004-07-19—2004-08-05	28	2	5.6	9.53/2.38	1.79/0.17	2.90/1.08	$5.54×10^{-4}$/$1.18×10^{-4}$	0.588/0.156	静压
南屯煤矿(9302)	2004-08-02—2004-09-23	4	4	4	3.85/1.34	2.31/0.85	2.58/1.01	$3.64×10^{-4}$/$0.61×10^{-4}$	0.645/0.189	静压
鲍店煤矿	2004-12-27—2005-01-22	60	6	10.5	56.6/22.0	10.1/2.2	28.6/8.26	$9.45×10^{-3}$/$1.82×10^{-3}$	0.827/0.271	动、静压
兴隆煤矿	2004-08-15—2004-10-20	315	84	158.06	84/31	49/18	66.8/21.49	$4.72×10^{-2}$/$1.40×10^{-2}$	1.528/0.340	静压
济二煤矿	2004-12-16—2005-02-23	128	32	56.1	31.6/8.92	20.4/6.5	27.8/7.1	$6.77×10^{-3}$/$3.05×10^{-3}$	0.649/0.227	静压
济三煤矿	2004-09-11—2004-12-08	21	16.5	19.17	20.5/15.3	12.75/8.32	16.75/9.26	$9.01×10^{-4}$/$3.12×10^{-4}$	0.327/0.779	静压
东滩煤矿(14309)	2004-07-01—2004-08-17	740	243	485.86	317.81/102.45	154.9/80.06	173.48/91.88	$6.30×10^{-2}$/$2.13×10^{-2}$	0.872/0.357	动、静压
东滩煤矿(4312)	2004-12-13—2005-01-20	228	96	156	112.47/53.29	47.24/18.97	68.27/33.55	$7.71×10^{-3}$/$2.86×10^{-3}$	0.745/0.361	静压
杨村煤矿	2004-07-05—2004-11-05	456	168	344	93/32	54.6/19	73.23/22	$3.53×10^{-3}$/$0.77×10^{-3}$	0.554/0.213	静压

各矿井注水工作面单孔平均注水时间和单孔平均总注水量之间的关系，如图 7-28 所示。

由图 7-28 可以看出，在注水情况良好，即注水量不受环境和时间限制的条件下，单孔平均总注水量随着平均注水时间的增长而增大。但在注水效果受到客观条件制约的情况下（如煤质本身较硬、孔隙率较小、注水受采煤工作面推进的影响等），单孔总注水量在达到一定极值时，就不会在随着注水时间的增长而增大（如兴隆庄煤矿 1303 工作面回风巷 1 号注水钻孔在 252 h 内注入了 75.6 m³ 的水量，但同属相近位置的 1303 工作面运输巷 1 号钻孔在 315 h 内仅注入不到 30 m³ 的水

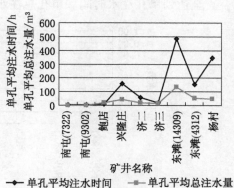

图 7-28　各矿井注水工作面单孔平均注水时间和单孔平均总注水量之间关系曲线

量）。还有一点需要说明的是，在注水期间，为使各孔不出现煤壁、底板渗漏水和从封孔处渗、漏水等现象，注水孔的封孔质量及封孔深度必须达到预定的要求。同时应该保证钻孔施工质量稳定，钻孔长度差别不大，间距均匀。

各矿井注水工作面吨煤注水量之间的关系，如图 7-29 所示。

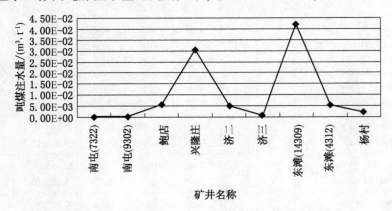

图 7-29　各矿井注水工作面吨煤注水量之间的关系曲线

由图 7-29 可以看出，注水工作面吨煤注水量与注水时间和总注水量有相同的变化趋势。即在保证可以注进水的情况下，吨煤注水量随着注水时间的增长而增大。

由图 7-30 看出，单孔注水流量与注水时间和总注水量之间没有明显的变化关系。例如，济三煤矿的单孔注水时间、单孔总注水量和吨煤注水量数值均较小，但其单孔注水流量却较大。这说明在该矿注水工作面只要保证单孔足够的注水时间，就能注入更多的水量，达到更好的注水效果。但单孔注水流量较大并不能一定保证注入较多的水量（见表 7-13 中南屯煤矿的单孔注水数据）。这是因为，在注水初期客观条件较好，在这种情形下，单孔注水流量较大，注入的水量也较大；但随着客观条件的不断变化，有利于注水的条件就会越来越差，就会出现注水的困难时期，会出现渗水、漏水等现象。可见，单孔注水流量虽是考察井下注水效果的一个重要指标，但该指标并不稳定。为此，在井下客观现场生产条件允许的条件下，在保障钻孔、封孔质量的条件下，应首先保证足够的注水时间，直至达到单孔注水时间和单孔总注水量的极值，这样才能全面、系统地考察工作面的

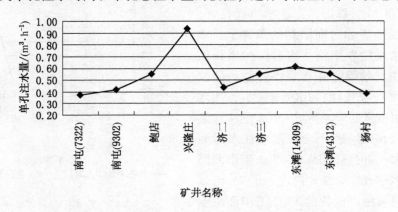

图 7-30　各矿井注水工作面单孔注水流量之间的关系曲线

注水效果，同时做出科学、合理的结论。

二、长孔注水装备

煤层注水所使用的设备主要包括钻机、水泵、封孔器、分流器及水表等。

（一）钻机

我国煤矿注水常用的钻机，见表7-14。

表7-14 常用煤层注水钻机一览表

钻机名称	功率/kW	最大钻孔深度/m
KHYD40KBA 型钻机	2	80
TXU-75 型油压钻机	4	75
ZMD-100 型钻机	4	100

（二）煤层注水泵

注水泵是动压注水的主要设备，按注水条件和供水方式分为两类：一类是由固定集中泵站供水的大流量注水泵；另一类是移动式的小流量注水泵。后者因可以节省大量高压供水管路，且较经济和方便，故采用较多。

我国采用的动压注水泵都是移动式的小流量注水泵，水泵的选型均根据各矿对注水流量、压力参数要求进行选取。煤矿广泛使用 5D-2/150 型或 5BG-2/160 型煤层注水泵，现又生产出 BD、BZ、BG 等型号的系列煤层注水泵。

煤矿常用煤层注水泵技术特征见表7-15。

表7-15 煤层注水泵型号及其主要技术特征

项目	单位	型 号							
		5BD (2.5/4.5)	5BZ (1.5/80)	5D (2/150)	5BG (2/160)	7BZ (3/100)	7BG (3.6/100)	7BG (4.5/100)	KBZ (100/150)
工作压力	MPa	4.5	80	15	16	10	16	16	15
额定流量	m³/h	2.5	1.5	2	2	3	3.6	4.5	6
柱塞直径	mm	25	25	25	25	25	25	25	25
缸数	个	5	5	5	5	7	7	7	
吸水管直径	mm	32	25	27	25	45	32	45	38
电机功率	kW	5.5	5.5	13	13	13	22	30	30
外形尺寸	mm×mm×mm	20×260×360	1100×320×310	1400×400×600	1370×380×640	660×330×400	1500×400×650	680×360×460	1600×760×460

（三）封孔器

在长钻孔煤层注水中可采用以下两种封孔器进行封孔。

1. YPA 型水力膨胀式封孔器

YPA 型水力膨胀式封孔器如图 7-31 所示，这是常用的一种水力驱动封孔器。使用时，将封孔器与注水钢管连接起来送至封孔位置，通过高压胶管与水泵连通。开泵后压力水进入封孔器，水流从封孔器前端的喷嘴流出后进入钻孔，同时产生压力，膨胀胶管内的水压升高，将胶管膨胀，封住钻孔。注水结束后，封孔器胶筒将随压力下降而恢复原状，可取出备用。

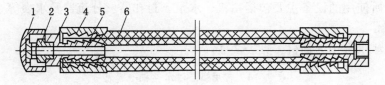

1—挡水罩；2—喷嘴；3—密封圈；4—外套；5—芯子；6—膨胀胶管

图 7-31 YPA 型水力膨胀式封孔器

2. MF 型摩擦式封孔器

MF 型摩擦式封孔器如图 7-32 所示。封孔时将封孔器与注水管（钢管）连接起来，送至钻孔内的封孔位置。顺时针旋动注水管，使其向前移动，这时橡胶密封筒被压缩而径向胀大，封住钻孔。注水结束后，逆时针旋转注水管，密封胶管卸压，胶筒即恢复原状，可从孔中取出。

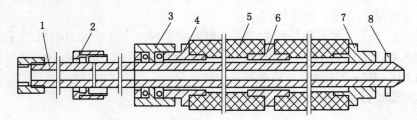

1—注水管；2—连接器；3—推压器；4—垫圈；5—密封胶筒；
6—中间隔垫；7—短管螺母；8—安全销

图 7-32 MF 型摩擦式封孔器

（四）分流器

分流器是动压多孔注水不可缺少的器件，其动作原理是根据流体动力学压力平衡原理设计制成的。流量调节是由滑阀及其支撑的弹簧完成的。水进入后，阀体由于前后的压力变化而移动，将一个环形阀隙扩大或缩小从而保持恒定的流量。煤炭科学研究总院重庆分院研制的 ZF-Ⅲ型分流器，主要用于煤矿采煤工作面煤层注水防尘时多孔同时注水保持流量均衡和单向流动，是煤层注水必备的产品。减压部分由阀芯、阀套、可变阻尼节流及单向阀等部分组成，具有等差减压、稳定流量、单向流动等作用。其额定压力范围为 0.49 ~ 18 MPa，额定流量范围为 0.5 m³/h、0.7 m³/h、1.0 m³/h，分流误差≤5%。

（五）水表

当注水压力大于 1 MPa 时，需采用高压水表，如 DC-4.5/200 型注水水表，耐压 20 MPa，流量 4.5 m³/h；注水压力小于 1 MPa 时，可采用普通的自来水水表，如 LXS-67 型旋翼湿式水表。

（六）压力表

煤层注水压力表为普通压力表，选择时要求压力表表面的指示压力应为注水管中最大压力的 1.5 倍，水泵出口端的压力表，其最大指示压力应为泵压的 1.5~2 倍。

（七）注水器材

煤层注水由于选择的参数不同，选用的器材也不相同。一般静压注水的注水压力较低，可以采用低压阀门、夹布衬垫的压力胶管，钻孔中可用硬质塑料管作注水管，供水管路用普通钢管；动压高压注水采用高压截止阀、钢丝编织作衬垫的高压胶管及接头，供水管路采用无缝钢管。

三、长孔注水效果参数及其考察方法

（一）煤层注水效果

煤层注水效果可按降尘率 C 式（7-15）计算。

$$C = \frac{(G_2 - G_1) - (G_2' - G_1')}{G_2 - G_1} \times 100\% \tag{7-15}$$

式中　　G_2、G_1——开采未注水煤层时，沿风流方向，在尘源后方风流中（下风侧）和前方风流中（上风侧）的含尘量，mg/m^3；

G_2'、G_1'——开采注水煤层时，沿风流方向，在尘源后方风流中（下风侧）和前方风流中（上风侧）的含尘量，mg/m^3。

测尘点应选择合适。目前虽无明确的规定，但一般原则是，测尘点应布置在尘源上、下风侧粉尘浓度较均匀的地点，高度位于人员呼吸带附近。

（二）煤层含水量考察

煤层注水降尘效果与煤体含水量的多少有直接关系。一般认为，煤体水分增加 1% 以上，才能具有降尘效果，因此要检测注水后的水分增加值。一般规定以注水钻孔为中心，以周围煤体的水分增加 1% 的界限确定为湿润半径，湿润半径以内范围为煤层注水的有效湿润范围。具体考察湿润范围的方法有两种。

（1）直接考察法：从煤壁或煤帮水的渗出（"出汗"）状况简单地判断其湿润范围。

（2）分析法：从煤壁或煤帮上采取煤样进行水分分析，可以准确地观察注水效果。煤样采集有刻槽法、挖坑法及钻孔法三种，按照《煤样的制备方法》（GB 474—2008）之规定制备煤样，按照《煤中全水分的测定方法》（GB/T 211—2017）及《煤的工业分析方法》（GB/T 212—2008）等标准的要求，测定出煤样的内在水分和外在水分。

第四节　煤层短孔注水

一、短孔注水工艺参数及装备

（一）短孔孔注水工艺参数

1. 钻孔位置

钻孔位置主要取决于煤层厚度和是否含有夹矸，若采高小于 1.8 m 时，可考虑用单排眼，当煤层厚度过大时，可采用三花眼，孔口位置应布置在较硬而致密的小分层内，这样在注水时，就不会过早地破坏孔口，而发生泄水；同时，还要使钻孔尽量穿过其他小分层，使水较快地进入各个小分层中。

2. 钻孔直径

短孔注水时，一般与炮眼直径相同，以使工作面炮眼与注水孔的机具同一化。注水孔经注水后孔内存有积水并有变形坍塌时，一般不能再作炮眼用。

3. 注水孔长度与注水孔间距

短钻孔注水，其孔长应根据工作面日进度，使之满足尽快湿润一个循环进度煤体的要求，一般孔长应超过湿润范围 0.2 m 为宜。孔距决定每孔的湿润半径，但应注意各自然小分层及夹石的不同透水性能，必须使孔间的煤体在任一分层都得到湿润。在实际工作中，注水孔的间距应在注水作业中按煤层变化情况进行及时调整，一般为 2~8 m。

4. 钻孔倾角

为使水较快地进入各个小分层之中，应使钻孔尽可能穿过其各个小分层。

5. 封孔长度

短孔注水时，封孔深度随钻孔长度而异，一般为 1~1.5 m。封孔深度和煤壁所能承受的注水压力有关，合理的封孔深度应使孔口附近煤壁不发生泄水，煤壁的深部和浅部湿润均匀。南屯煤矿煤层注水钻孔施工参数，见表 7-16。

表 7-16 南屯煤矿 9302 煤层注水钻孔施工参数

孔 号	正常段孔径/mm	封孔段孔径/mm	煤层角度/(°)	钻孔倾角/(°)	钻孔深度/m	封孔长度/m	封孔方式
7	56	56	4	4	11.5	4	封孔器
8	56	56	5	3	10	4	封孔器
9	56	56	4	0	7.5	4	封孔器
10	56	56	4	0	4.5	4	封孔器
11	56	56	5	3	9.6	4	封孔器
12	56	56	5	3	11	4	封孔器
13	56	56	5	4	20	4	封孔器
14	56	56	5	4	18	4	封孔器
15	56	56	5	4	20	4	封孔器
16	56	56	5	3	14	4	封孔器
17	56	56	5	3	22	4	封孔器
18	56	56	4	3	35	4	封孔器

6. 注水压力

短孔注水压力的供给方式有两种：一是管网静压注水，这种注水方式是利用地面或上一水平的水池，通过固定供水管网向钻孔注水，水依靠管网的静水压力进入煤体；二是专用泵加压注水，即在注水工作面巷道内设注水专用泵，向各个钻孔注水。

注水压力应有上限和下限。上限值应使煤体不发生泄水，也不应使顶底板受高压水而被破坏；下限值应保证在规定的时间里注入规定的水量。注水压力上限一般不超过 20 个大气压。

7. 注水流量

短孔注水每个钻孔的注水量按下列要求确定。

（1）使湿润范围内煤体水分平均增值达到 1% ~ 2%，计算注水量。

（2）湿润后的煤炭水分要考虑到自滑运输、地面防冻及商品煤质量等要求，一般以 5% 以下为宜。

（3）在实际工作中，注水量以煤壁"出汗"为标志，煤壁见水后即停注。

8. 注水时间

注水时间与注水压力、注水流量密切相关，一般情况注水时间是注水压力与注水流量的反函数，煤层注水压力越高，注水流量越大，注水时间越短。短孔注水每孔十几分钟到几小时，最长 3 h。长孔注水每孔几十小时到十几天，最高达 30 天之久，一般在 70 ~ 80 h。

（二）短孔注水装备

1. 注水泵

我国采用的注水泵都是移动式的小流量注水泵，水泵的选型根据各矿对注水流量、压力参数要求进行选取。煤矿广泛使用 5D-2/150 型或 5BG-2/160 型煤层注水泵，现又生产出 BD、BZ、BG 等型号的系列煤层注水泵。

2. 钻机

由于煤层短孔注水所需孔深较小，钻孔施工可采用在长孔钻孔中使用的 KHYD40KBA 型矿用隔爆电动岩石钻、TXU-75 型油压钻机、ZMD-100 型钻机、ZY-650 型钻机等。

3. 压力表

煤层注水压力表为普通压力表，选择时要求压力表表面的指示压力应为注水管中最大压力的 1.5 倍，水泵出口端的压力表，其最大指示压力应为泵压的 1.5 ~ 2 倍。

4. 封孔器材

封孔有封孔器、水泥砂浆和水泥石膏封孔等多种方式。封孔器封孔如图 7-20 所示，封孔器材在长孔注水中工艺参数中已做详细介绍。

5. 其他器材

煤层注水由于选择的参数不同，选用的器材也不相同。一般静压注水的注水压力较低，可以采用低压阀门、夹布衬垫的压力胶管，钻孔中可用硬质塑料管作注水管，供水管路用普通钢管；动压高压注水采用高压截止阀、钢丝编织作衬垫的高压胶管及接头，供水管路采用无缝钢管。

二、掘进工作面快速注水方法

在掘进作业前，采用风钻或风煤钻在掘进工作面煤层进行湿式打眼，打出注水孔，孔深为 1.5 ~ 3.0 m，注水孔位置距底面巷道 2/3 高度的中心位置，注水孔数为 2 ~ 3 个。

封孔器如图 7-33 所示。用封孔器对注水孔进行封孔，并利用掘进工作面施工地点的防尘压力水进行高压注水，使掘进煤层含水量增加 1% 以上。

以新汶矿业集团协庄煤矿的 7 个炮掘工作面为实验地点，采用风煤钻配 φ42 mm 钻头进行湿式打眼作业，打出的注水孔深度为 1.8 m 左右，根据煤层厚度，各炮掘工作面的注水孔个数为 2 ~ 3 个。用 φ38 mm×600 mm 的封孔器封孔，以施工地点的防尘水管进行高压注水。

图 7-33　封孔器工作状态和正常状态图

注水的工程中在煤层上打出炮眼，爆破前不停止注水。注水时间根据注水量确定，根据计算一般为 4 h 左右，可使炮掘工作面煤层的含水量提高 1%。爆破后检测粉尘的浓度，与未注水时炮掘后的粉尘浓度对比情况，见表 7-17。

表 7-17　各炮掘工作面煤层注水工艺情况和注水前后炮掘作业后粉尘浓度的对比

施工工作面	注水孔个数	注水量/L	注水前粉尘浓度/(mg·m^{-3})	注水后粉尘浓度/(mg·m^{-3})
31118E	2	101.4	36.7	17.1
11105E	2	172	24.9	10.1
11105W	2	104.5	24.9	13.9
1202W	3	154	38	17.0
1201W	3	138	37.9	17.5
3417W	3	182	39.8	18.6
1401W	3	156	35	15.3

由表 7-17 可以看出，通过炮掘工作面煤层注水工艺，使各炮掘工作面的粉尘浓度平均降至 15.26 mg/m^3，降尘率为 53.49%。

以新汶矿业集团协庄煤矿的 2 个综掘机掘进工作面为试验地点，在做好超前支护后，采用风钻配 ϕ42 mm 钻头进行湿式打眼作业，打出的注水孔深度为 2.8 m 左右，根据煤层厚度，综掘工作面的注水孔个数分别为 2 个和 3 个。用 ϕ38 mm×600 mm 的封孔器封孔，以施工地点的防尘水管进行高压注水。

注水作业开始后，进行其他作业工序，直至综掘机开始割煤，注水时间一般为 4 h 左右，可使工作面煤层的含水量提高约 1%。在煤层注水时，由于综掘工作面煤层没有其他导通孔，因此注水效果更好，掘进作业时检测粉尘的浓度，与未注水时掘进时的粉尘浓度对比情况，见表 7-18。

表 7-18　综掘机掘进工作面煤层注水工艺情况和降尘情况对比

施工地点	注水孔个数	注入水量/L	注水前粉尘浓度/(mg·m^{-3})	注水前粉尘浓度/(mg·m^{-3})	降尘率/%
31118E	2	110.4	323.8	117.8	63.62
1202E	3	150	314.2	101	67.85

三、薄煤层工作面快速注水方法

以北宿煤矿 17 号煤层的 7704 采煤工作面为例来说明煤层短壁快速注水方法。

（一）注水方法

煤层注水水源来源地面 2 个蓄水池，通过井下供水管网实施注水。在 7704 工作面上、下两巷各安设 2 in 供水管路，并安装管道过滤器和压力表，供水管路每隔 50 m 设一个三通阀门，注水钻孔采用 ϕ25 mm 高压胶管连接，并安装压力表、流量表。应保证煤层注水的水压在 2~3 MPa 或以上。

（二）注水设备

由于本次进行的薄煤层快速注水试验，因此注水所需设备（设施）包括：高压阀门、高压水表、流量表、风钻（煤电钻）、注水封孔器、分流器、高压胶管、加压泵、基础防尘管路设施等。其中，快速注水的关键是既起注水作用又起封孔作用的注水封孔器，注水封孔器由内胶层、增强层、中胶层、外胶层组成，主要适于输送液压流体，如醇、油、乳化液、烃等。FMZ-20 型煤层注水封孔器、FMZ-4.5 型煤层注水封孔器的技术性能，见表 7-19。

表7-19 封孔器技术参数列表

序号	项目名称			数值			单位
1	封孔器外径		D_H	38	42	72	mm
2	长度	4.5 型	L_{max}	2000	2000	2000	mm
			L_{min}	500	500	500	mm
		20 型	L_{max}	2000	2000	2000	mm
			L_{min}	500	500	500	mm
3	工作压力	4.5 型	P_{max}	4.5	4.5	4.5	MPa
			P_{min}	1	1	1	MPa
		20 型	P_{max}	2.0	2.0	2.0	MPa
			P_{min}	1	1	1	MPa
4	工作流量		Q_{max}	56	60	100	l/min
			Q_{min}	3	4	6	l/min
5	适用钻孔范围		D_{max}	55	60	95	mm
			D_{min}	42	48	80	mm
6	导向套直径		d	40	45	76	mm
7	膨胀体内径		D	22	25	51	mm
8	膨胀后外径		D	68	76	128	mm
9	连接方式		K 型快速接头				
10	接头通径		10、13、16、19、25				mm
11	表面电阻值		不大于 10^6				Ω
12	阻燃性能		酒精灯挪开后不得大于 30 s 熄灭				s

（三）注水钻孔布置图

薄煤层煤层注水现场实施方案布置图，如图 7-34、图 7-35 所示。

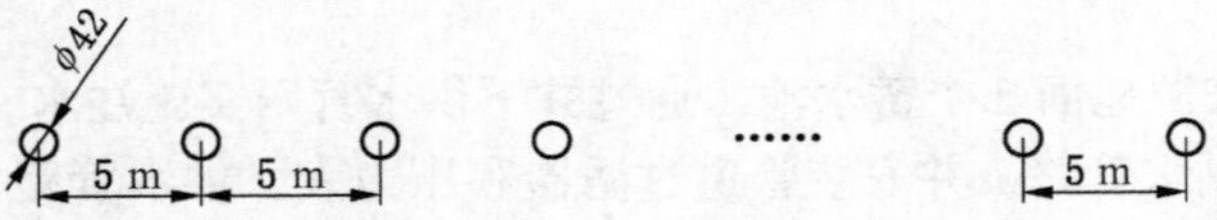

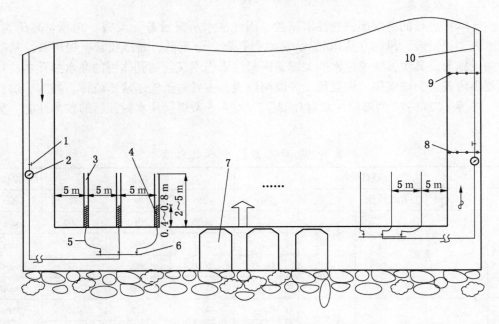

图 7-34 7704 工作面煤层注水钻孔布置图

1—阀门；2—水表（测压力、流量）；3—钻孔；4—封孔器；5—注水软管；6—三通；7—支架/支柱；
8—爆破自动喷雾（传感器控制）；9—爆破喷雾水幕（手动控制）；10—防尘供水管路

图 7-35 7704 工作面煤层注水现场布置示意图

（四）煤层注水实施方案

煤层注水实施方案如图 7-36 所示。

图 7-36 煤层注水实施流程图

1. 地点选择及钻孔施工

煤层注水钻孔的施工地点选择应满足其渗透半径覆盖顶板、底板所包括范围，并且相邻钻孔之间的渗透半径不应相互重叠。钻孔深度 2 m 左右，钻孔直径为 42 mm。

钻孔施工时，采煤工作面在进、回风巷各布置一路煤层注水供水管路，采用高压胶管接入工作面注水现场，采用直径为 25 mm 的高压胶管。单根高压胶管长度至少应保证能接至工作面中间位置。

2. 煤层注水及炮眼装填顺序

实施煤层注水时，采取从两侧向中间推进方式，并且根据分流器所能接的封孔器个数，在两侧打相应数量的钻孔，将封孔器塞入钻孔中，打开阀门实施注水工作。在注水的同时，打钻工作可以继续进行。煤层快速注水所需时间一般为 2~7 min 或者在看到钻孔附近的煤壁有"出汗"现象即可认为该组钻孔注水工作结束。在一组钻孔注水结束后，对该组炮眼实施装药、水封等工作。按照以上顺序，在第一组钻孔注水结束后，其余钻孔的施工、注水、装药、相当于平行作业，不影响正常生产。但一定要注意炮眼注水后的变化，保证爆破安全。北宿煤矿 7704 工作面煤层注水钻孔参数见表 7-20。

表 7-20　北宿煤矿 7704 工作面煤层注水钻孔参数表

孔号	钻孔倾角/(°)	煤层倾角/(°)	孔深/m	孔口距底板高度/m	钻孔间距/m	备注
1	6	6	2.0	0.8	5	
2	6	6	1.8	0.8	5	
3	6	6	1.8	0.8	5	
4	6	6	2.0	0.8	5	
5	6	6	2.0	0.8	5	

（五）注水效果测定

1. 水分增加率测定

测定方法：注水前实际水分是取每一个钻孔左、右及下部各 0.5 m 左右的样品，进行测定并取其平均值。注水后的实际水分是在爆破后对每一个钻孔附近的落煤，取 3 份测定并取其平均值。

在开始煤层注水试验之前，预先从试验工作面取煤样 3 次，并做好标记。注水试验期间，在爆破前从工作面取煤样 3 次，做好标记，送至矿煤质科进行水分含有率化验以便确定试验工作面煤层注水前后的煤样水分含量。2007 年 4 月 23 日，北宿煤矿 7704 工作面注水情况见表 7-21。

表 7-21　北宿煤矿 7704 工作面煤层注水情况测定表

样品编号	取样地点	原始水分/%	原始水分平均值/%	注水后水分/%	注水后水分平均值/%
1	1 号	3.24		5.98	
2	1 号	3.32	3.27	6.13	6.12
3	1 号	3.25		6.25	
4	2 号	3.35		6.25	
5	2 号	3.42	3.39	6.46	6.27
6	2 号	3.41		6.11	
7	3 号	3.46		6.34	
8	3 号	3.38	3.45	6.28	6.33
9	3 号	3.52		6.38	

表 7-21（续）

样品编号	取样地点	原始水分/%	原始水分平均值/%	注水后水分/%	注水后水分平均值/%
10	4 号	3.43		6.24	
11	4 号	3.43	3.427	6.04	6.15
12	4 号	3.42		6.17	

从表 7-21 可得出，注水前后煤层水分含量有一定的变化，注水前的煤层水分含量通常在 3.2% ~ 3.5% 之间，平均为 3.38%；注水后的煤层水分含量在 6.1% ~ 6.3% 之间，平均为 6.22%，即通过注水，煤层水分含量增加了 2.84%。

2. 降尘率测定

为了考察煤层注水降尘效果，对北宿煤矿 7704 工作面未进行煤层注水前的粉尘浓度进行测定，同时也对注水后的粉尘浓度进行测定，然后进行比较，测定时间为 2007 年 4 月 24 日，结果见表 7-22。

表 7-22　北宿煤矿 7704 工作面测尘效果表

生产工序	粉尘类别（平均）	平均粉尘浓度/(mg·m⁻³)		
		未注水	注水	降尘率/%
打眼（干）	全尘	49	17.4	64.5
	呼尘	20	9.24	53.8
爆破后	全尘	93	18.2	80.4
	呼尘	37.2	15.8	57.6
铲（攉）煤	全尘	77.6	21.3	72.6
	呼尘	32.4	15.4	52.4

从表 7-22 可以看出，经过煤层注水后，工作面产尘量有显著的下降，在各种工序中，铲（攉）煤为主要产尘点，对工人身体健康威胁最大，而通过煤层注水，铲（攉）煤时全尘的降尘率达到 72.6%，呼尘的降尘率达到 52.4%，应该说煤层注水能够降低工作面产尘量，降低工作面风流中煤尘浓度。

第五节　采空区及巷道灌水

采空区灌水预湿煤体是厚煤层开采中一种有效的防尘措施。其做法是当上分层采完后将水灌入采空区或巷道中，水依靠自重通过煤体的裂隙，缓慢渗入下分层中预先湿润，以减少开采时煤尘的产生量。

一、采空区及巷道灌水方法

（一）采空区超前钻孔灌水防尘

1. 钻孔

在倾斜分层的下一分层工作面的回风巷道中，距超前工作面适当距离，采用湿式煤电钻、麻花钻杆以及湿式钻头向上分层采空区打水平钻孔，如图 7-37 所示。钻孔直径一般取 50~73 mm，钻孔间距 5~7 m，钻孔长度随煤层倾角及钻孔方向而不同，一般为 3~5 m，以钻透假顶为止。

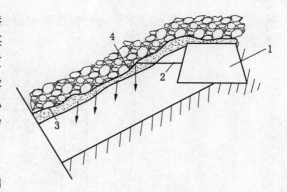

1—下分层回风巷道；2—钻孔；
3—金属网假顶；4—上分层浮煤

图 7-37 倾斜分层超前钻孔采空区灌水示意图

2. 封孔

用注水管在孔内灌水，一般不封孔，如遇返水，可用水泥封孔 0.2~0.5 m。

3. 灌水

一般都采用静压双孔或多孔同时灌水的方法进行。每孔注水流量一般控制在 300~700 L/h。从钻孔开始灌水到运输巷道见到淋水的时间，一般是 3~10 天，见水后停止灌水。待淋水停止后，再进行第二次灌水，必要时进行第三次灌水，直到采前煤体充分湿润为止。灌水超前于回采的时间控制在 1~2 个月较为合适。

（二）上分层采空区灌水防尘

1. 灌水方法

在水平分层上分层的回采过程中，在准备班用水管向采空放顶线外侧灌水，水沿煤层裂隙渗透到下分层的煤体内，如图 7-38 所示。

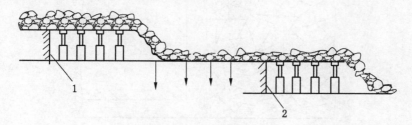

1—上分层工作面；2—下分层工作面

图 7-38 水平分层开采采空区灌水示意图

2. 灌水参数

灌水以下分层工作面得到充分湿润为准，流量过大会造成跑水，影响生产；流量过小下分层得不到充分湿润。通常，经灌水后，水渗入到下一分层煤体的深度应为 0.7~1.2 m。一般单位面积灌水量可控制在 0.3~0.5 m³/m²，灌水流量一般取 0.5~2.0 m³/h，每次灌水时间为 1~2 h，或更长一些。

3. 采空区埋管灌水防尘

采空区埋管灌水防尘法适用于倾斜厚煤层倾斜分层开采和急倾斜煤层水平开采。采用此法防尘可在工作面回风巷道铺设灌水管路，如图 7-39 所示。通过灌水管直接向放顶后的采空区灌水。水管随工作面放顶线的推移而被埋入采空区内，但每隔 2~5 天需将埋入采空区的水管向前移动一次。移管可通过慢速绞车牵引使之整体后移。一般，注水管理入采空区 3~8 m。每次灌水量应根据放顶面积、煤层倾角、干燥程度以及煤层透水性等因素通过试验对比确定。

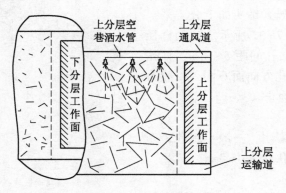

图 7-39   采空区埋管灌水

（三）回风平巷铺设水管向采空区灌水

1. 水管的铺设

在倾斜分层的上分层采煤工作面的回风巷内铺设灌水管，每段水管上安设扁口形出水口，水流向采空区，使下一分层的煤体得到湿润，如图 7-40 所示。此方法在开采近距离煤层群，层间夹矸厚度小于 0.3 m，且透水性较好时也适用。

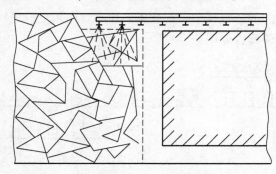

图 7-40   回风平巷铺设水管向采空区灌水示意图

2. 出水管口的位置

射向采空区的出水口与工作面的距离，以不让水流到工作面而又便于管理为原则，依据底板的走向坡度及水在采空区内流散情况而定，注水管埋入采空区的长度为 10~30 m。灌水水管随工作面推进而逐步埋入采空区内，每隔一段应及时前移。采空区内的灌水管与回风巷供水管间可采用 20~30 m 的高压胶管连接，灌水管前移时可用回风巷小绞车拉动前移。

3. 灌水参数

（1）灌水流量：取决于煤层倾角、煤的透水性及采空区的状况，应通过试验确定。与其他灌水方法相比，该灌水方法的灌水流量较大，可高达 7 m^3/h。

（2）灌水时间：每天灌水 7 个多小时，每段灌水 20 天左右，运输平巷见水后停止灌水。

（3）重复灌水：在一般情况下，一次灌水即可满足煤体湿润的基本要求；如果煤体湿润程度未达到要求，应在停止灌水几天以后再重复灌一次水，并降低灌水流量。

（四）倾斜煤层水窝灌水防尘

此法适用于倾斜厚煤层下行垮落法分层开采。具体做法是在下一分层回风巷道内沿煤层倾斜方向紧挨假顶超前工作面掘出一些水窝，水经水窝流入假顶上部采空区并同时向四周煤体渗透，从而达到湿润煤体和再生顶板的目的。水窝一般深 1 m，宽 2 m，并沿走向每隔 7~10 m 布置一个。水窝供水可由静压水管或巷道水沟缓慢连续供给，水量不宜过大。水窝的布置，如图 7-41 所示。

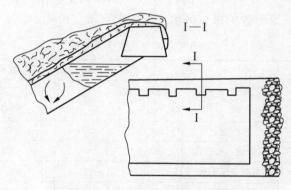

图 7-41 工作面回风巷水窝灌水

二、采空区灌水的适用条件

采空区灌水预湿煤体防尘法适用于厚煤层分层开采的矿井。越是层理、节理发育，孔隙率高，透水性好的煤层，灌水湿润效果就越好。对于煤质坚硬，透水性差并中间夹矸很厚的煤层灌水湿润效果则较差。采空灌水后，水的渗透流动需一个缓慢的湿润过程，一段需 1~2 个月的湿润时间，如果采掘接续紧张，超前回采进行预湿灌水有困难，或者在含硫化矿物的煤层中铺金属网假顶怕腐蚀等，都不宜采用采空区灌水法防尘。

三、灌水防尘应注意的问题

（1）当下分层煤体有不易透水的夹石层时，往往夹层以上的煤体湿润较好，下部煤体干燥甚至毫不渗水；这时应在确定分层层位时考虑这一因素，尽量使夹层置于各分层的底部，避免夹石隔水。

（2）采空区的水主要依靠煤体的裂隙、孔隙导入，在有些煤层中，水很难进入，水即使进入裂隙也较难湿润煤体。在这样的煤层灌水时，应在水中加入适量的湿润剂，以提高湿润效果。

（3）矿井采掘接替紧张时，超前回采工作面 1~2 个月进行采空区灌水往往有困难，这将影响煤体湿润，可在掘进回风巷的同时，提前打钻孔向采空区灌水，也可采用上分层工作面前采后撤的方法加大超前时间。

（4）采空区灌水后，对采空区残留的煤炭可能会增加自燃的危险，这时应当采取防火措施。例如，尽量减少漏风，水中加阻化剂防火，使防尘和防火结合起来。

（5）在灌水过程中，由于管理上的原因，很容易发生漏水跑水，造成局部水患而影响正常生产。这时应在施工时掌握灌水和回采的安全距离，加强灌水流量和水压的控制，建立必要的巡视制度，保证灌水质量。

四、采空区灌水效果

采空区灌水预湿煤体可以取得降尘降温、减少漏顶、再生顶板等综合效果，改善了劳动卫生条件，促进了安全生产。通过实测，降尘率可达 75%～92%，再生顶板厚度可达 0.7～0.9 m，漏顶次数也有明显减少。根据现场实践，工作面效率和产量可提高 50%，漏顶影响的工时数可减少 82.9%，坑木消耗可降低 21% 以上。国内各矿井实测采空区灌水降尘效果（表 7-23），充分说明采空区灌水防尘很有推广价值。

表 7-23　国内部分矿井采空区灌水降尘效果

局矿名	煤种	采空区注水方法	未灌水工作面		灌水工作面		降尘率/%
			浮游煤尘浓度/(mg·m⁻³)	平均	浮游煤尘浓度/(mg·m⁻³)	平均	
石炭井三矿	焦煤	缓斜超前	208～572	390	12～55	30.7	92
石炭井卫东煤矿	焦煤	超前短、长钻孔	153～800	458	18～226	105	77
通化八道江煤矿	无烟煤	急斜分层灌水		123.4		14.3	89
本溪彩屯煤矿	贫煤	采空区埋管	120～100	200	2～59	30.5	87
淮北张庄煤矿	主焦煤	超前短钻孔		355		50	86
石嘴山二矿	气煤	超前短钻孔	646～5262		156～32.8		76～98

第八章 湿 式 除 尘

第一节 喷雾降尘理论

湿式除尘利用水或其他液体，使之与尘粒相接触而分离捕集粉尘，是煤矿井下应用最普遍的一种方法。喷嘴是进行湿式除尘的主要装置，在全面介绍湿式除尘技术工艺之前很有必要对喷雾雾化降尘的基础知识进行讲解。本节首先对喷嘴类型、雾流形状、喷嘴雾化效果主要指标等有关喷嘴的基础知识进行介绍，然后对喷雾降尘机理进行阐述。

一、喷嘴类型及雾流形状

（一）喷嘴类型

喷嘴是重要的除尘装置，其种类较多，不同类型喷嘴的结构、加工难易和雾化性能相差较大。目前，普遍应用煤矿防尘领域的喷嘴主要有以下五种类型。

1. 压力式雾化喷嘴

该类型喷嘴通过小孔将液体喷出，实现压力势能向动能的转换，从而获得相对于周围气体的较高的流动速度，通过气液之间强烈的剪切作用来实现液体的雾化。这种类型喷嘴按照有无螺旋芯分为直射式喷嘴、离心式喷嘴。

如图 8-1a 所示，液体从切向入口进入喷嘴的旋转室中，在旋转室获得旋转运动。根据旋转动量矩守恒定律，旋转速度与旋转涡半径成反比。因此，越靠近轴心，旋转速度越大，其静压力亦越小，结果在喷嘴中央形成一股等于大气压的空气旋流，而液体则形成绕空气心旋转的环形薄膜，液体静压能在喷嘴处转变为向前运动的薄膜的动能，从喷嘴喷出。液膜伸长变薄，最后分裂成小雾滴。

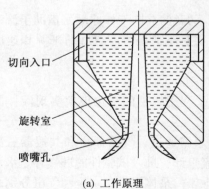

切向入口
旋转室
喷嘴孔

(a) 工作原理

空心锥喷雾　　　实心锥喷雾

(b) 雾化形式

图 8-1　压力式喷嘴示意图

压力式喷嘴通过结构设计和改变操作参数，可以获得两种不同的雾滴分布，如图8-1b所示。一种喷雾呈中空圆锥形，特点是喷雾圆锥体内无雾滴，中间形成空心，雾滴沿锥体表面均匀分布。另一种喷雾是完全圆锥形，特点是在雾化的圆锥体内，全部充满雾滴，而且中心部分液滴分布较多。

2. 旋转式雾化喷嘴

液体通过高速旋转的圆盘、圆杯或具有径向孔的甩液盘将液体甩出，形成液膜，在表面张力的作用下实现液体的雾化。旋杯式喷嘴即属于这种类型，这种喷嘴又叫作机械式喷嘴。

将液体供向高速旋转件中心，液体向旋转件周边或孔中甩出，就是借助离心力和气动力而雾化液体的旋转式雾化喷嘴，其雾化过程如图8-2所示。

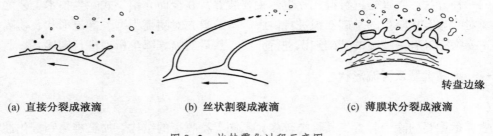

(a) 直接分裂成液滴   (b) 丝状割裂成液滴   (c) 薄膜状分裂成液滴

图8-2　旋转雾化过程示意图

液体流量很小时，当离心力大于液体表面张力，转盘边缘抛出的是少量大液滴。此时直接分裂成液滴，如图8-2a所示。当流量和转速增大，液体被拉成数量较多的丝状射流，液状流极不稳定，离开盘缘一定距离处会分离成小液滴，这就是丝状割裂成液滴，如图8-2b所示。当转速和流量再增大，液丝连成薄膜，随着液膜向外扩展成更薄的液膜，并以高速喷出，与周围空气发生摩擦而分离雾化，由薄膜状分裂成液滴，如图8-2c所示。

由以上过程可以看出，旋转雾化包含了离心雾化和速度雾化的交互作用。旋转式雾化喷嘴需要外力作用，且较为复杂，各方面要求比较高，目前并未在国内外煤矿得到广泛的使用。

3. 气动雾化喷嘴

气动喷嘴包括空气辅助雾化喷嘴和压气雾化喷嘴，两者的共同工作原理是借助于流动气体的动能将液柱或液膜吹散，破碎成液滴，它们的主要差别是所需空气的来源和速度不同。

4. 超声波雾化喷嘴

采用压电陶瓷或簧片哨产生的超声波或机械超声，利用超声的空化现象实现液体的雾化。

传统离心式超声雾化喷嘴结构如图8-3所示，由水路通道、气路通道和共振器三部分组成。从压气机来的压缩空气，经过调节阀和涡轮流量计，进入试验件的进气管。水从储水箱流出，经浮子流量计进入试验件的进水接头，水压由泵体提供。水压和气压分别由各自压力表指示，并分别用阀门进行控制。

压缩空气由进气管进入，经过导流器从喷管和中心杆形成的环形通道排出，气流在喷管出口处达到音速。水从进水接头进入，通过壳体上切向孔进入，从壳体和喷管外表面形成的环形喷口流出。共振器由中心杆、共振腔组成，通过结构参数选择，使其固有频率和激波振动频率耦合，产生一定频率和压力脉动幅值的超声波。由于高速气流和超声波的作用，锥形水膜离开出口后立即被雾化成大小不同的水珠，水珠随气流向下游运动。但是超声波或哨声雾化喷嘴结构较为复杂，各方面要求比较高，目前只在井口空气净化及井下输送带大巷喷雾降尘时有所应用。

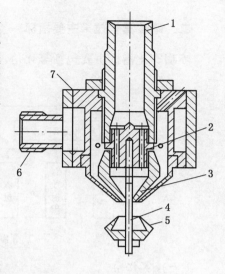

5. 静电雾化喷嘴

静电雾化时，液滴处于电场中，带有电荷，电荷之间的斥力使得液膜表面积扩大，而液体的表面张力又趋向于使表面积缩小，当电荷间斥力大于液体表面张力时，液膜破碎成小液滴。静电雾化喷嘴雾化效果非常好，但喷射流量特别小。

1—进气管；2—导流器；3—喷管；
4—中心杆；5—共振腔；
6—进水接头；7—壳体

图 8-3 离心式超声雾化喷嘴示意图

（二）喷嘴雾流形状

煤矿喷雾防尘用喷嘴按其喷出的雾流形状分为以下四种类型：①雾流呈锥面实心的锥形喷嘴；②雾流呈锥面空心的伞形喷嘴；③雾流呈平面扇形的扇形喷嘴；④射流呈束状的束形喷嘴。各种类型的喷嘴结构如图 8-4 所示。

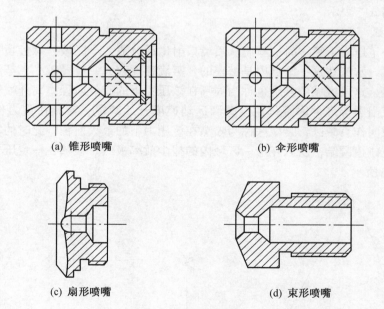

(a) 锥形喷嘴

(b) 伞形喷嘴

(c) 扇形喷嘴

(d) 束形喷嘴

图 8-4 各种类型喷嘴的结构示意图

煤矿喷雾防尘系统各工序所需喷嘴的雾流形状是不同的，在对喷嘴类型及型号进行选择时，应以各工序喷雾方式及喷雾参数为依据。

二、喷嘴雾化效果主要指标

喷嘴雾化指标主要包括雾化角、射程、流量、雾滴粒度及其分布等，如图8-5所示。

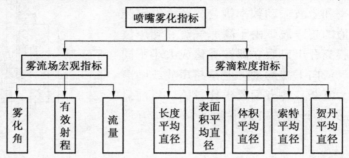

图8-5 喷嘴雾化指标示意图

（一）雾化角

雾化角反映了喷嘴雾化场的空间尺寸大小，可用两种方法来表示：出口雾化角、条件雾化角，如图8-6所示。

（1）出口雾化角是指在喷嘴出口处，作水雾边界的切线，两切线的夹角，用 α 表示。出口雾化角的数值和理论计算值比较接近，比较常用。

（2）条件雾化角是在离喷嘴一定距离处，作一条垂直于水雾中心线的垂线，或以喷嘴出口中心为圆心作圆弧，垂线或圆弧与水雾边界得到2个交点，交点和喷口中心相连的连线的夹角。在距离 $x(\text{mm})$ 处测得的条件雾化角用 α_x 表示，在半径为 $x(\text{mm})$ 处测得的条件雾化角用 α_{R-x} 表示。

（二）射程

喷嘴在一定压力下喷雾时，雾滴从喷嘴口射出后分成2个区域，靠近喷嘴处为圆锥形的有效作用区，水流在这一区域内是密集的，雾滴速度较大，粒径较小，雾滴在这一区域内能有效捕尘，这段区域的长度也称为喷嘴在该压力下的有效射程。离开喷嘴口一段距离后，由于空气阻力等多种因素作用，雾滴运动速度开始减慢，雾滴在重力作用下自由下落，这一区域叫作衰减区，衰减区称为喷嘴在该压力下的最大射程，此时的雾滴已无足够的动能与尘粒碰撞凝结，所以在这一区域内的捕尘效率极低。喷嘴在一定压力下射流喷雾状态如图8-7所示。

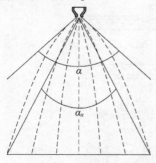

图8-6 雾化角的定义

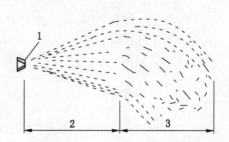

1—喷嘴；2—有效区（有效射程）；3—衰减区（最大射程）

图8-7 喷嘴在一定压力下射流喷雾状态

（三）流量

流量是指喷嘴在某一压力下单位时间输出水量的大小，是反映喷嘴性能的一项重要指标。一般来说，在满足防尘要求的前提下，喷嘴的流量越小越好，因为这样可以减少工作面的积水，降低煤炭的含水量，改善工作面的作业环境。

（四）雾滴直径

液态工质从喷嘴喷射出来后，形成尺寸差别数十倍的雾滴群体。世界各国学者先后研究和提出了多种雾滴尺寸评定方法，其主要有平均直径和特征直径两大类。

1. 平均直径

由于喷雾液滴的尺寸分布函数较为复杂，为方便起见，许多关于喷雾的研究都仅采用液滴的平均直径。喷雾液滴平均直径的概念是由 Mugele 和 Evans 提出的，并给出了一个通式。其定义：设想一个液滴尺寸完全均匀一致的喷雾场以代替实际不均匀的喷雾场，这个假想的均匀喷雾场的液滴直径称为平均直径。喷雾液滴平均直径的表示方法很多，较为常用的平均直径有长度平均直径 D_{10}、表面积平均直径 D_{20}、体积平均直径（又称为质量平均直径）D_{30}、索特平均直径 D_{32} 及贺丹平均直径 D_{43} 等，目前使用较多的是索特平均直径 D_{32} 及贺丹平均直径 D_{43}，其公式分别为式（8-1）和式（8-2）。

索特平均直径：

$$D_{32} = \frac{\int_{D_{min}}^{D_{max}} D^3 \mathrm{d}N}{\int_{D_{min}}^{D_{max}} D^2 \mathrm{d}N} \tag{8-1}$$

式中　N——直径 D 的液滴数目，通常取 $D_{min}=0$。

贺丹平均直径：

$$D_{43} = \frac{\int_{D_{min}}^{D_{max}} D^4 \mathrm{d}N}{\int_{D_{min}}^{D_{max}} D^3 \mathrm{d}N} \tag{8-2}$$

为了表达其他平均直径，Mugele 和 Evans 提出了一个通式：

$$D_{pq} = \frac{\int_{D_{min}}^{D_{max}} D^p \mathrm{d}N}{\int_{D_{min}}^{D_{max}} D^q \mathrm{d}N} \tag{8-3}$$

式中　p、q——根据研究的需要可以为任何值，$(p+q)$ 称为平均直径的阶数。

同一喷雾场中不同的平均直径是有差别的，在各项平均直径指标中，D_{32} 最能真实的反映液态工质雾化效果，目前在实际工程中运用最多。

2. 特征直径

在喷雾液滴尺寸分布更深入的研究中，有时不仅仅列出液滴的平均直径，也不单单给出分布函数，而是在分布曲线中再找出几个特征点进行分析。这些特征直径对于某些情况下液滴尺寸分布的探讨很有价值。在液滴尺寸分布曲线中，特征直径代表某一直径以下的所有液滴的体积占全部液滴总体积的百分比，并将此比值以符号下标的形式标出，以示区别。特征直径的下标数值均小于 1，这是区分特征直径参数符号与平均直径参数符号的标志。显然，特征直径下标与平均直径下标的含义是不同的。常用的液滴特征直径及其含义见表8-1，其中最常用的特征直径是质量中值直径 $D_{0.5}$。

表8-1　特征直径及其含义

符号	名称	含义
$D_{0.1}$	—	小于该直径的所有液滴体积占全部液滴总体积的10%
D_p	峰值直径	对应于液滴尺寸分布曲线的峰值，即占有体积最大的液滴直径
$D_{0.5}$	质量中值直径	小于该直径的所有液滴体积占全部液滴总体积的50%，该直径左右侧体积分布曲线下的面积相等
$D_{0.632}$	Rosin-Rammler 直径	小于该直径的所有液滴体积占全部液滴总体积的63.2%，用于 Rosin-Rammler 分布
$D_{0.9}$	—	小于该直径的所有液滴体积占全部液滴总体积的90%
$D_{0.999}$	最大直径	小于该直径的所有液滴体积占全部液滴总体积的99.9%

应该注意的是，并不是每一个平均直径或特征直径都对评价某个特定的喷雾情况适用；换句话说，对于某个给定的喷雾系统，并不是任何一个平均直径或特征直径都能完全表达其雾化质量的好坏。有时质量中值直径 $D_{0.5}$ 减小，但索特平均直径 D_{32} 却变化不大。对于一个喷雾降尘系统来说，虽然特征直径可以描述一个液滴尺寸的分布情况，但只有索特平均直径才能真正反映雾化的质量，峰值直径 D_p 和 $D_{0.9}$ 等都不能作为评价指标，使用峰值直径和最大直径有时会得出错误的结论。因此，在研究液态工质的喷雾时，简单分析常常采用索特平均直径 D_{32}，深入分析则常常采用液滴尺寸分布函数以及图解方式，有时还辅以特征直径。

3. 雾滴尺寸的发散

"发散"一词用以描述液滴尺寸的范围，表示液滴从最小直径到最大直径的范围，不可与"分布"混淆。液滴尺寸的发散可以用均匀度、相对尺寸范围和发散度等指标来评价。目前，在大多数工程应用中用相对尺寸范围 Δs 来描述雾化液滴尺寸的发散程度，本文也是利用 Δs 描述雾滴的发散程度，Δs 的表达式为式（8-4）。

$$\Delta s = \frac{D_{0.9} - D_{0.1}}{D_{0.5}} \tag{8-4}$$

式（8-4）提供了液滴直径相对于质量中值直径 $D_{0.5}$ 的范围。

（五）雾化粒径分布

喷嘴喷雾形成的雾场是由大小不等的雾滴群颗粒组成，为了描述和评定雾滴群的雾化质量和表示其雾化特性，需要一个液滴尺寸分布表达式来衡量颗粒直径大小或者不同直径颗粒的数量或质量。而现在普遍应用的液滴尺寸分布表达式大多是经验公式，至今还没有从理论上得到能够详细描述液体颗粒分布的表达式。

描述雾滴尺寸分布最为简单的是用直方图，横坐标为雾滴直径，纵坐标是在直径 $\left(d_i - \dfrac{\Delta d_i}{2} \right) < d_i < \left(d_i + \dfrac{\Delta d_i}{2} \right)$ 范围内的雾滴相对数量，或相对质量（体积）。如果 Δd 取值很小，直方图则可变为反映雾滴尺寸分布特性的频谱分布曲线或累计分布曲线。频谱分

布曲线是微分曲线，是在单位尺寸（Δd）的范围内，也是表示雾滴的数量、相对质量、相对体积、相对面积变化曲线；这曲线具有一个最大值，曲线下面的面积为 1。显然，最大与最小雾滴直径越接近，颗粒越均匀。而累计分布则是频谱曲线的积分图是表示小于给定尺寸雾滴的相对数量、相对面积、相对质量、相对容积。图形表示法中纵坐标可以根据需要选定取用哪种相对量，上述几种表示法的典型曲线如图 8-8 所示。

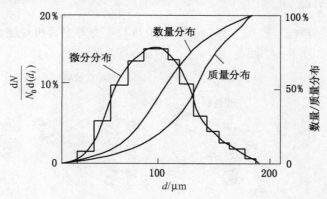

图 8-8 液滴尺寸分布曲线

目前，常见的表示液雾尺寸分布的数学表达式都是根据经验得到的，下面给出三种常用的分布。

Rosin-Rammler 分布是目前应用最广的一种液雾尺寸分布数学表达式，其函数形式：

$$R = 1 - \exp\left[-\left(\frac{d_i}{\bar{d}}\right)^n\right] \tag{8-5}$$

式中　R——液滴的积分分布，表示尺寸小于 d_i 的液滴占液雾总质量的百分数；

　　　$\bar{d}$——特征尺寸，其值与平均直径有关；

　　　n——均匀度分布指数，其值越大，表示液滴最大尺寸与最小尺寸间差值越小，表明液雾的尺寸分布越均匀。

对大多数工程应用中的喷嘴，其液雾尺寸分布都近似符合这个规律。

Nukiyama-Tanasawa 分布常用微分形式表示：

$$\frac{\mathrm{d}R}{\mathrm{d}d_i} = Ad_i^5\exp(-Bd_i) \tag{8-6}$$

式中　A、B——常系数，可通过试验确定。

对数正态分布常用微分形式表示：

$$\frac{\mathrm{d}R}{\mathrm{d}y} = \frac{\sigma}{\sqrt{\pi}}\exp(\sigma^2 y^2) \tag{8-7}$$

式中　$y = \ln(d_i/d_m)$，$d_m = SMD$；

　　　σ——常数，由试验确定。

（六）其他指标

（1）雾滴速度即为雾滴在距喷嘴一定距离位置处的速度，是反映雾化质量的一个重要指标。

（2）雾滴数密度是单位采样体积内含有雾滴的数目。已知雾滴尺寸分布则可计算出液相浓度。

（3）液雾体积流量是指单位时间内通过采样体最大探测截面的液体体积。

（4）液雾体积通量是指单位时间内通过采样体单位探测截面积的液体体积。

三、水雾捕尘机理

喷雾降尘是惯性碰撞、拦截、静电、布朗扩散和重力等多种机理综合作用的结果，雾滴捕集粉尘的机理如图 8-9 所示。

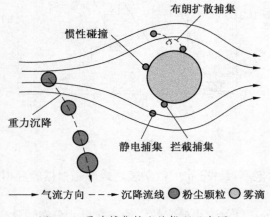

图 8-9 雾滴捕集粉尘的机理示意图

（一）惯性碰撞捕集

较大的尘粒在运动过程中遇到液滴时，其自身的惯性作用使得它们不能沿气体流线绕过液滴，仍保持其原来方向运动而碰撞到液滴，从而被液滴捕集。惯性碰撞捕集效率取决于气体速度、尘粒的运动轨迹和液滴对尘粒的附着能力。

孤立液滴的捕集效率是斯托克斯数 K_P 和雷诺数 Re 的函数，对于势流和 $K_P > 0.2$ 的流动，Wong 和 Johnstone 提出捕集效率可用式（8-8）计算。

$$\eta_P = \left(\frac{K_P}{K_P + 0.7} \right)^2$$

$$K_P = \frac{Cd_P^2 \rho_P v_0}{9\mu D} \tag{8-8}$$

式中　η_P——孤立液滴惯性碰撞捕集效率；

　　　K_P——无因次惯性参数，斯托克斯数；

　　　C——Cunningham 修正系数；

　　　d_P——尘粒直径，m；

　　　v_0——尘粒与液滴的相对速度，m/s；

　　　D——液滴定性尺寸，m，对于球形液滴为其直径；

　　　μ——气体动力黏度，Pa·s，标准状态下空气动力黏度为 1.8×10^{-5} Pa·s。

（二）拦截捕集

当风流携带尘粒向水雾运动并在离雾粒不远时就要开始绕流运动。风流中质量较大、颗粒较粗的尘粒因惯性的作用会脱离流线而保持向雾滴方向运动。如不考虑尘粒的质量，则尘粒将和风流同步。因尘粒有体积，尘粒质心所在流线与水雾粒的距离小于尘粒半径（$d_p/2$）时，尘粒便会与雾滴接触从而被拦截下来，使尘粒附着于水雾上，这就是拦截捕集作用。分析拦截作用机理时假定尘粒只有一定尺寸而无质量，表征拦截作用的是无量纲截留参数 K_R，可用式（8-9）计算。

$$K_R = \frac{d_p}{D} \tag{8-9}$$

尘粒很小时，拦截捕集效率增高，势流中球形液滴捕集效率可用式（8-10）计算。

$$\eta_R = (1 + K_R)^2 - \frac{1}{1 + K_R} \tag{8-10}$$

黏性流球形液滴捕集效率可用式（8-11）计算。

$$\eta_R = (1 + K_R)^2 - \frac{3}{2}(1 + K_R) + \frac{1}{2(1 + K_R)} \tag{8-11}$$

（三）静电捕集

由于外加电场或感应等作用，可能使水雾荷电，或尘粒荷电，或两者荷极性相反的电荷，这些都将增加尘粒与捕尘体碰撞的可能性，这种捕尘机理称为静电捕集。

粉尘不荷电时，由于水雾带电使粉尘颗粒上产生感应符号相反的镜像电荷，由此在两者之间产生吸引力。静电捕尘效率可用式（8-12）计算。

$$\eta_E = \left[\frac{15\pi}{8} \left(\frac{\varepsilon_p - 1}{\varepsilon_p + 2} \right) \frac{2Cd_p^2 Q_w^2}{3\pi\mu d_c v_0 \varepsilon_0} \right]^{0.4} \tag{8-12}$$

式中　ε_p——粉尘介电常数，C/（V·m）；

　　　ε_0——空气介电常数，C/（V·m）；

　　　Q_w——单位面积水雾粒上的电荷量，C/m^2；

　　　C——Cunningham 修正系数。

（四）布朗扩散捕集

微细尘粒随气流运动时，由于布朗扩散作用而沉积在液滴上。布朗扩散作用随流速的降低、粉尘直径的减小而增强。对于小于 1 μm 的尘粒，这些颗粒在随气流运动时就不再沿气体流线绕流捕集，此时就需要考虑布朗扩散作用。由于布朗扩散作用所起的捕集时间非常短暂，所以布朗扩散作用捕尘发生在流线附近且紧贴于粉尘颗粒附近处，其捕集效率取决于捕集体的皮克莱数 P_e 和雷诺数 R_e。

皮克莱数是捕集过程中扩散沉降相对重要性的量度，P_e 可用式（8-13）计算。

$$P_e = \frac{v_0 d_c}{D} \tag{8-13}$$

Crawford 导出布朗扩散捕集效率可用式（8-14）计算。

$$\eta_D = 4.18 R_e^{\frac{1}{6}} P_e^{-\frac{2}{3}} \tag{8-14}$$

（五）重力捕集

含尘气流在运动时，粒径和密度大的尘粒可能因重力作用自然沉降下来被液滴捕集。重力作用取决于尘粒的大小、密度和气体流速。只有尘粒较大、密度大、空气流速小时，重力作用才比较明显，其捕集效率通常用无因次沉降参数 K_G 表示。

无因次沉降参数 K_G 可用式（8-15）计算。

$$\eta_G = K_G = \frac{Cd_p^2 g}{18\mu_g \mu_0} \qquad (8-15)$$

式中　μ_g——气流速度，m/s；

　　　μ_0——气体运动黏度，m²/s。

（六）涡流凝结

由于高压喷雾造成的涡旋气流，粉尘运动的波动速度和幅度增加，与液滴的碰撞次数也增加，形成涡流凝结，这种作用也大大提高了喷雾降尘的捕尘效率。

（七）总捕尘效率

在实际除尘过程中，经常是几种机理的联合作用，这时的捕集效率要高于某一种单独机理的捕集效率。然而，总捕集效率并不简单地等于各种机理捕集效率的叠加，因为一种粒径的尘粒可以因不同机理而被捕集，但只能计算一次。在以上所叙述的六种降尘机理中，由于重力捕集和涡流凝结所起的降尘作用较小，在进行单颗水雾对粉尘的捕集效率时，往往忽略不计。假如前面所述的各种机理是相互独立的，则各种机理的单颗水雾的总捕集效率 η_i 可以用式（8-16）计算。

$$\eta_i = 1 - (1 - \eta_P)(1 - \eta_R)(1 - \eta_D)(1 - \eta_E) \qquad (8-16)$$

水雾是由大量不同直径的单颗粒水雾粒所组成的集合体，其降尘效率是单颗水雾粒捕集效率叠加的结果。水雾降尘效率可用式（8-17）计算。

$$\eta = \left[1 - \prod_{i=2}^{n} (1 - \eta_i) \right] \times 100\% \qquad (8-17)$$

式中　η_i——单颗水雾粒捕尘效率，%；

　　　n——水雾粒数量；

　　　η——水雾捕尘效率，%。

从上述分析可以看出，水雾粒径是影响捕尘效率的重要因素。水雾粒径越小，捕尘效率越高。但是实际喷雾降尘时，当雾粒径太小时，雾粒的蒸发与破裂过程进行过快，使小液滴数目增多，造成效率降低。例如，在相对湿度为90%的条件下，10 μm 的水滴的蒸发时间约为 4 s，50 μm 的水滴的蒸发时间约为 20 s，水滴越小，蒸发时间就越短。因此，过小的水滴即便能捕捉到粉尘，在其沉降过程中也会由于水滴本身的蒸发而丧失降尘作用。考虑液滴的存活时间及降尘效率，建议喷雾降尘时，喷雾雾化粒径最好在 15～150 μm之间。

第二节　掘进工作面湿式除尘

目前，煤矿井下掘进工作面主要包括炮掘和综掘两大类，针对掘进工作面不同粉尘来源，应分别采取针对性的防尘措施。

一、炮掘工作面湿式除尘

炮掘面湿式除尘技术主要包括湿式打眼、爆破作业防尘、多工序多区域自动喷雾系统。

（一）湿式打眼防尘技术

爆破钻孔作业施工时的粉尘污染主要是由于压气排渣和掘进工作面处的风流将打钻过程中产生的岩尘颗粒吹起并扩散到巷道中而产生。湿式打眼是一种比较简单有效的防尘措施，其工作原理是将具有一定压力的水送到炮眼眼底，将其打眼产生的粉尘用水湿润后控制在炮眼眼底，变成粉浆流出眼口，防止粉尘飞扬，达到防尘目的。炮掘工作面必须采用湿式打眼，按照向风钻给水的方式，分为中心式和旁侧式。

1. 中心式湿式打眼

如图 8-10 所示，在风钻中心安一根水针，水针前端插入钎杆尾部中心孔内，后端与风钻机柄进水接头相连。打眼时，水由胶皮水管供给，沿水针进入钎杆，由钻头出水孔到达眼底。

2. 旁侧式湿式打眼

如图 8-11 所示，将水由胶皮水管接入水套，水送入水套中胶皮圈外缘的两道水槽沟内，经 8 个直径为 4 mm 的水孔进入胶圈内圆形盛水环，再由钎杆的钎尾侧面斜孔进入钎杆空心，经钻头达眼底。

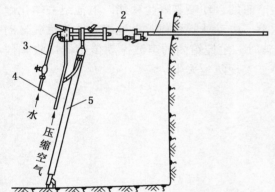

1—钎杆；2—风钻；
3—胶皮水管；4—胶皮风管；5—钻架

图 8-10　中心式湿式打眼工艺示意图

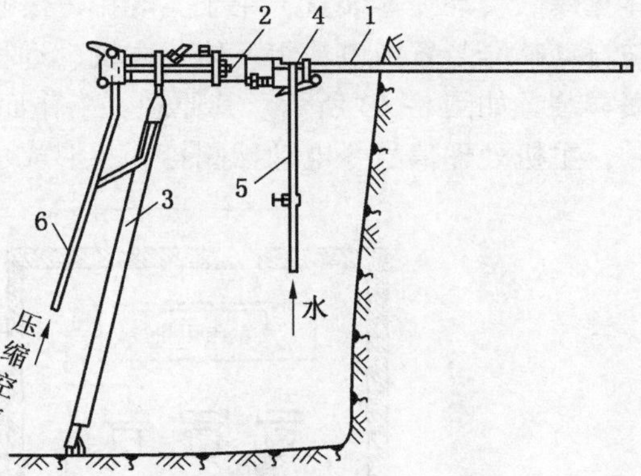

1—钎杆；2—风钻；3—钻架；
4—水套；5—胶皮水管；6—胶皮风管

图 8-11　旁侧式湿式打眼工艺示意图

目前，多采用改进钻眼技术来降低粉尘浓度。

（1）在岩石打眼时，采用高风压和小直径钻头。风压高一次钻进深度就大，对打一定深度的孔来说，钎头冲击和回转次数减少，因而钻凿单位长度炮眼的时间短，产生粉尘量就少，小直径钻头与钻眼壁接触凿磨的面积也小，因此钻凿单位长度炮眼产生的粉产量相对减少。

（2）改变钻头结构，用 V 形钎头或塔形钎头可降低微细粉尘的产尘量。

（3）先开水后开风，先停风后停水。

（4）采用新型侧式注水器。该注水器采用了压缩式、微型化设计，且采用滚动轴承进行减磨，从而使性能更加优良。解决了侧式供水器磨损严重，容易老化和漏水问题，同时将侧式供水器与钻机结合部改为紧密结合，使钻机的扭力完全传递到钻杆上，供水器性

图 8-12　新型湿式钻孔侧式注水器

能及寿命大幅度提高。新型湿式钻孔侧式注水器如图 8-12 所示。

（二）爆破作业防尘技术

在工作面爆破后，粉尘迅速充满整个抛掷带，抛掷带与巷道其他区间产生浓度差，在浓度梯度下，粉尘做自由扩散运动，短时间产生大量的粉尘并伴有炮烟，瞬时矿尘浓度非常高。炮掘工作面爆破后瞬时粉尘浓度可达 $500 \sim 2000 \ mg/m^3$，分散度较高，且爆破产生的粉尘会随爆破气浪的膨胀运动迅速向外扩散弥漫，污染影响范围可达几百米，而且大量微细粉尘能够长期悬浮于巷道空气中，直接危害工人的健康。

1. 爆破前的防尘技术

在工作面装药完成后，爆破前应对距工作面 30 m 范围内巷道周边用水冲刷，以免爆破时将已沉降的粉尘再次扬起。

2. 爆破自动喷雾降尘系统

针对目前炮掘工作面爆破时降尘措施效果欠佳、自动化程度低等问题，采用电池组一体化爆破自动喷雾装置，用于实现掘进爆破生产时的自动喷雾降尘功能。电池组一体化爆破自动喷雾装置由电池组一体化主机、远程水幕、电动球阀构成。电池组一体化爆破自动喷雾装置如图 8-13 所示。其原理：工作面爆破时，主控箱内的声波振动传感器接收到信号，主机处理信号令电动球阀打开，形成水幕，实现防尘灭尘。

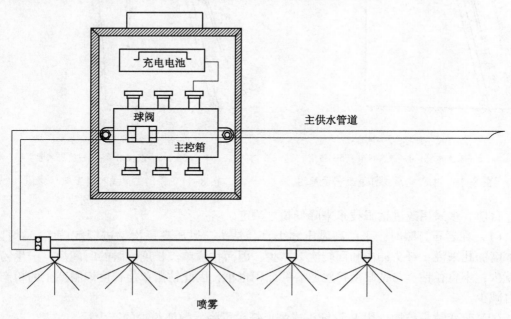

图 8-13　电池组一体化爆破自动喷雾装置示意图

（三）炮掘工作面多工序多区域自动喷雾系统

主要包括转载点自动喷雾装置、耙斗装载机联动自动喷雾装置和自动喷雾网式捕尘装置三部分。

1. 转载点自动喷雾装置

输送带运输物料转载时会产生大量粉尘,粉尘的存在不但危及煤矿安全生产,还会影响作业人员的身体健康。输送机转载点自动喷雾降尘装置能有效地针对带式输送机转载点的粉尘,实现防尘灭尘作用。

转载点自动喷雾装置由主机、电动球阀、带式输送机工作状态红外探测传感器组成,如图8-14所示。其原理:带式输送机运输物料时,传感器接收到物料运动信号,主机处理信号令电动球阀打开,形成水幕,实现防尘灭尘。

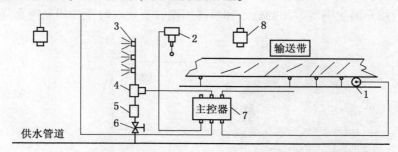

1—物料传感器;2—水幕关闭开关;3—水幕;4—电动阀;5—水质过滤器;
6—水阀门;7—主控器;8—热释电人体感应器

图8-14 带式输送机转载点自动降尘装置安装图

2. 耙斗装载机联动自动喷雾装置

耙斗装载机在进行巷道矸石装运时会产生大量粉尘,影响了作业人员的身体健康。耙斗装载机联通闭锁自动喷雾降尘装置能够有效地降低耙斗装载机装载过程中的粉尘浓度。该装置由主机、电动球阀、闭锁开关等组成,如图8-15所示。其原理:将主机电源与耙斗装载机电源串联,当耙斗装载机工作时,必将启用电源,此时主机接到电源信号并处理信号令电动球阀打开,形成水幕,实现防尘灭尘。耙斗装载机停止工作,闭锁开关断开,信号消失,电动球阀自动关闭,喷雾停止。

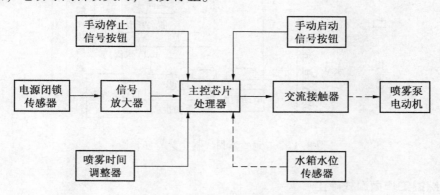

图8-15 耙斗装载机联动自动喷雾装置安装图

3. 自动喷雾网式捕尘装置

自动喷雾网式捕尘装置能够有效地改善煤矿作业环境、防止粉尘危害、保障作业人员身体健康,该装置可用于岩巷炮掘回风巷道中,用以实现对回风流的净化除尘作用,该装置由主机、电动球阀、状态传感器组成，如图 8-16、图 8-17 所示。该装置主机通过传感器反馈信号，控制电动球阀，利用供水管路的压力将降尘用水完全雾化，水雾覆盖面大，配合全断面网式捕尘装置可覆盖整个巷道，形成水膜，捕集空气中游离的粉尘，起到显著的降尘效果。主机内部设有两套定时控制器：一套为人体感应停喷定时器，实现人来时停止喷雾、人去时恢复喷雾的功能；另一套为微电脑时间控制器，实现分时段、按周期自动喷雾的功能。人体感应停喷定时器原理：当有人通过时，传感器接收信号，主机处理信号，令电动球阀关闭喷雾停止，人离去时喷雾恢复。微电脑时间控制器原理：根据巷道内粉尘的含量由用户确定喷雾时间的长短和喷雾周期，实现分时段按周期喷雾降尘。

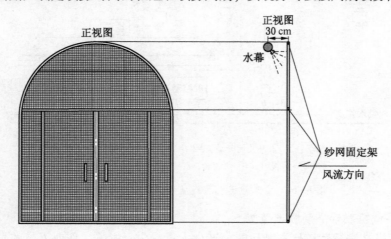

图 8-16 喷雾网式捕尘装置示意图

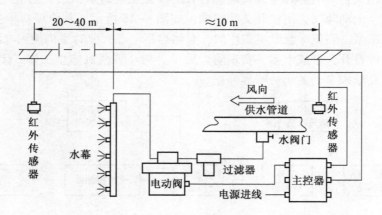

图 8-17 自动喷雾网式捕尘装置安装图

二、综掘工作面湿式除尘

综掘工作面湿式除尘主要指综掘机内、外喷雾及机载液压除尘风机。

（一）综掘机内喷雾

综掘机内喷雾是指在截割头每个截齿的齿座上或两截齿间安设喷嘴，在截割头切割煤体时，由安设在截割头上的喷嘴喷射的高压水雾将截割产尘第一时间内进行消除。但由于内喷雾喷嘴易于堵塞，所以目前绝大多数的综掘机都没有内喷雾功能。

（二）综掘机外喷雾

综掘机外喷雾是指在综掘机机身前端侧面或摇臂处安设一定数量的喷嘴，而且喷嘴喷射的雾流能覆盖截割头，这样可在防止截割产尘向外扩散的同时将粉尘捕集。

1. 喷嘴

作为综掘机外喷雾用喷嘴的一般要求：可通过颗粒粒径 ≥ 2 mm；3 MPa 水压时，雾化角 ≥ 85°，索特平均粒径 ≤ 75 μm，单位时间耗水量 ≤ 8 L/min。

2. 喷嘴布置方式

要想及时、有效地捕获综掘机截割头的产尘，就必须设计出一套外喷雾降尘装置，使喷嘴所成雾流能将截割煤时产生的粉尘完全覆盖，从最大程度上发挥外喷雾降尘系统的作用。综掘机外喷雾喷嘴布置如图 8-18 所示。

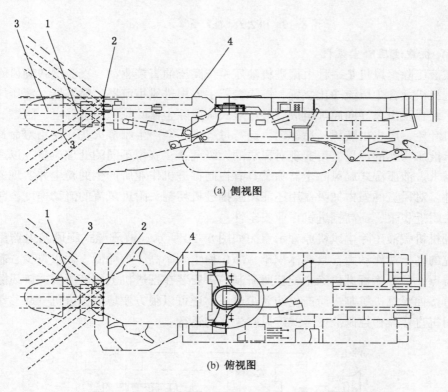

(a) 侧视图

(b) 俯视图

1—悬臂；2—喷嘴水环；3—截割头；4—旋转台

图 8-18　综掘机外喷雾喷嘴布置示意图

沿综掘机前部的悬臂周围均匀布置 10 个喷嘴，两喷嘴与水环中心连线的夹角为 30°，保证在截割头割煤时使喷嘴形成的喷雾场能有效包围截割头产尘源，做到第一时间降尘，提高了降尘效率。

为了提高雾化效果，增加单位体积的雾滴密度，可采用机载喷雾加压装置。如 BP25/8J 型综掘机机载喷雾泵额定输出压力为 8 MPa，额定输出流量为 50 L/min。BP25/8J 机载喷雾泵如图 8-19 所示。

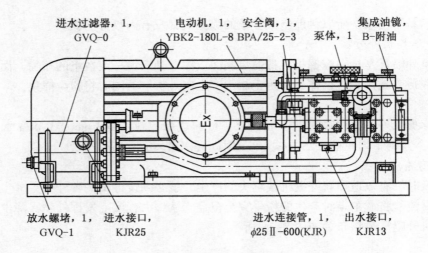

进水过滤器，1，
GVQ-0

电动机，1，　安全阀，1，
YBK2-180L-8 BPA/25-2-3

泵体，1

集成油镜，
B-附油

放水螺堵，1，
GVQ-1

进水接口，
KJR25

进水连接管，1，
φ25Ⅱ-600(KJR)

出水接口，
KJR13

图 8-19　BP25/8J 机载喷雾泵示意图

（三）机载液压除尘风机

机载液压除尘风机是一种由掘进机液压系统高压油直接驱动、直流湿式旋风除尘器组成的掘进机机载含尘风流净化装置，该除尘器主要由进风集流器、喷雾器、液压风机、除尘、脱水装置及出风导向筒等组成。液压湿式旋风除尘器叶轮采用抗静电、阻燃、高强度塑料风机叶轮，风机由液压马达驱动，运行过程中不会产生摩擦火花，使用寿命长，通过调节供给液压马达的油量，可实现对风机的无级调速，获得不同的处理风量，以适应不同的作业需求。液压湿式旋风除尘器除了具有控制掘进机作业所产生的粉尘并实现就地净化的功能外，对风流的强力抽吸作用还能增强掘进机切割头附近风流的流动速度，防止瓦斯在切割头附近积聚，提高掘进机作业安全性。

综掘机机载液压除尘风机原理示意图如图 8-20 所示。液压湿式旋风除尘器用掘进机液压系统的高压油作动力，具有体积小、净化粉尘效率高、功耗低、耗水量少、基本无需维护等特点，是专为掘进机除尘配套所研制的。安装在掘进机上的液压湿式旋风除尘器其吸风口直接抽吸掘进机割煤所产生的含尘风流，还可以很方便地随掘进机一起移动，并由掘进机司机直接操作控制液压湿式旋风除尘器的运行。

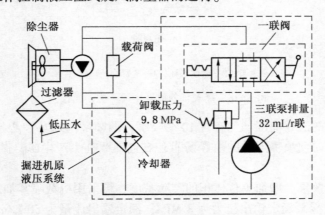

图 8-20　综掘机机载液压除尘风机原理示意图

第三节　采煤工作面湿式除尘

一、炮采工作面湿式除尘

炮采工作面湿式除尘技术主要包括水炮泥、水封爆破落煤、多功能全自动爆破喷雾系统三类。

（一）水炮泥

水炮泥必须用无毒、不燃的聚乙烯塑料薄膜热压成型，必须注水方便、迅速，封口严密、不漏水。水炮泥的充水容量应为 200~250 mL。自封式水炮泥如图 8-21 所示。

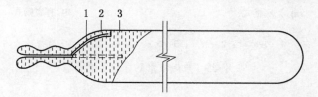

1—逆止阀注水后位置；2—逆止阀注水前位置；3—水

图 8-21　自封式水炮泥示意图

使用水炮泥前，应向袋内盛满高出作业地点气压 2~50 kPa 的压力水。在炮眼中的装填位置如图 8-22 所示。充填长度一般为装药长度的一半，眼外部用黏土炮泥填塞捣实，使水炮泥处于 100 kPa 正压状态。

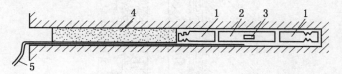

1—水炮泥；2—炸药；3—雷管；4—黏土炮泥；5—引爆导线

图 8-22　水炮泥装填示意图

（二）水封爆破落煤

水封爆破落煤是在炮眼底部装入炸药后，用木塞、黄泥（或用封孔器）封严孔口，然后向孔内注水，再进行爆破。

1. 短炮眼水封爆破

短炮眼水封爆破有两种情况：一是无底槽炮采工作面采用的；另一种为有底槽炮采工作面采用的。短炮眼水封爆破如图 8-23 所示。

短眼无底槽的钻孔长度为 1.2~2.3 m，裂隙不发育煤层孔距取 0.9~1.8 m，裂隙发育煤层孔距取 3.0~3.6 m。向钻孔内注水可分 2 次进行，也可只注一次；若 2 次注水，则第一次注水在装填炸药前进行，第二次在装药后进行。水压为 2.0~4.0 MPa，流量为 13.6~22.7 L/min，每孔注水 60~120 L 左右，钻孔引爆时，应使水在孔内呈承压状态下进行。

短炮眼有底槽水封爆破，其技术条件与无底槽时相同，只是增加底槽后，能够提高爆破效率。

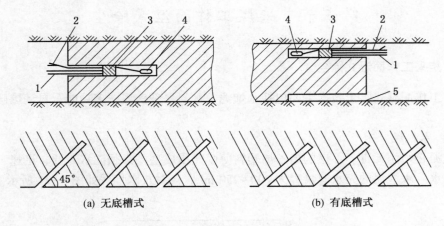

(a) 无底槽式   (b) 有底槽式

1—注水管；2—胶线；3—封孔器；4—药包；5—底槽

图 8-23 短炮眼水封爆破示意图

2. 长炮眼水封爆破

长炮眼水封爆破先在炮眼装药，再将炮眼两端用炮泥、木塞堵严，然后通过注水管注水，最终爆破。长炮眼水封爆破如图 8-24 所示。

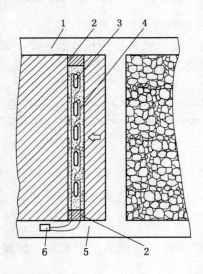

1—回风巷；2—炮眼和木塞；3—炸药；4—水；5—运输巷；6—起爆器

图 8-24 长炮眼水封爆破示意图

（三）薄煤层炮采工作面多功能全自动爆破喷雾系统

爆破采煤过程中，产生大量的粉尘和有毒有害气体，为此可采用薄煤层炮采工作面多功能全自动爆破喷雾系统提高喷雾降尘的自动化水平及降尘效率。

1. 系统概述

利用采煤工作面只有一个爆破工进行爆破作业，全工作面爆破过程中各分段（人为控制）存在时间差的特点，采用分区段的方式实现爆破喷雾，在减少工作面喷雾用水、不恶化工作面作业环境的情况下，最大限度地提高喷雾降尘效果，减少粉尘飞扬。

满足上述条件的薄煤层炮采工作面爆破声控自动喷雾系统为一组合装置，包括可控供水管路加压装置、公共供水管路、截止阀门、主机、出水管路（按次序连接到采煤工作面高压远程喷头）、冲击波传感器等组成。薄煤层炮采工作面爆破声控自动喷雾系统使用 PLC 进行顺序控制，采用 PLC+LCD 集中监控，顺序控制逻辑设计符合工艺系统的控制要求；并且还实现了各设备间的逻辑连锁顺序控制、工艺需要的遥控控制和手动控制、设备运行工况参数的在线实时采集与显示以及工作面爆破前后自动洒水冲刷煤壁和爆破自动喷雾功能。

2. 系统组成

薄煤层炮采对拉工作面多功能全自动喷雾系统主机结构如图 8-25 所示。主机装置前、后视图分别如图 8-26、图 8-27 所示。

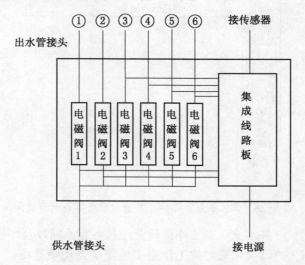

图 8-25 炮采工作面多功能全自动喷雾系统主机结构示意图

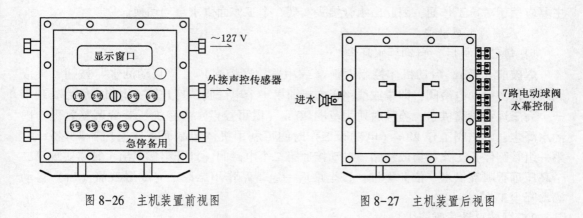

图 8-26 主机装置前视图　　　　图 8-27 主机装置后视图

以长约 120 m 炮采工作面为例，高压远程喷雾喷嘴射程为 20 m，且通过提高供水压力射程还有可能增加，则整个工作面需安设 6 个高压远程喷雾喷嘴，以保证能够覆盖整个工作面，每个高压远程喷嘴控制喷雾距离为 20 m，控制爆破次数为 5 次。

薄煤层炮采工作面声控自动喷雾系统通过对过程量及现场的各种数据进行实时连续测量采集，经 PLC+LCD 综合处理后，一方面将数据传送给所控设备，实现设备的自动启停、闭锁和故障报警；另一方面将数据输送至液晶显示屏，对喷雾系统设备的运行工况及汉字提示、声光报警等进行形象化实时对位显示。薄煤层炮采工作面声控自动喷雾系统布置图如图 8-28 所示。

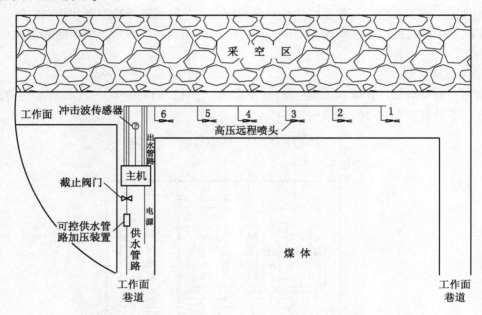

图 8-28　薄煤层炮采工作面声控自动喷雾系统布置图

由于采煤工作面长度并不统一，工作面设置个数各有不同以及煤层注水、湿式打眼等其他防尘措施的实施，薄煤层炮采对拉工作面多功能全自动喷雾可适当增加两路出水管，以提高装置的适用性。为了减少利用空间，出水管路设计成一管多芯高压管路。而该系统主要应用于对拉工作面，因此出水管接头实现 2 个工作面供水自动切换。

3. 系统的主要功能

1）爆破前（后）自动洒水降尘

爆破前（后），启动机体控制面板（或用遥控器控制）上"自动洒水"按钮，集成线路板依次启动电磁阀，即集成线路板先接通第一个电磁阀，打开第一组出水管路实现第一个高压远程喷嘴供水，喷嘴对射程范围 20 m（由可控供水管路加压装置调整射程）内洒水降尘，电磁阀工作 20 s（电磁阀工作时间可利用机体控制面板或遥控器调整）后，第一组管路停止工作；集成线路板自动接通第二个电磁阀，打开第二组出水管路实现第二个高压远程喷嘴供水。依此类推，直至最后一组管路作用结束，完成爆破前（后）自动洒水降尘工作。

2）爆破自动喷雾降尘

爆破时，首先通过控制面板调节每个高压远程喷嘴所控制的爆破喷雾次数（如每个高压远程喷雾喷嘴控制距离为 20 m，每次爆破距离为 4 m，则控制爆破次数为 5 次，定义 5 次爆破为一组，可利用机体控制面板或遥控器调整），然后启动机体控制面板（或用遥控器控制）上"爆破喷雾"按钮，工作面爆破喷雾开始。

第 1 次爆破，爆破冲击波作用于相应传感器，传感器接收到信号并反馈到集成线路板，集成线路板接收信号后接通第一个电磁阀，打开第一组出水管路实现第一个高压远程喷嘴供水，喷嘴对射程范围 20 m（由可控供水管路加压装置调整射程）内喷雾降尘，电磁阀工作 20 s（电磁阀工作时间可调）后停止工作；第 2 次爆破，爆破冲击波作用于冲击波传感器，传感器接收到信号并反馈到集成线路板，集成线路板接收信号后仍接通第一个电磁阀，打开第一组出水管路实现第一个高压远程喷嘴供水，喷嘴对射程范围 20 m（由可控供水管路加压装置调整射程）内喷雾降尘，电磁阀工作 20 s（电磁阀工作时间可调）后停止工作。依此类推，直至完成第一组的 5 次爆破自动喷雾。

第 6 次爆破，爆破冲击波作用于冲击波传感器，传感器接收到信号并反馈到集成线路板，集成线路板接收信号后接通第二个电磁阀，打开第二组出水管路实现第二个高压远程喷嘴供水，喷嘴对射程范围 20 m 内喷雾降尘。依此类推，直至完成第二组的 5 次爆破自动喷雾。

整个工作面爆破结束，自动关闭声控自动喷雾系统，完成整个工作面爆破自动喷雾工作。

二、综采面湿式除尘

（一）采空区灌水防尘

当采用下行陷落法分层开采厚煤层时，可以采取在上分层的采空区内灌水，对下一分层的煤体进行湿润。开采近距离煤层群时，在层间没有不透水岩层或夹矸的情况下也可以在上部煤层的采空区内灌水，对下部煤层进行湿润。

1. 缓倾斜厚煤层超前钻孔采空区灌水

1）钻孔

在倾斜分层的下一分层工作面的回风巷道中，距超前工作面适当距离，采用湿式煤电钻及麻花钻杆以及湿式钻头向上分层采空区打水平钻孔，如图 8-29 所示。钻孔直径一般取 50~73 mm，钻孔间距 5~7 m，钻孔长度随煤层倾角及钻孔方向而不同，一般为 3~5 m，以钻透人工假顶为止。

2）封孔

用注水管在孔内灌水，一般不封孔，如遇返水，可用水泥封孔 0.2~0.5 m。

3）灌水

一般都采用静压双孔或多孔同时灌水的方法进行。每孔注水流量一般控制在 300~

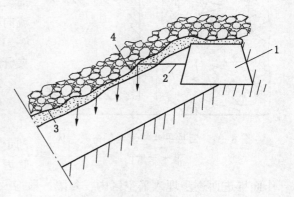

1—下分层回风巷道；2—钻孔；
3—金属网假顶；4—上分层浮煤

图 8-29　缓倾斜分层超前钻孔采空区
灌水示意图

700 L/h。从钻孔开始灌水到运输巷道见到淋水的时间，一般是 3~10 天，见水后停止灌水。待淋水停止后，再进行第二次灌水，必要时进行第三次灌水，直到采前煤体充分湿润为止。

灌水超前于回采的时间控制在 1~2 个月较为合适。

2. 急倾斜煤层水平分层开采采空区灌水

1）灌水方法

在水平分层上分层的回采过程中，在准备班用水管向采空放顶线外侧灌水，水沿煤层裂隙渗透到下分层的煤体内，如图8-30所示。

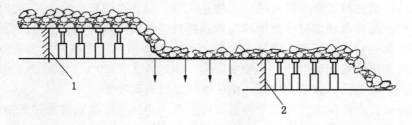

1—上分层工作面；2—下分层工作面

图8-30　急倾斜分层开采采空区灌水示意图

2）灌水参数

灌水以下分层工作面得到充分湿润为准，流量过大会造成跑水，影响生产；流量过小下分层得不到充分湿润。通常，经灌水后，水渗入到下一分层煤体的深度应为 $0.7 \sim 1.2$ m。一般单位面积灌水量可控制在 $0.3 \sim 0.5$ m³/m²，灌水流量一般取 $0.5 \sim 2.0$ m³/h，每次灌水时间为 $1 \sim 2$ h，或更长一些。

3. 回风平巷铺设水管向采空区灌水

1）水管的铺设

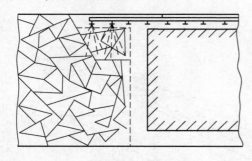

图8-31　回风平巷铺设水管向采空区灌水示意图

在倾斜分层的上分层采煤工作面的回风巷内铺设灌水管，每段水管上安设扁口形出水口，水流向采空区，使下一分层的煤体得到湿润，如图8-31所示。此方法在开采近距离煤层群，层间夹矸厚度小于 0.3 m，且透水性较好时也适用。

2）出水管口的位置

射向采空区的出水口与工作面的距离，以不让水流到工作面而又便于管理为原则，依据底板的走向坡度及水在采空区内流散情况而定，注水管埋入采空区的长度为 $10 \sim 30$ m。灌水水管随工作面推进而逐步埋入采空区内，每隔一段应及时前移。采空区内的灌水管与回风巷供水管间可采用 $20 \sim 30$ m 长的高压胶管连接，灌水管前移时可用回风巷小绞车拉动前移。

3）灌水参数

（1）灌水流量：取决于煤层倾角、煤的透水性及采空区的状况，应通过试验确定。与其他灌水方法相比，该灌水方法的灌水流量较大，可高达 7 m³/h。

（2）灌水时间：每天灌水 7 个多小时，每段灌水 20 天左右，运输平巷见水后停止灌水。

（3）重复灌水：在一般情况下，一次灌水即可满足煤体湿润的基本要求；如果煤体湿润程度未达到要求，应在停止灌水几天以后再重复灌一次水，并降低灌水流量。

（二）采煤机内喷雾

采煤机采用内喷雾的优点是雾化水直射截齿切割点，能把煤尘尽量消灭在产生和初起阶段，其降尘率约比外喷雾高 30%。另外，内喷雾还可降低截齿温度，预防摩擦火花，延长截齿的使用寿命。

1. 内喷雾喷嘴位置

采煤机内喷雾喷嘴的合理位置主要以取得较高的雾化质量和较大的扩散面为前提，同时还应具有防砸和自动清理外堵的能力。喷雾射流的目标：截齿破煤范围、割落并移动的煤、已悬浮起来的粉尘。

为实现上述目标，内喷雾的喷嘴在采煤机滚筒上的布置方式如图 8-32 所示。图中 6 种安装位置，虽然都能获得较好的扩散和雾化效果，但因第六种布置方式喷嘴突出于叶片，易于损坏；第二、三种布置方式喷嘴安装于叶片侧面的导管上和叶片间的轮毂上，虽碰损可能性小，但易堵塞。从井下实际使用效果看，以第五种布置方式（喷嘴安在截齿上）效果最好。试验表明，当喷嘴直接安在截齿上时可捕集各种粒度粉尘的 90%、使呼吸性粉尘降低 88%，当喷嘴离开截齿 5 cm 时，捕集全尘和呼吸性粉尘的效果分别下降到 85% 和 31%。

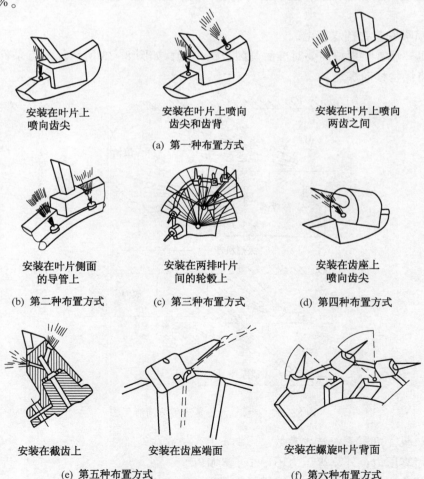

安装在叶片上
喷向齿尖

安装在叶片上喷向
齿尖和齿背

安装在叶片上喷向
两齿之间

(a) 第一种布置方式

安装在叶片侧面
的导管上

安装在两排叶片
间的轮毂上

安装在齿座上
喷向齿尖

(b) 第二种布置方式　　　(c) 第三种布置方式　　　(d) 第四种布置方式

安装在截齿上　　　　安装在齿座端面　　　　安装在螺旋叶片背面

(e) 第五种布置方式　　　　　　(f) 第六种布置方式

图 8-32　内喷雾喷嘴在采煤机滚筒上布置方式

图 8-32a 所示为喷嘴装在螺旋叶片上，1 齿 1 嘴或 2~3 齿 1 嘴，对着齿尖喷射；或一个喷嘴对着齿尖喷射，另一个喷嘴对着齿背喷射；或径向喷射。图 8-32b 所示为喷嘴装在叶片侧面的导管上，在两齿中间径向喷射，或略偏一个角度。图 8-32c 所示为喷嘴装在滚筒两排叶片间的轮毂上喷射。图 8-32d 所示为喷嘴装在齿座上，对着齿尖喷射。图 8-32e 所示为在截齿上钻孔，向齿尖前后喷射，或将喷嘴安设在齿座端面上。图 8-32f 所示为喷嘴安装在螺旋叶片的背面。

2. 射流形状

内喷雾喷嘴滚筒采煤机上安装的标准喷嘴按其喷出射流形状分为锥形、伞形、扇形和束形喷嘴，锥形和伞形喷嘴的射流水雾呈锥面空心体，扇形和束形喷嘴射流分别呈平面扇形或束状体。目前，我国煤矿采煤机内喷雾所成雾流以伞形或束形为主。

（三）采煤机外喷雾

1. 外喷雾喷嘴的布置方式及喷雾方向

（1）喷嘴安装在截割部固定箱上，位于煤壁一侧、靠采空区一侧的端面上及箱体顶部。

（2）喷嘴安装在摇臂上，位于摇臂的顶面上，靠煤壁的侧面上及靠采空区一侧的端面上。

（3）喷嘴安装在挡煤板上。

采煤机外喷雾喷射方向要对准截割区及扬尘点，如图 8-33 所示。如有条件，还应兼顾有利于将煤尘移向煤壁。

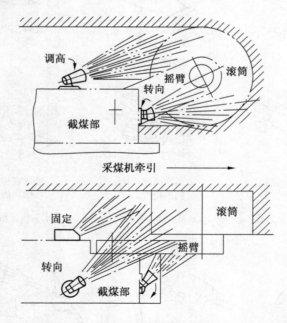

图 8-33　采煤机外喷雾喷射方向布置图

2. 采煤机外喷雾系统技术参数

（1）喷雾压力：外喷雾压力不得小于 8 MPa。

（2）喷雾流量：每只滚筒外喷雾耗水量取 35~50 L/min 较为合适。

（3）喷嘴材质：可采用陶瓷或金属喷嘴。

（4）喷嘴直径：2.0 mm 左右。

（5）喷嘴类型：采用扇形、伞形、锥形高压喷嘴。

（6）单个喷嘴喷雾流量：12.0 L/min 左右。

（7）喷头数量：应不少于 6 个。

（8）喷嘴间距：300 mm 左右。

（9）雾流扩散角：不小于 100°。

（四）喷雾加压泵及清水箱

为保证采煤机内、外喷雾和工作面支架喷雾获得足够高的水压从而达到最佳的雾化降尘效果，就必须在工作面轨道巷的电站机组中设置喷雾加压泵和清水箱。

1. 喷雾加压泵基本要求

（1）公称压力≥16 MPa。

（2）公称流量≥315 L/min。

（3）蓄能器充气压力≥11.5 MPa。

2. 清水箱基本要求

（1）公称压力≥16 MPa。

（2）公称流量≥360 L/min。

（3）公称容积≥3000 L。

（4）过滤精度为 105 μm。

工作面的高压胶管应有安全防护措施。高压胶管的耐压强度应大于喷雾泵站额定压力的 1.5 倍。泵站应设置 2 台喷雾泵，一台使用，一台备用。

（五）采煤机负压二次降尘器

1. 结构技术特征

采煤机负压二次降尘器主要由高压水泵、供水自动控制水箱、负压二次除尘装置及高压管路等组成。高压水泵额定压力为 10 MPa，额定流量为 4.5 m^3/h；供水自动控制水箱有效容积 200 L；负压二次除尘装置气雾流粉尘拦截屏障张开角度为 55°~82°，可处理含尘风量 80~100 m^3/min；并配有可换耐磨型喷嘴，其条件雾化角为 60°。

2. 工作原理

采煤机负压二次降尘器系统，利用设置在工作面巷道电站后部的由高压水泵、供水自动控制水箱组成的高压泵站，将静压水（低压）转化为高压水并通过沿巷道至工作面敷设的高压管路输送到布置在采煤机两端头上的负压二次除尘装置；负压二次除尘装置将供给的高压水，转化成控制采煤机滚筒割煤产尘源向外扩散的气雾流屏障和局部含尘风流净化除尘系统。高压气雾流屏障阻止和减少粉尘向外扩散并且进行净化；而局部含尘风流净化除尘系统是指采煤机两端头的除尘装置喷出高压水的同时产生负压将煤尘吸到装置附近就地净化，从而实现了对采煤机滚筒割煤产尘的负压二次降尘的目的。

3. 设备安装与使用

（1）供水系统由高压水泵、自动供水控制水箱组成的采煤机负压二次降尘器如图 8-34 所示。

（2）负压二次除尘装置与采煤机的连接。负压二次除尘装置直接安装在采煤机的两端头，用 M24 螺栓固定在采煤机两端头的连接板上，如图 8-35 所示。

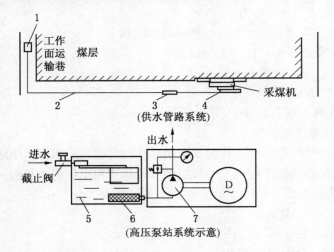

（供水管路系统）

（高压泵站系统示意）

1—高压泵站；2—高压供水管；3—变节头；4—高压供水管；
5—自动供水控制水箱；6—水箱内置过滤器；7—高压水泵

图 8-34　采煤机负压降尘器高压供水系统示意图

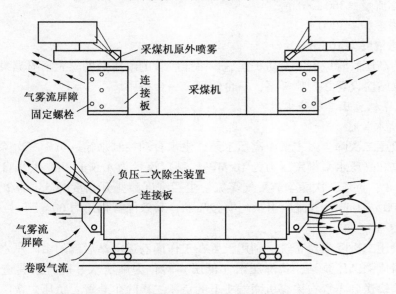

图 8-35　负压二次除尘装置在采煤机上的安装示意图

（六）采煤随机自动连锁喷雾

综采（放）工作面整个喷雾系统采用无线射频网络控制和液动控制技术，实现随机联动自动喷雾、移架自动喷雾、放煤自动喷雾和前后部刮板输送机、带式输送机、转载机、破碎机等输煤设备有煤运行时的自动喷雾，从而实现综采（放）工作面全过程、全断面的喷雾降尘。

采煤随机自动连锁喷雾系统应由无线射频网络、电动阀、液动喷雾阀、高效荷电组合喷头等设备（施）组成，整套系统如图 8-36 所示。

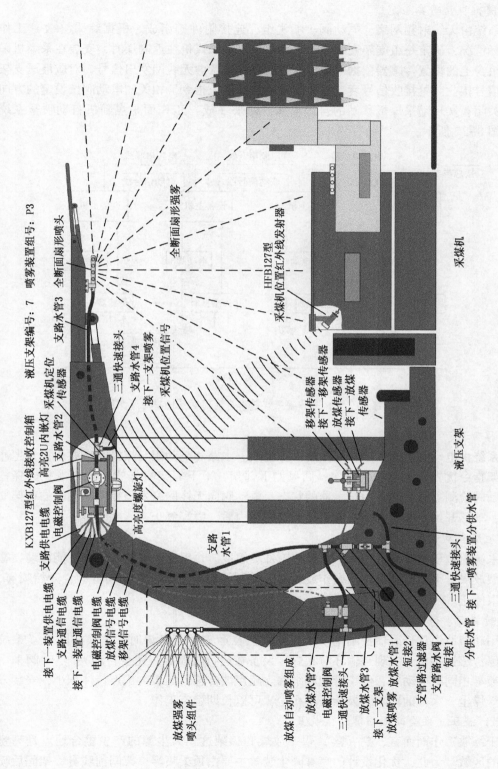

图8-36 采煤机自动连锁喷雾系统

1. 随机自动喷雾系统

本系统由无线射频网络、电动阀、喷头组、连接附件等组成。根据综采（放）工作面的实际情况，确定每组支架安装电动阀的数量。在采煤机往返割煤时，安装在采煤机采空区侧机身上的位置传感器依据采煤机行进的位置持续向无线网发出信号，对应液压支架的喷雾信号接收装置接收信号后，发出喷雾动作和停止指令，相关的电动阀按设定的方向打开和关闭，实现随采煤机移动的自动喷雾。综采（放）工作面采煤随机自动喷雾系统布局如图 8-37 所示。

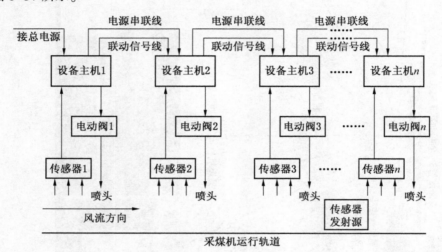

图 8-37　综采（放）工作面采煤随机自动喷雾系统布局示意图

2. 移架自动喷雾系统

本系统由电动阀、喷头组、连接附件等组成。水路和电动阀与煤机喷雾共用，发生冲突时移架指令优先；采用本架操作、回风侧下邻架、下下邻架喷雾的方式。当支柱降柱时，电动阀检测立柱下腔压力传感器的状态，电动阀向无线网络发出相关电动阀的移架喷雾指令，喷雾开始；移架结束，支架达到设定压力后，喷雾停止。

3. 放煤自动喷雾系统

本系统由液动喷雾阀、喷头组、连接附件等组成。每组支架安装一组高性能液动喷雾阀，本架放煤、下邻支架喷雾。操作放煤阀，控制液打开下邻架液动喷雾阀，开始喷雾，放煤结束停止。

4. 转载点、破碎机自动喷雾系统

利用超声波煤量传感器控制电动阀，使其只在运输环节有煤时，才喷雾降尘（系统预留开停传感器接口，实现运输环节有煤，设备在运行时喷雾，完全自动）；电动阀采用与支架喷雾相同的电动阀，便于管理和维修。超声波传感器的最大优点：体积小，安装方便，不受煤尘、水雾的影响，换能面不积尘，可以长期稳定工作。

（七）液压支架全断面喷雾降尘装置

对于综放工作面而言，割（落）煤、放煤和移架这三大尘源的产尘重合地点是高粉尘浓度的区域。为此，优化设计的喷雾降尘装置主要由顶梁喷雾、架间前喷雾、架间后喷雾和放煤口喷雾组成。顶梁喷雾点安设 3 个，放煤和架间前、后喷雾点各安设 1 个喷嘴。

液压综放支架喷雾降尘装置喷嘴布置方式如图 8-38 所示。为使雾流形成沿工作面的全断面喷雾，将除 2 号喷嘴之外的其他 4 个喷嘴与水平面的夹角设定为 45°，2 号喷嘴垂直于煤层底板（煤流）方向喷雾。

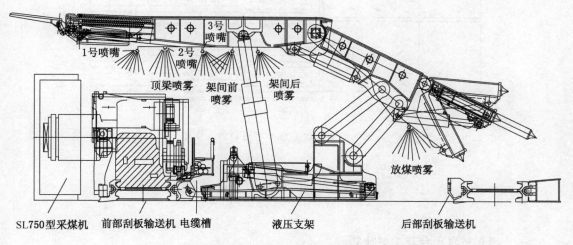

图 8-38 综放工作面改进后的液压支架喷雾系统示意图

顶梁喷雾除了将采煤机割（落）煤时的产尘压向煤壁，防止其向前部刮板输送机后部扩散外，还能捕获割（落）煤、移架产尘重合区域的粉尘；架间前喷雾主要是进一步捕获割（落）煤、移架产尘重合区域的粉尘；架间后喷雾主要是捕获移架和放煤产尘重合区域的粉尘；放煤喷雾则将放顶煤时的大部分产尘控制在后部刮板输送机附近。

从图 8-38 可以看出，顶梁喷雾与煤壁之间、架间前喷雾与支架立柱之间、架间后喷雾与前后连杆之间、放煤喷雾与后部刮板输送机之间均存在捕尘雾流，即沿整个工作面断面形成了一道隔断煤尘传播且能有效降尘的喷雾水幕。这样可大大降低工作面各种工序平行作业时所产生的粉尘总量，达到改善工作环境、确保安全生产的目的。

（八）液压支架架间喷雾负压二次降尘装置

液压支架架间喷雾是控制移架产尘的主要措施和控制采煤机产尘的重要措施，但是现有的综放工作面液压支架喷雾除尘中，支架人行道处一直是盲区，在此区域无任何除尘手段，致使粉尘浓度居高不下，但是该区域的现场作业人员最为密集，严重影响了井下工人的身心健康和煤矿的安全高效开采。为此，在不对支架做任何改动，不影响现场生产的情况下，采用液压支架架间喷雾负压二次降尘装置，能有效降低工作面采煤及移架时的粉尘浓度。

喷雾负压二次降尘装置沉降移架产生瞬间高浓度粉尘团粉尘原理如图 8-39 所示。移架工工作时，安装在该液压支架顶梁处的液压支架架间喷雾负压二次降尘装置开启，喷雾场处移架产生的瞬间高浓度粉尘团粉尘进入喷雾降尘装置产生的喷雾场，直接被雾滴碰撞、凝结、沉降；喷雾负压二次降尘装置的矩形吸风口迎着工作面进风吸尘，将上风侧喷雾场后部移架产生的瞬间高浓度粉尘团粉尘吸入沉降。同时，移架工所在液压支架下风侧相邻的液压支架架间喷雾负压二次降尘装置开启，让其开始喷雾、吸尘，将支架下风侧的移架产生的瞬间高浓度粉尘团粉尘沉降。

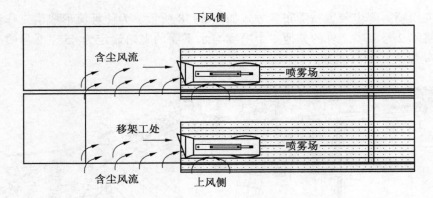

图 8-39　喷雾负压二次降尘装置沉降移架产生瞬间高浓度粉尘团粉尘原理示意图

第四节　湿　式　喷　浆

一、喷浆技术现状及工艺比较

(一) 喷浆技术现状

喷浆是借助喷射机械, 利用压缩空气或其他动力, 将按一定比例配合的拌合料通过管道输送并以高速喷射到受喷面上凝结硬化而成的一种混凝土技术。喷浆技术不是依赖振动来捣实混凝土, 而是在高速喷射时, 由水泥与骨料的反复连续撞击而使混凝土压密, 同时又可采用较小的水灰比, 因而它具有较高的力学强度和良好的耐久性。特别是与混凝土、砖石、钢材有很高的黏结强度, 可以在结合面上传递拉应力和剪应力。喷浆技术还可在拌合料中加入各种外加剂和外掺料, 大大改善喷浆的性能。喷射法施工可将混凝土的运输、浇注和捣固结合为一道工序, 不要或只要单面模板; 可通过输料软管在高空、深坑或狭小的工作区间向任意方位施作薄壁的或复杂造型的结构, 工序简单、机动灵活, 具有广泛的适应性。

(二) 干式喷浆与湿式喷浆技术比较

根据喷浆技术拌合料的搅拌和运输方式, 喷射方式一般有干式和湿式两种。工艺流程如图 8-40 和图 8-41 所示。

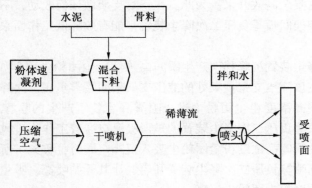

图 8-40　干式混凝土喷射机工作过程示意图

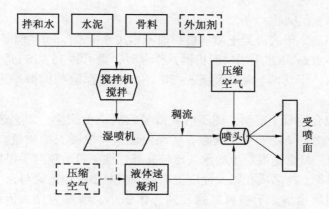

图 8-41 湿式混凝土喷射机工作过程示意图

干式喷浆是用喷射机压送干拌合料，由于仅仅在喷嘴处加水，水与骨料和水泥短暂混合，因此喷浆过程会产生大量粉尘，严重危害施工人员的身体健康，并降低了作业区的能见度，不利于施工质量的控制与提高。喷浆粉尘主要来源于干拌合料的搅拌与上料、喷射机密封不良、水与干拌合料拌合不匀、喷射机工作风压过高等。湿式喷浆是用喷射机压送湿拌合料（加入拌和水），在喷嘴处加入速凝剂。湿式喷射时，水与其他材料拌合较均匀，产生的粉尘和回弹少。

湿法喷浆与干法喷浆的主要区别在于足量（按水灰比要求应加的量）拌和水的加入时机不同。湿式喷浆是在其进入输料管前混合料中已加了足量的拌和水并且充分搅拌，具有很好的和易性，输料管中输送的是全湿混凝土，在喷枪处加入可计量的液体速凝剂由压缩空气喷出，这种工作方式自然也就不存在干喷的上述问题。湿式混凝土喷射工艺如图 8-42 所示。

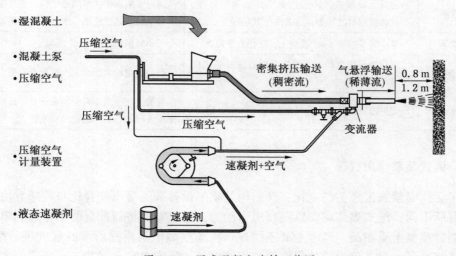

图 8-42 湿式混凝土喷射工艺图

湿喷机是在干喷机无法解决粉尘、回弹、水化等问题的情况下出现的新机种。湿式喷浆技术的主要优点有以下五方面。

（1）作业地点粉尘浓度大大降低。湿喷技术应用后作业地点呼吸性粉尘和全尘可降至 0.4 mg/m³ 和 1.5 mg/m³。

（2）生产效率高。干式混凝土喷射机一般不超过 5 m³/h。而使用湿式混凝土喷射机，人工作业时可达 7~9 m³/h；采用喷射机器人作业时，则可达 15~18 m³/h。

（3）回弹率低。干（潮）喷回弹率达 30%~50%，而湿喷回弹率为 15% 左右，所以湿喷的综合成本低。

（4）混凝土配合比易于控制。施工时，湿喷的混凝土按生产工艺成品后运至湿喷机进行喷射，其配合比完全处于受控状态，从而保证了喷混凝土的质量。干（潮）喷的混凝土质量不易控制，特别是混凝土的水灰比带有随意性，是由喷射手根据经验及肉眼观察来进行调节的，混凝土的品质在很大程度上取决于喷射手操作正确与否。

（5）设备材料磨损小。干喷机结构简单、体积小、清洗方便，但结合板的磨损大；湿喷机的构造较复杂、体积大，需要较大动力设备的牵引，但结合板和管道的磨损小。

湿喷法克服了干喷法粉尘浓度大、回弹损失多等缺点，而且混凝土拌合料可掺足设计用水，充分拌和，有利水泥充分水化，因而混凝土强度较高；同时水灰比能较准确控制，粉尘浓度、回弹量均较低，生产环境状况较好。干式喷射与湿式喷射性能对比见表 8-2。

表 8-2 湿式喷射与干式喷射性能对比

对比项目	湿 喷 工 艺	干 喷 工 艺
工艺	水预先和混凝土搅拌在一起，水量得到精确控制，混凝土得到充分搅拌	水灰比无法精确控制，干料与水无法充分混合
喷射效果	手工喷射时，回弹率可控制在 10% 左右，机械手喷射时回弹量更小	回弹量大，一般在 40% 以上
混凝土质量	混凝土均匀性好，密实度高，强度很容易达到 30 MPa 以上	混凝土易出现蜂窝状结构，均匀性差，强度一般在 15 MPa 左右
支护性能	混凝土凝固快，快速达到较高的早期强度，有效抵抗围岩的变形，永久支护效果好	混凝土凝固慢，早期强度低且来得慢，不能有效抵抗围岩的变形，永久支护效果差
工作效率	每小时可喷射 6 m³ 混凝土，工作效率提高	每小时最多喷射 4 m³ 混凝土
环保和健康	工作中不产生粉尘，给工人创造良好的工作环境	产生大量粉尘，给工人健康带来极大伤害
长远效益	支护强度提高将大大减少二次支护的投入	混凝土在一两年后会出现开裂、掉落，巷道变形等问题，必须进行二次支护

二、湿式喷浆作用机理

由于湿式喷浆施工工艺的变化，其采用的施工设备和混凝土配合比与普通方法施工的混凝土有所不同，湿式喷浆需要以湿喷机为动力，通过管道将新拌混凝土输送到喷嘴，添加速凝剂后喷射至受喷面。两者主要不同在于普通混凝土是根据所需的强度进行配置的，而湿式喷浆除了满足工程设计的强度等使用要求外，还需要满足湿喷工艺所需的良好的工作性，即新拌的混凝土要具有良好的流动性（可通过输送管）、黏聚性（不离析）及保水性（不泌水），因此湿式喷浆在原材料、配合比和施工方面有其特殊性。

（一）湿式喷浆的流变学原理

湿式喷浆的物理性能集中表现在其工作性中，新拌的混凝土集料处于分散状态，埋藏于水泥浆中，因此可以看作是由液体和分散粒子组成的体系，具有弹性、黏性、塑性等特性。根据流变学的原理，新拌混凝土拌合物的性能可以用宾汉姆体模型来研究，式（8-18）是其流变方程。

$$\tau = \tau_f + \eta \frac{d\gamma}{dt} \tag{8-18}$$

式中 τ、γ——模型的剪切强度和剪切变形。

极限剪切强度 τ_f 及塑性黏度 η 是决定混凝土拌合物流变特性的基本参数。

在混凝土拌合物中，取出一小块，考虑其受力的平衡，混凝土拌合物内部受力分析如图 8-43 所示。如果混凝土拌合物沿着 ab 面滑动时，则有式（8-19）平衡关系。

$$\tau_f = F + k = p\tan\alpha + k \tag{8-19}$$

式中 τ_f——剪切极限；

p——重力 G 沿着 ab 面的垂直分力；

$\tan\alpha$——摩擦系数；

F——摩擦阻力；

k——黏着力。

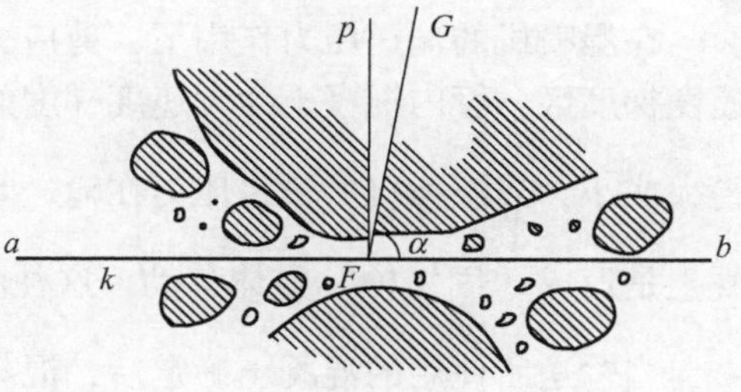

塑性黏度 η 对混凝土拌合物成型的影响很

图 8-43 混凝土拌合物内部受力分析

大，因为在振动作用下，$\tau_f \to 0$，$\tau = \eta \frac{d\gamma}{dt}$；当 τ 为定值时，如果塑性黏度 η 大，则 $\frac{d\gamma}{dt}$ 小，亦即平均速度较小，密实成型所需的时间长，生产效率低。塑性黏度 η 是混凝土拌合物在运动过程中产生的一种内摩擦阻力，单位速度梯度 $\frac{d\gamma}{dt} = 1$ 时的内摩擦阻力 $\tau = \eta$，其大小主要取决于相对运动时阻碍相对运动质点的状况。

当作用外力使混凝土拌合物产生的剪切力 $\tau > \tau_f$ 时，混凝土拌合物产生流动。没有水泥浆时 $k = 0$，为散体，$\tau_f = p\tan\alpha$。当水泥浆很多时，$\tan\alpha$ 明显下降，亦即内摩擦阻力下降，趋于 0，这时 $\tau_f = k$，与流态混凝土类似。在振动力作用下，内摩擦阻力 $\tan\alpha$ 下降，黏度 k 降低，这时 $\tau_f \to 0$；当 τ 为定值时，混凝土拌合物开始流动，变成重质液体。

（二）湿式喷浆料的流动性

混凝土在输送管内输送压力使混凝土栓体与管壁接触面上的剪应力大于单位接触面积上的黏着力时混凝土开始流动，开始流动的混凝土栓体与管壁的摩擦力，与混凝土栓体的流动速度成正比例增长。输送管内混凝土微柱体瞬间受力平衡如图 8-44 所示。

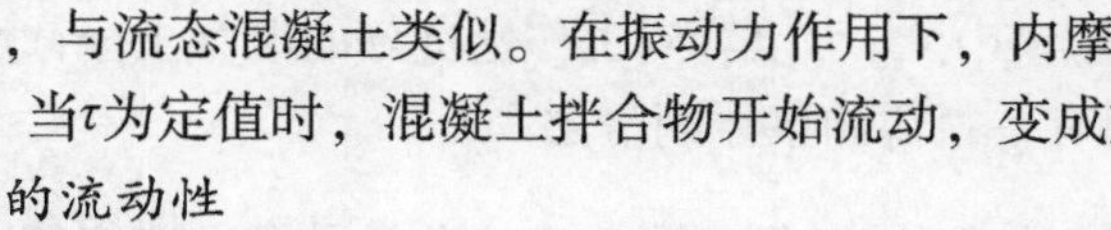

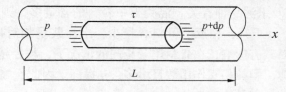

图 8-44 管道内混凝土微柱体瞬间受力平衡

如果压力梯度一定，流动的范围则取决于屈服值 τ_f。对于牛顿液体 $\tau_f = 0$，整个输送管内产生流动，如图 8-45a 所示，管内流速的分布为一抛物线；如果是具有屈服值的物质，如图 8-45b 所示，输送管中心部分就不产生流动而形成栓体，管内流速分布为一平头抛物线。这个栓体部分称之为固体栓，屈服值越大，固体栓也越大。如果屈服值超过一定值时，就会产生整个输送管的断面形成固体栓，如图 8-45c 所示。

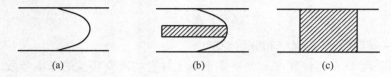

(a)　　　　　　　(b)　　　　　　　(c)

图 8-45　管道内速度梯度与固体栓

在湿喷机的输送压力作用下，剪应力比混凝土的屈服值 τ_f 小的部分，形成了一个无速度梯度区，管内混凝土为无速度梯度的固体栓，如图 8-46 所示。所以无论输送管的管径大或小，当湿喷机的输送压力在输送管内的压力差满足条件 $\dfrac{p}{L} > \dfrac{2\,\tau_f}{r}$ 时，输送管内的混凝土是形成"固体栓"整体移动，这种流动状态被称为"栓状流动"。

当输送所使用的混凝土确定后，混凝土的屈服值就是一个定值，$\tau_{\max} = \dfrac{r}{2}\dfrac{p}{L}$。

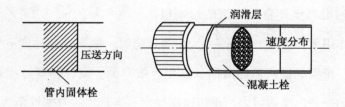

润滑层

速度分布

压送方向

管内固体栓

混凝土栓

图 8-46　喷浆固体栓示意图

管内混凝土流动时，当管壁的剪应力低于混凝土自身流动的屈服值。说明湿喷机压送混凝土时，管内混凝土必然形成"固体栓"，全截面沿着管壁滑动，混凝土不沿管壁滑动就不能流动。实际工程施工中，可以看到工作性良好的混凝土全截面沿着管壁滑动时，在"固体栓"与管壁之间有一很薄的浆体润滑层。

压力梯度 $\dfrac{\mathrm{d}p}{\mathrm{d}x}$ 由配合比、配管直径、湿喷机的种类及压送速度等决定；混凝土的湿喷性能及输送效率都与 τ_f 和 η 有关，尤其是后者的影响更大，其与施工使用的材料及配比密切相关。例如，水泥浆本身的黏度 η_c，当水泥浆本身流动时，水泥质点间有内摩擦作用，而黏度 η_c 则与水灰比及水泥品种有关。混凝土中骨料的含量多，则有较多的固体质点发生相互作用，阻力大，η 上升；相反，骨料含量少，水泥浆量相对提高，η 下降。此外，骨料的粒径和粒形也对其有影响，在骨料用量相同的情况下，粒径越小，表面积越大，隔开颗粒的水泥浆层越薄，颗粒相互作用数目增多，η 提高。因此，施工的材料和配合比对湿式喷浆料的流动性的影响是决定性的。

当混凝土流动到喷头处时，通过加入高速气流在喷嘴处喷出，混凝土以压气为载体并受压气动力支配，因此混凝土喷浆扩散呈现出空气射流特点。依据流体力学的研究内容，在起始段内空气射流的轴线速度保持不变，基本段在起始段后则是沿程衰减趋势。因为空气射流不停地"卷吸"周围空气，所以使射流断面沿程不断地扩大，最后变成扩散射流，如图 8-47 所示。

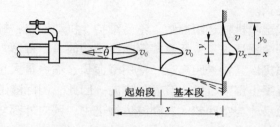

图 8-47 喷混凝土扩散射流示意图

三、湿式喷浆装备

（一）湿喷机

湿式喷浆喷射机（简称湿喷机）的明显优点是允许混凝土在进入喷射机前或在喷射机中加人足够的拌和水（或扣除液体速凝剂所占的水量），拌和均匀，水灰比能准确控制，有利于水和水泥的水化，因而粉尘较小、回弹较少、混凝土匀质性好、强度也较高。

目前，湿喷工艺在世界范围内和各种行业内以其独有的优势占据了主导地位，而且是一种发展趋势。根据湿式混凝土喷射机的工作原理，可分为气动型及泵送型两大类。

1. 气送式湿式混凝土喷机

气送式湿喷机是利用压缩空气将物料在软管中以"稀薄流"的形式输送至喷嘴直接喷出。比较典型的气送式湿喷机有日本德斯古马恩型、英国 COMPERNASS-208 型和德国 BSM-903 型湿喷机。

此外，国外有采用转子结构的气送式湿喷机，采用液压驱动装置，负荷变量泵通过液压马达带动转子转动，湿拌和料遂以悬浮状态被压至出料管，从喷嘴高速喷出。该类机型的缺点是设备投资较大、维护工作量大，故机动性较差，不适用于煤矿巷道。

2. 泵送型湿式混凝土喷机

泵送型湿喷机是以混凝土泵作为基本体输送混凝土，在输送管出口处安装喷嘴，并在此接入压缩空气，将混凝土喷射出去，主要类型有活塞泵式、螺杆泵式、挤压泵式等。

（1）螺杆泵式湿喷机：这种喷射机是以螺杆与定子套相互啮合时接触空间容积的变化来输送物料的。该类机型输送压力大、距离长、性能稳定、工作可靠，主要缺点为生产效率低、定子套及螺杆磨损严重。这种类型的有德国 UELMAT 公司的 SB-3 型湿喷机，我国有关单位也曾进行过研制。

（2）软管挤压泵式湿喷机：该类机型由泵送软管、搅拌斗、泵体及输料管等组成，利用中部的行星传动机构带动 2 个滚轮转动，连续挤压泵送软管内的湿料进入输料管压送出去，日本极东 PC08-60M 型及美国 Challenge 型湿喷机即属此类湿喷机。据报道，挤压泵（PC08-60M 型）湿喷机是国外应用较广的一种湿喷机。从近年来国内的引进情况来看，已很少使用，其主要问题是挤压管寿命短，导致工作可靠性欠佳，优点是结构简单、加工容易、成本低。

（3）柱塞泵式湿喷机：该类机型将柱塞式混凝土泵作为湿喷机的基本体，在输送管出口安装有混凝土喷嘴，并在此通以压缩空气，将混凝土喷射至受喷面，这类湿喷机比较笨重，但物料输送距离长。

综上所述，气送式湿喷机输送距离短、不易维护、机动性差；螺杆泵式湿喷机生产效率低、螺杆及定子套的磨损严重；挤压泵式湿喷机结构简单、寿命短、输送距离近；其中往复柱塞式混凝土湿喷机以其输送距离远、使用寿命长、输送量大且可调等其他机型不具备的显著优点，成为混凝土湿喷机的主流发展方向。因此，国际隧道协会要求采用泵送柱塞式湿喷机，由于隧道尺寸与空间较大，在隧道掘进中，国内外都较普遍地应用大型的柱塞泵式混凝土湿喷机进行喷浆支护，并取得了良好的效果。但国外柱塞式湿喷机价格昂贵、体积大、操作维修不便、维护费高、没有防爆性能，增加了运营成本，甚至影响施工进度和安全。

国内外湿喷机的主要类型及其技术性能见表8-3。

表8-3　各国湿式混凝土喷射机类型及参数

型号	日本极东 PC08-60M	美国 EIMCOF-2	英国 COMPERNASS-208	日本 德斯古马恩	德国 BSM-903	德国 BASF
类型	挤压泵式	挤压泵式	气送式	气送式	气送式	柱塞泵式
生产能力/ ($m^3 \cdot h^{-1}$)	8/20	4	6	6	4	6
骨料最大 粒径/mm	15/25	20	25	20	16	—
输料管 内径/mm	50/152	50	50	50	50	50/65/80
压缩空气质量/ ($m^3 \cdot min^{-1}$)	6	14	12	8-10	12	11.5
输送距离 水平/m	100/200	30	200	140	50	150
输送距离 垂直/m	—	—	80	60	30	50
机重/kg	3300	1360	1200	2700	1800	1670
外形尺寸 长/mm	5300	1650	1530	3200	3500	1800
外形尺寸 宽/mm	1200	8500	690	1500	1000	930
外形尺寸 高/mm	2050	1550	1700	2660	1700	2460

某柱塞泵式湿喷机采用液压控制，所有操作集中于主阀块上，包括启动、停止、反泵等操作。采用液压双缸的形式，其2个油缸交替工作，使混凝土的输送工作比较平稳、连续而且排量也大为增加，充分利用了原动机的功率。

液压系统由主泵送系统、分配阀系统组成。液压系统工作原理：主泵送系统即推送油缸回路，由变量泵、溢流阀、节流阀、换向阀、推送油缸、压力指示表等组成；系统工作时，变量泵向系统供油，压力油经换向阀进入推送油缸，驱动混凝土缸作泵送工作；当油缸活塞行程到位后，压力传感器发出信号，控制电磁换向阀换向，达到推送油缸与分配阀油缸同步换向的目的，使两个推送油缸轮流进油及回油，实现连续泵送混凝土。

1) 主泵送系统

湿喷机的工作过程如图 8-48 所示。如图 8-48a 所示，在主油泵的压力油作用下，主油缸 1(1) 中的活塞前进，为正泵前半个循环，同时也带动输送缸 2(1) 中的活塞前进，推动 2(1) 中的混凝土通过与 2(1) 出料口相连的 S 管阀进入输送管道。而料斗里的混凝土被 2(2) 中不断后退的活塞将混凝土吸入输送缸 2(2)。当 2(1)、2(2) 中活塞前进、后退到位以后，控制系统发出信号，使摆动油缸换向，即使 S 管阀与输送缸 2(2) 的出料口相连，如图 8-48b 所示。S 管阀换向到位后发出信号，使主油缸 1(1)，1(2) 换向，推动主油缸 1(2) 的活塞前进，主油缸 1(1) 的活塞后退。上一轮吸入输送缸 2(2) 中的混凝土被推入 S 管阀进入输送管道，同时输送缸 2(1) 吸料。如此往复动作，完成混凝土的泵送。

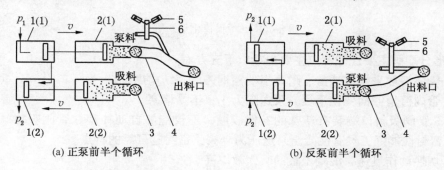

(a) 正泵前半个循环   (b) 反泵前半个循环

1—主油缸；2—输送缸；3—料斗进料口；4—S 管阀；5—摆动油缸；6—摆臂

图 8-48　湿喷机泵送工作流程

2) 分配阀系统

分配阀是泵式湿喷机的关键部件，直接影响湿喷机的使用性能，而且也直接影响湿喷机的整体设计，分配阀的种类很多，而且在不断的发展和创新。目前，常用比较典型的是闸板式和管形分配阀，另外还有蝶形分配阀、转动式分配阀等。

闸板式分配阀是应用较多的一种分配阀，是靠快速往返运动的闸板，周期性的开闭混凝土缸的进料口和出料口，从而切换混凝土在集料斗和混凝土缸之间的流向，实现混凝土的反复泵送。这种分配阀的优点：构造简单、制作方便、耐磨损、寿命长，关闭通道时，类似一把刀子在切断混凝土流，所以比较省力。但由于闸板阀的吸入通道角度变化大，所以使混凝土拌和物的吸入阻力增大，且维修时不能更换，修理时间较长。

由于闸板式分配阀存在上述缺点，在该湿喷机中采用管形分配阀。管形分配阀是近年来出现的一类新型分配阀。管形分配阀是在混凝土输送缸与输送管之间设置一摆动管件来完成混凝土的吸入和排出作业的。一般情况，管形阀置于集料斗中，管阀本身就是输送管的一部分，一端与输送管接通，另一端可以摆动，管口交替对准置于集料斗后壁的混凝土输送缸口，完成混凝土的吸入、泵出循环。从结构上可分为立式和卧式两类，而从形状上来看可分为 S 形、C 形和裙形等几种类型。

S 管形分配阀的优点是集料斗离地高度低，便于混凝土搅拌运输车向集料斗卸料。而且结构简单、通道流畅、耐用，磨损后易于更换。S 管阀结构如图 8-49 所示，S 阀液压系统采用 2 个液压柱塞摆缸使其在 2 个泵缸之间进行切换。当泵浆混凝土流入一个泵缸时，被强大的液压动力从另一个泵缸中压出，通过 S 管阀流输送管道。泵缸的冲程速率可通过液压泵上的手柄手动调节。将外部供应的可泵吸喷浆混凝土装入料斗中，料斗可作为混凝土传输泵的填料辅助装置和储存器。

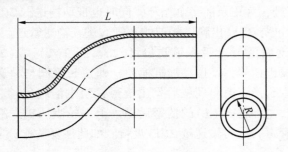

图 8-49 S 管阀简化示意图

S 管形分配阀主要性能特点主要包括以下五方面。

（1）管体一般采用抗冲击、耐磨损的锰钢铸成，结构简单。

（2）管内流道截面变化平缓，泵送阻力小，不易堵塞。

（3）S 管阀吸料口端装有特殊的补偿胶圈，不仅能够自动补偿 S 管阀吸口端面的磨损，而且密封性能好，具有混凝土泵送压力越高，密封越可靠的特点。

（4）切换动作迅速，混凝土缸的吸入效率高。

（5）S 管阀的转动惯量高，惯性矩大，吸料口对混凝土骨料有很强的剪切能力，从而保证每次切换后的顺利就位。

（二）湿喷喷嘴

喷嘴结构是混凝土喷射机的一个重要部件。喷嘴的结构是否合理，不仅决定喷浆的质量，而且直接影响回弹率的大小和粉尘浓度。

在湿喷中，压缩空气和速凝剂在喷嘴处注入。压缩空气冲碎了湿拌料团并为料流加速。湿喷喷嘴有两种基本类型：风环喷嘴和风管喷嘴。风环喷嘴的风环与干喷喷嘴的水环相似，但加入拌合料内的是风而不是水。风环的风孔与长轴约成 30°角向出口倾斜，使风流方向与料流方向接近平行，风环喷嘴如图 8-50 所示。由于孔眼易于堵塞，所以加入速凝剂时一般都不使用风环喷嘴。

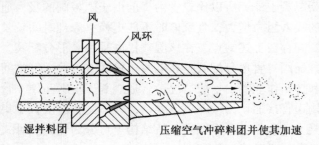

图 8-50 湿喷风环喷嘴

风管喷嘴允许在喷嘴处向拌合料注入速凝剂。这种喷嘴长 60~90 cm，有一个料管和一个风管。风管喷嘴，如图 8-51 所示。料管为钢制，其外径约与输料软管的内径相等。为防止堵塞，管的内侧在连接输料软管处稍成斜面。料管终点有一个橡皮头使料流离开孔口时得以集中，风管也是铜制的，半径为 13~25 cm，风管与料管长轴成一定角度，并焊在料管距橡皮头约 45 cm 的孔眼上。

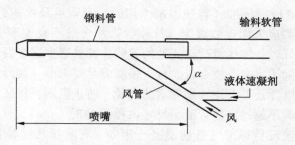

图 8-51 使用液体速凝剂的风管喷嘴

（三）液体速凝剂喷送系统（速凝剂泵）

对于湿式喷浆，一般采用液体速凝剂，速凝剂的添加对于喷浆质量具有绝对关键性影响，因此如何科学、便捷地实现速凝剂的添加至关重要。

一种添加方式为风送型添加装置。以压风作为动力输送液体速凝剂，如原鹤壁矿务局研制的 FSP-1 型双罐湿喷机就采用这种装置。以压风为动力源的速凝剂添加装置虽然结构较为简单，但其控制速凝剂添加量的精确度较低。

另外一种方式则是采用成品计量泵（柱塞泵、活塞泵、螺杆泵等）添加液体速凝剂是目前湿喷机普遍采用的添加方式，如铁道科学院西南分院研制的 TK 系列湿式喷射混凝土机采用柱塞式计量泵，马鞍山矿山研究院研制的 WSP 型湿喷机组采用微型螺杆泵添加液体速凝剂。常见单螺杆泵结构如图 8-52 所示。

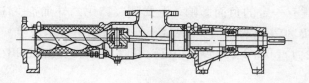

图 8-52 单螺杆泵结构图

此类添加装置具有计量准确、液体添加连续均匀、添加量可以调节的优点，计量泵要电力驱动，需配置电机、减速器或调速器等部件，因此成本较高、外形大、结构复杂等。

如何用最便捷、最经济、最易定量化的速凝剂添加方式进行速凝剂添加，是目前湿喷工艺中十分值得研究的内容之一。

四、湿式喷浆材料及性能要求

（一）湿式喷浆技术对原材料的要求

1. 水泥

拌制湿式喷浆料应选用硅酸盐水泥、普通硅酸盐水泥、矿渣硅酸盐水泥和粉煤灰硅酸盐水泥；不宜采用火山灰质硅酸盐水泥，因为火山灰质硅酸盐水泥需水量大、易泌水。普通硅酸盐水泥同其他品种水泥相比，具有需水量小、保水性能较好等特点。因此，湿式喷浆一般宜选择普通硅酸盐水泥，尤其对早期强度要求较高的矿山结构混凝土，所用的水泥应符合国家现行标准《通用硅酸盐水泥》(GB 175—2007)。

2. 粗细骨料

粗骨料应符合国家现行标准《普通混凝土用砂、石质量及检验方法标准》(JGJ 52—2006)的规定。粗骨料应采用连续级配，针片状颗粒含量不宜大于 10%。当针片状颗粒含量多和石子级配不好时，输送管道弯头处的管壁往往易磨损进泵裂，还易造成输送管堵塞。粗细骨料的选择除了有害杂质含量、自身强度满足要求外，其最大粒径选择主要满足以下条件：最大粒径选择还要考虑输送管道的内径，防止阻塞，保证湿喷顺利进行。湿式喷浆骨料最大粒径一般不超过输送管最小尺寸内径的 1/3。

细骨料应符合国家现行标准《普通混凝土用砂、石质量及检验方法标准》(JGJ 52—2006)的规定。细骨料宜采用中砂，砂的细度模数要求在 2.3~2.8 之间，通过 0.315 mm 筛孔的砂，不应少于 20%。砂石级配好，空隙率小，有利于混凝土在管道中顺利流动，节省水泥砂浆用量；要求适当含量的细粒组分以确保混凝土的稳定性，避免在湿喷过程中发生泌水。

3. 外加剂

湿式喷浆应掺加适量适应性好的外加剂，并应符合国家现行标准的规定。无论何种外加剂，对水泥都有一个适宜性问题。原材料改变、试验条件不同，都会影响外加剂的掺量。因此，外加剂的品种和掺量宜由试验确定，不得任意使用，以免影响混凝土质量。

用于湿式喷浆的外加剂主要是减水剂和速凝剂。混凝土中加入减水剂，增大混凝土拌合物的流动性，减少水或水泥用量，提高混凝土强度及耐久性，同时有利于输送和施工。为了降低喷浆的回弹率，一般在混凝土中加入适量的速凝剂，缩短混凝土凝结时间，但速凝剂对混凝土强度具有一定的负面影响。湿式喷浆掺用的外加剂，应符合国家现行标准《混凝土外加剂》(GB 8076—2008)、《混凝土外加剂应用技术规范》(GB 50119—2013)、《喷射混凝土用速凝剂》(GB/T 35159—2017) 和《预拌混凝土》(GB/T 14902—2012) 有关规定。

4. 水

拌制湿式喷浆料所用的水，应符合国家现行标准《混凝土用水标准》(JGJ 63—2006)的规定，如不得使用污水、pH 值小于 4 的酸性水、硫酸盐量超过 1% 的水。

(二) 湿式喷浆强度要求

根据《岩土锚杆与喷射混凝土支护工程技术规范》(GB 50086—2015) 规定，喷射混凝土的设计强度等级不应低于 C15，对于竖井及重要隧洞和斜井工程喷射混凝土的设计强度等级不应低于 C20，喷射混凝土 1 天龄期的抗压强度不应低于 5 MPa。

(三) 影响湿式喷浆性能的主要因素

湿式喷浆配合比设计，应符合国家现行标准《普通混凝土配合比设计规程》(JGJ 55—2011)、《混凝土强度检验评定标准》(GB/T 50107—2010) 和《预拌混凝土》(GB/T 14902—2012) 等有关规定。湿式喷浆料配合比，除必须满足混凝土设计强度和耐久性的要求外，还应使混凝土满足工作性要求，这是湿式喷浆的显著特点。

1. 水灰比

水灰比不仅对湿式喷浆强度、耐久性有影响，而且对其流动阻力也有很大影响。试验表明，当水灰比小于 0.45 时，混凝土的流动阻力很大，湿喷输送极为困难。随着水灰比增大黏性阻力系数 η 逐渐降低；当水灰比达到 0.52 后，对混凝土黏性阻力系数 η 影响不大；当水灰比超过 0.6 时，会使混凝土保水性、黏聚性下降而产生离析，易引起堵塞湿喷机。因此，湿式喷浆水灰比选择在 0.4~0.6 之间，混凝土流动阻力较小，工作性较好。

2. 水泥用量

湿式喷浆的水泥用量，除了满足混凝土强度及耐久性要求外还要考虑输送管道润滑的需要。因为湿式喷浆是用灰浆来润滑管壁的，为了克服管道内的摩擦阻力，必须有足够水泥浆量包裹骨料表面和润滑管壁。

参考《混凝土结构工程施工质量验收规范》(GB 50204—2015) 及《岩土锚杆与喷射混凝土支护工程技术规范》(GB 50086—2015) 等相关要求，湿式喷浆的最小水泥用量为 300 kg/m^3。水泥用量（含矿物掺合料）不宜过小，否则含浆量不足，即使在同样坍落度情况下，混凝土显得干涩，不利于输送。同时，水泥用量也有一个限度，水泥用量过大后，混凝土空隙率增大，保水性能有所减弱，混凝土湿喷时黏聚阻力增大，影响使用效率。

3. 砂率

湿式喷浆要具有良好的工作性，在湿式喷浆中，砂浆不仅填满石子之间的空隙，而且在石子之间起润滑作用。合适的砂率，减小了骨料内摩擦，降低了塑性黏度，提高了保水性能，并且空隙率低，混凝土工作性好。影响湿式喷浆砂率的主要因素是石子最大粒径、种类、砂石的颗粒级配等。湿式喷浆要具有良好的工作性、湿喷时不堵塞湿喷机和管道、浇注成型时易振捣、好抹面，则选择合理的砂率尤为重要。砂率过小，混凝土中砂浆量小，拌合物的流动性小，不利于输送，同时会产生石子离析；砂率过大，不仅会影响混凝土的工作性和强度，而且会增大收缩和产生裂缝、增加回弹。因此，湿喷时不堵塞湿喷机和管道、喷射时回弹小、粉尘浓度低，则选择合理的砂率尤为重要。

一般认为，在砂石颗粒级配良好，砂率范围选择在 35%~50% 之间，混凝土工作性较好。但是，根据生产的实际应用情况，部分工程采用的砂率达到 70%。因此，应对湿式喷浆的砂率进行进一步研究，在确保保证喷射质量的前提下，能有效减少回弹及材料成本。

第五节 转载运输喷雾降尘

一、采煤工作面转载喷雾

采煤面转载喷雾系统主要包括刮板输送机—转载机—破碎机—带式输送机等煤流系统各转载点的喷雾。

（一）刮板输送机—破碎机—转载机—带式输送机转载喷雾系统

主要在 4 个具体位置安设喷嘴，以形成刮板输送机—破碎机—转载机—带式输送机转载喷雾系统。具体位置为破碎机进料口处、破碎机处、破碎机出料口处、破碎机与工作面顺槽带式输送机的刮板转载机处。

刮板输送机—破碎机—转载机—带式输送机转载喷雾系统如图 8-53 所示。

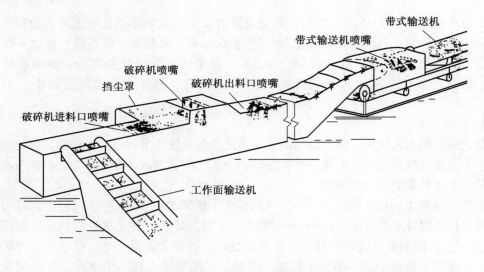

图 8-53 刮板输送机—破碎机—转载机—带式输送机转载喷雾系统示意图

(二) 刮板输送机转载喷雾

刮板输送机转载喷雾系统如图 8-54 所示。

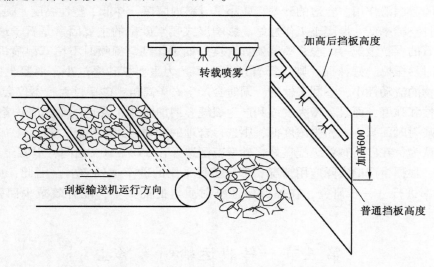

图 8-54 刮板输送机转载喷雾系统示意图

(三) 带式输送机转载局部密闭防尘罩

在各装载点及卸载点处用风筒布或帆布包起，防止卸载点煤体落下时煤尘飞扬和向外扩散，从而达到捕尘和降尘的目的。

防尘罩体使用 2 mm 厚钢板，构架使用 40 mm×4 mm 角铁，固定钢板使用 8 mm 厚钢板，防尘罩整体刷漆。局部密闭防尘罩的捕尘原理和安装如图 8-55 所示。

此外，转载点落差宜小于或等于 0.5 m，若超过 0.5 m，则必须安装中部槽或导向板。

(四) 采煤面转载喷雾技术参数

(1) 适用水压范围：3.0~6.0 MPa。

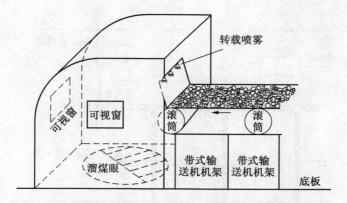

图 8-55 局部密闭防尘罩的捕尘原理和安装示意图

（2）喷头间距：200 mm 左右。

（3）喷头数量：各转载点不少于 3 个。

（4）喷嘴材质及直径：陶瓷或金属喷嘴，喷嘴的直径 2.5 mm 左右。

（5）喷嘴类型：宜选用射体为空心伞形或空心圆锥形的喷嘴。

（6）喷雾流量：每个喷嘴的喷雾流量应控制在 3.0 L/min 左右。

（7）雾流扩散角：不小于 90°。

二、带式输送机防尘/防灭火喷雾系统

带式输送机沿程每隔 200 m、各转载点均应设置喷雾系统，喷雾系统实施自动控制或人工控制喷雾，或采用局部密闭罩与小型除尘器净化除尘。

（一）自动喷雾系统

1. 安装

带式输送机沿程及其各转载点自动喷雾系统安装分别如图 8-56 和图 8-57 所示。

带式输送机各转载点自动喷雾系统除以触控传感器为主外，还可以参照沿程喷雾方式加设温控和烟控传感器，以提高其防尘/防火的可靠性。

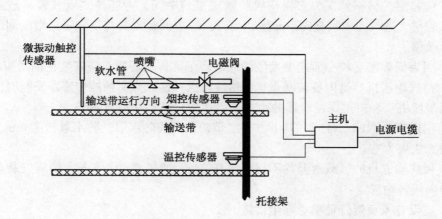

图 8-56 带式输送机沿程自动喷雾系统安装示意图

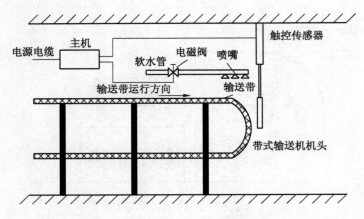

图 8-57　带式输送机各转载点自动喷雾系统安装示意图

2. 自动喷雾系统技术参数

（1）延时范围：0~18 s。

（2）适用水压范围：3.0~6.0 MPa。

（3）触控触点对地电阻：≤800 K。

（4）喷雾温升范围：26~35 ℃。

（5）烟雾传感器灵敏度：0~2 s。

（6）适应输送带线速度：0.2~3.5 m/s。

（7）机械触控驱动轮转速：38~670 r/min。

（8）喷头间距：200~300 mm 左右。

（9）喷头数量：带式输送机沿程喷雾点不少于 5 个、各转载点不少于 3 个。

（10）喷雾压力：不小于 3.0 MPa。

（二）自动喷雾系统的安装、使用标准

（1）安装触控传感器探头时要根据载煤输送带的实际下压程度，调整探头与输送带的垂直距离，并应用螺栓将触控探头在输送横梁上固定可靠。

（2）应将温控传感器探头安装在橡胶输送带的中间，为能使热空气容易进入，探头本身留有的空气进气孔应垂直向下布置；另外，还应调整探头与下侧输送带的间距，使探头效应最敏感。

（3）因为烟雾密度较小而向上发散的缘故，烟雾传感器探头应安装在输送带的上部。

（4）带式输送机巷道内各转载点（包括装载点和卸载点）触控传感器安装时，要使其与各输送带段机头和机尾保持合适的距离，以达到最佳自动喷雾效果。

（5）输送带沿程的水幕应在其下方输送带架上安装防水罩，防水罩长度 6 m，高度以通过一般大块煤为宜。

（6）带式输送机的转载落差均不得超出 0.5 m，如果超过 0.5 m，则应安装合适的中部槽或导向板转输。

（7）应设专人负责管理喷雾除尘设施。

（三）带式输送机巷道机械触控喷雾系统

输送带沿程机械触控喷雾系统的安装如图 8-58 所示。

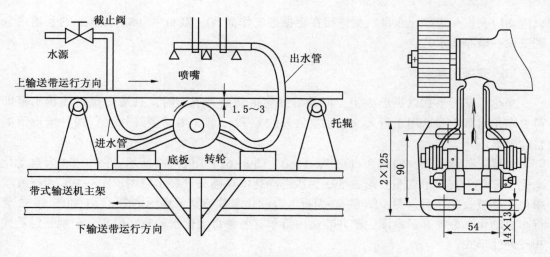

注：最大安装高度 150 mm，最小安装高度 100 mm，最小最大高差 50 mm。

图 8-58　带式输送机巷道机械触控喷雾系统

带式输送机巷道机械触控喷雾系统技术参数：

（1）喷雾压力：不小于 3.0 MPa。

（2）喷头间距：300 mm 左右。

（3）喷头数量：不少于 3 个。

（4）喷嘴材质：陶瓷或金属喷嘴。

（5）喷嘴直径：2.5 mm 左右。

（6）喷嘴类型：空心伞形或空心圆锥形喷嘴。

（7）单个喷嘴喷雾流量：2.0 L/min。

（8）雾流扩散角：不小于 100°。

第六节　净　化　水　幕

一、安装地点

水幕应覆盖全断面，以保证雾化效果。水幕尽量安装在排水点附近，电控自动水幕应在电控线路上安装紧停开关或其他类型的电控开关以便于管理。

矿井主要进风大巷和回风大巷、采区主要进风巷道和回风巷道内必须安装自动化控制净化水幕。矿井带式输送机巷道各转载点、装载点和卸载点下风侧 10~20 m 的合适位置处应设置一道电控自动水幕。以下为综采（放）工作面净化水幕的安设地点。

（1）综采（放）工作面进风巷道：工作面进风巷风流汇合点以里的轨道巷内，距轨道巷入口 100 m 和 200 m 左右各安设一道净化水幕。或者第二道水幕安设在移动变电站与工作面之间。

（2）综采（放）工作面回风巷道：在距工作面回风流出风口和转载机头外 30 m 以内各安设一道净化水幕。炮采面在工作面上、下巷距巷道口 20 m 处，中巷转载机头外 30 m

以内均应安设一道净化水幕。掘进面在距掘进工作面 30~50 m 和 100~150 m 的巷道内分别安设一道净化水幕。

二、安装示意图

净化水幕的形式以拱形为主，但是矿井巷道断面为矩形时，只需安设折线状水幕即可。净化水幕主要适用于行人（被动型红外线）和行车（主动型红外线）两种情形下的自动喷雾。

水幕安装示意图，如图 8-59、图 8-60、图 8-61、图 8-62 所示。图 8-59 为自动化净化水幕喷头安装示意图，图 8-59a 为拱形净化水幕喷头安装示意图、图8-59b 为折线状净化水幕喷头安装示意图；图 8-60 为行人自动化水幕喷雾示意图；图 8-61 和图 8-62 为行车自动化水幕喷雾示意图，矿井巷道内行车有两种自动化水幕喷雾形式，分别是触动式和红外线形式。

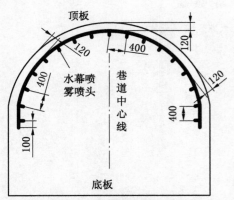

(a) 矿井巷道自动化控制拱形净化水幕喷头安装示意图

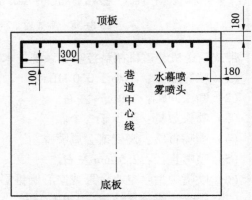

(b) 矿井巷道自动化控制折线状净化水幕喷头安装示意图

图 8-59 巷道自动化净化水幕喷头安装示意图

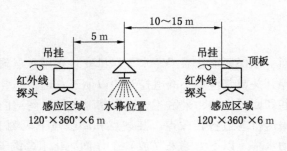

图 8-60 矿井巷道自动化控制净化水幕行人被动型红外线喷雾示意图

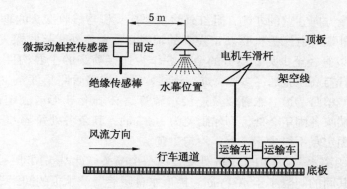

图 8-61 矿井巷道自动化控制净化水幕行车触动式喷雾示意图

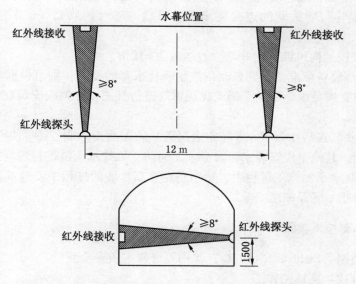

图 8-62 矿井巷道自动化控制净化水幕行车红外线喷雾示意图

三、安装标准

（1）水幕必须安装在支护完好、壁面平整、无断裂破碎的巷道段内。

（2）水幕形状应与巷道断面一致，喷雾范围应覆盖巷道全断面，并尽可能靠近尘源，缩小含尘空气的弥漫范围。

（3）拱形水幕的弯曲度要平滑过渡。

（4）在安装被动型红外线传感器时应注意满足 2 个探头的间距，即安设于水幕位置上风流方向的红外线探头传感器与水幕之间的距离约为 5 m，而安设于水幕位置下风流方向的红外线探头传感器与水幕之间的距离为 10~15 m。安设行车触动式自动化控制水幕时，要保证微振动触控传感器边缘与水幕中心之间保持 5 m 左右的间距。

（5）一般来说，被动型红外线探头应吊挂于巷道的顶板上，且其安装方位位于垂直平面内且与垂直线成 45°角向里。而主动型红外线探头应安设于风流方向巷壁的右侧，2 个主动型红外线探头间距 12 m 左右，它们与底板的距离为 1.5 m 左右。与之对应的接收探头要安设于风流方向巷壁的左侧，且红外线发射探头机与接收探头的垂直和水平距离要保持一致，且红外线发射探头机要以 8°左右的辐射角覆盖红外线接收探头的工作范围。

（6）水幕中以管径至少为 6 英分的金属管作为连接喷头的主要构件，并用同管径的金属管和高压胶管与高压直通（多通）进行连接水源，连接管路长度至少 7 m，管路安装要平直、美观，严禁跨巷道。水幕以及连接水源管路必须用 U 形卡固定在巷道顶板和巷帮上，水幕的两端头各固定 2 处，间隔距离为 100 mm，其余各处每隔 500 mm 固定一次。连接水源管路的固定点不得少于 5 处，均匀布置。

（7）分别在距离水幕两端 100 mm 处安设第一个喷头，此端头两喷头之间均匀布置其他喷头，但要使其间的间隔小于 400 mm。拱形水幕距巷壁及顶板的间距为 120 mm，折线形水幕距巷壁及顶板的间距为 180 mm。水幕喷头要垂直安设于水幕主管上，喷头应全部朝向巷道断面的中心，且应迎向风流与垂直线成 30°左右的角度。

（8）水幕主管与喷头间的连接要牢固、可靠，密封效果要好，不能发生渗、漏水现象。

（9）喷头安设迎向风流方向并与垂直线成 30°倾角。

（10）若水幕装备标准达不到自动化控制净化水幕的要求，则可根据实际情况安装手动净化水幕，并要满足水幕要设手柄式高压球阀进行开关，开关应安设在水幕上风侧 5 m 处的要求。

（11）水幕及其连接水源管路（特指金属管）的表面要求刷红漆。井下所有净化水幕要进行挂牌管理。其他单位安装水幕时必须由通防工区技术人员进行现场指导。

（12）在安装水幕的施工过程中，特别是在登高作业的过程中要遵章施工，严格按照安全技术措施作业，确保施工安全。

四、净化水幕技术参数

（1）防爆类型：Exdib I （150 ℃）矿用隔爆兼本质安全型。

（2）工作方式：连续工作。

（3）电源：36 V-127 VAC （-15%~+10%），（50±1）Hz。

（4）本安最大开路电压及短路电流：9.5 VDC，80 mA。

（5）红外线控制辐射范围：≤8 m。

（6）延时范围：10 s~1 min。

（7）定时范围：15~60 min。

（8）自动喷雾：3~5 min。

（9）适用水压范围：3.0~6.0 MPa。

（10）环境温度：0~40 ℃。

（11）环境相对湿度：≤95%（40 ℃）。

（12）喷头间距：拱形水幕 400 mm 左右、折线形水幕 300 mm 左右。

（13）喷头数量：拱形水幕不少于 8 个、折线形水幕不少于 10 个。

（14）喷嘴材质及直径：陶瓷或金属喷嘴、喷嘴的直径 1.5~2.0 mm。

（15）喷嘴类型：宜选用射体近似平面形的扁喷嘴。

（16）雾流扩散角：不小于 120°。

五、净化水幕的使用及维护

（1）水幕系统在矿井下严禁带电安装、检修，即使是对红外线发射、接收传感器和微振动触控传感器正常的开盖维护必须先行切断电源。

（2）每次工班交接时，应对水幕系统进行全面巡查，若发现电缆破损应及时更换。

（3）主控箱、电磁阀等其他主要构件应每月擦拭清理一次，红外线发射、接收传感器探头和微振动触控传感器探头应每星期擦拭清理一次，特别是必须使用擦镜纸对红外线传感器探头透镜表面的粉（煤）尘进行干擦处理，从而保证透视距离。水质过滤器和喷头（嘴）应每星期检查、清洗一次。

（4）安装矿井巷道自动化控制净化水幕时，应特别注意检查主机电源进线和传感器探头出线的接线方法是否正确，检验主机的灵敏度和延时性是否调整适当，状态转换是否符合主机的使用要求，电磁阀接入的水流方向是否正确。

（5）检修时不得随意更改不同规格、型号、参数的产品元件及其与之相关联的设备器材。

（6）水幕系统在使用过程中若不能正常喷雾，应检查电磁阀和喷头是否有粉（煤）尘堵塞、探头电缆是否正常、主机有无电源。

（7）电源电压必须根据设计要求设置，不允许超出使用额定范围。

（8）安装人员要注意保护主控箱的防爆面。

（9）为了保证水幕系统设备的长期可靠运行和井下安全，应指定专职技术人员和电气安装人员负责其技术工作，其他人员不准随意安装或进行开盖维护工作。

第九章 物理化学除尘

第一节 湿润剂除尘

一、湿润剂的除尘机理

湿润剂是一种能大大降低溶剂（一般为水）表面张力、改变体系的表面状态，具有多种特性的化学药品，湿润剂的特性对其溶液而言，可以改变溶液的双亲（双疏）性、溶解性、表面吸附、界面定向排列以及多功能性（如降低表面张力、发泡、分散、乳化、湿润、抗静电、增溶等）。正因为湿润剂具有如此多优良特性，因此广泛应用于日用化工、农药、纺织、石油开采等工业部门，按其用途可分为分散剂、乳化剂、起泡剂等。同样，在矿山防尘领域中湿润剂也日益发挥其巨大的作用。许多国家的研究和试验都证明，在水中添加湿润剂，并使用这种湿润剂水溶液防治粉尘，能够获得明显的降尘效果，尤其是对抑制和降低呼吸性粉尘的作用更加明显。目前，俄罗斯、德国、波兰、法国等煤矿，已把湿润剂用于井下湿式作业、喷雾洒水、采煤机喷雾及湿润效果较差的煤层的防尘。国内在煤层注水、喷雾洒水中也进行了添加各种湿润剂溶液的试验和应用。

液体能够润湿固体表面，其主要原因是由于固体表面能够对液体分子产生吸引力。从微观看，润湿实际上是固体表面和水分子相互作用力引起的，根据分子热力学和表面物理化学的知识，水分子对固体表面的吸引力包括范德华力和氢键。范德华力即静电作用力、诱导力、色散力，这些作用力是存在于一切原子或分子之间的作用力，其作用距离比较短，常为一个或几个分子直径，因此称为短程相互作用力。研究表明，短程相互作用，如色散力、偶极诱导偶极相互作用，由一个原子到另一个原子的传播，就构成了长程相互作用，这也是宏观物体间的相互作用形式。所以，在润湿过程中既有短程相互作用力，又有长程相互作用力。

在矿山防尘用水中添加湿润剂能降低水的表面张力，提高水的润湿能力，减少防尘用水量。而湿润剂由非极性的亲油的碳氢链部分和极性的亲水基团共同构成，当溶于水时，亲水基一端被水分子吸引入水中，疏水一端水分子排斥而伸向空气中，于是湿润剂分子在水溶液表面形成紧密排列的定向排列层，即界面吸附膜；同时，处于水表面或水中的分子又存在分子吸引力，随着湿润剂浓度的增加而聚集成许多分子组成的胶束。这种胶束与界面吸附层的形成，使表层水分子与空气的接触受到一定程度的隔离，表层分子间的相互吸引力减小，从而降低了溶液的表面张力。水溶液的表面张力降低后，就具有湿润和渗透作用。

因此，只有降低水的表面张力值，才能提高水溶液的湿润能力。同时，疏水基在水和尘粒之间架起"通桥"，冲破尘粒表面吸附的空气膜，促进了水对粉尘的润湿、凝结作用。此外，朝向空气的亲油基与粉尘粒子之间有吸附作用，而把尘粒带入水中，得到充分润湿。因此，当在矿井防尘用水中加入湿润剂，可以降低溶液的表面张力，改善其润湿性，减小接触角，从而可以减小最小穿透功，尘粒只需要很小的穿透功即可穿透液膜阻力，被液滴捕获，因而可有效提高除尘效率。

二、湿润剂的种类

当湿润剂溶于水时，凡能电离生成离子的称离子型湿润剂，凡是不能电离生成离子的叫非离子型湿润剂。离子型湿润剂又分成阴离子湿润剂、阳离子湿润剂和两性离子湿润剂。阴离子湿润剂溶于水时起表面活性作用的是阴离子，阳离子湿润剂溶于水时起表面活性的是阳离子，而两性湿润剂则同时具有阳离子和阴离子。

按照亲水基湿润剂可分为四类：阴离子湿润剂、阳离子湿润剂、两性湿润剂、非离子湿润剂。此外，还有一些特殊类型的湿润剂，如元素湿润剂、高分子湿润剂、生物湿润剂、新型功能性湿润剂等，由于其结构上的特殊性而具有特殊功能。

（一）阴离子型湿润剂

阴离子型湿润剂是发展历史最悠久、产量最大、品种最多、应用最广的一类湿润剂。其分子一般由长链烃基（C10 至 C20）及亲水基羧酸基、磺酸基、硫酸基或磷酸基组成，在水溶液中发生电离，其湿润剂部分带有负电荷。另外，有一带正电荷的金属或有机离子与其平衡。

阴离子湿润剂绝大部分是酸盐化合物，除硫酸酯盐的阴离子湿润剂遇强酸会发生水解外，其他对水的稳定性较好。阴离子湿润剂的用途十分广泛，主要有羧酸盐、磺酸盐硫酸酯盐等，它的优点是适用性广、价格低、可选性大，此类湿润剂是煤层注水选择的主要对象。

阴离子湿润剂主要包括羧酸盐型阴离子湿润剂、磺酸盐型阴离子湿润剂、硫酸酯盐型阴离子湿润剂、磷酸酯盐型阴离子湿润剂。

（二）阳离子型湿润剂

阳离子湿润剂在水溶液中发生电离，其表面活性部分带有正电荷。阳离子湿润剂含有一个或两个长链烃疏水基，亲水基由含氮、磷、硫或碘等可携带正电荷的基团构成，目前最有商业价值的多为含氮化合物。含氮化合物中，氨的氢原子可以被 1 个或 2 个长链烃所取代而成为胺盐，也可全部被烷烃取代成为季铵盐。

但是，在阳离子湿润剂绝大部分是含氮的化合物，也就是有机胺的衍生物，可在酸性物质中用作乳化、分散、湿润剂也可作为矿物浮选剂。在阳离子湿润剂的水溶液与低能表面固体作用时，溶液往往显酸性。当溶液的 pH 值较高时，自由胺容易析出，从而失去表面活性，并且其成本昂贵。因此，阳离子湿润剂不适用于煤层注水。

通常认为，阳离子湿润剂和阴离子湿润剂在水溶液中不能混合，否则将相互作用产生沉淀，从而失去表面活性。经过研究，事实并非如此，在混合湿润剂体系中，由于阴、阳表面活性离子间强烈的静电作用，混合物具有比单一组分较低的临界聚集形成胶束，表面吸附层中的表面活性分子的排列更为紧密。

阳离子湿润剂主要包括六种类型。

1. 胺盐型阳离子湿润剂

胺盐为弱碱盐，对 pH 较为敏感。在酸性条件下，形成可溶于水的胺盐，具有表面活性；而在碱性条件下游离出胺，失去表面活性。

2. 季铵盐型阳离子湿润剂

季铵盐与胺盐不同，它在碱性或酸性溶液中都能溶解，且离解为带正电荷的湿润剂。季铵盐在阳离子湿润剂中的地位最为重要、产量最大、应用最广。最常用的季铵盐型阳离子湿润剂包括十二烷基三甲基溴（氯）化铵（1231）、十六烷基三甲基溴（氯）化铵（1631）、十八烷基三甲基溴（氯）化铵（1831）、十二烷基二甲基苄基溴（氯）化铵（1227）、双长链烷基二甲基氯化铵等。

3. 杂环型阳离子湿润剂

杂环型阳离子湿润剂为分子中含有除碳原子外，还含有其他原子且呈现环状结构的化合物。杂环的成环规律和碳环一样，最稳定和最常见的杂环也是五元环或六元环。有的环只含有一个杂原子，有的含有多个或多种杂原子。常见的杂环型阳离子湿润剂包括咪唑啉型、吗啉型等。

4. 疏水基通过中间键与氮原子连接的阳离子湿润剂

由于高碳脂肪胺价格昂贵，因此可以采用脂肪酸作为原料与低碳有机胺衍生物反应，来制备阳离子湿润剂。如先合成含酰胺、酯或醚等基团的叔胺，然后再用烷基化试剂进行季铵化，得到疏水基通过中间键与氮原子连接的阳离子湿润剂。

5. 聚合型阳离子湿润剂

如聚季铵盐-16 以及 HS-100 等，多用于化妆品及护肤化妆品。

6. 鎓盐型阳离子湿润剂

由其他可携带正电荷的元素作为阳离子湿润剂的亲水基时，称为鎓盐型阳离子湿润剂。根据亲水基的不同，大致可分为鏻化物、锍化物和碘鎓化合物三类。

（三）非离子型湿润剂

非离子湿润剂就是在水溶液中不会离解成带电的阴离子或阳离子，而以中性非离子分子或胶束状态存在的一类湿润剂。非离子湿润剂的疏水基是由含活泼氢的疏水性化合物，如高碳脂肪醇、烷基酚、脂肪酸、脂肪胺等提供的，其亲水基是由含能与水形成氢键的醚基、自由羟基的化合物，如环氧乙烷、多元醇、乙醇胺等提供的。非离子湿润剂具有高表面活性，其水溶液的表面张力低，临界胶束浓度低，胶束聚集数大，增溶作用强，不仅具有良好的乳化、湿润、分散、去污、加溶等作用，而且具有良好的抗静电、柔软、杀菌、润滑、缓蚀、防锈、保护胶体、匀染、防腐蚀等多方面作用。

非离子湿润剂主要包括四种类型。

（1）聚氧乙烯型非离子湿润剂。此种湿润剂是非离子湿润剂中品种最多、产量最大、应用最广的一类。主要品种有脂肪醇聚氧乙烯醚、烷基酚聚氧乙烯醚、脂肪酸聚氧乙烯酯、聚氧乙烯烷基胺等。

（2）多元醇型非离子湿润剂。

（3）烷醇酰胺类非离子湿润剂。

（4）烷基多苷（APG）。

（四）两性离子湿润剂

两性离子湿润剂是指在同一分子结构中同时存在被桥链（碳氢链、碳氟链等）连接的一个或多个正、负电荷中心（或偶极中心）的湿润剂。换言之，两性离子湿润剂也可以定义为具有表面活性的分子残基中同时包含彼此不可被电离的正、负电荷中心（或偶极中心）的湿润剂，如 N-十二烷基二甲基甜菜碱。

两性离子湿润剂主要包括五种类型。

1. 甜菜碱型两性离子湿润剂

甜菜碱是由 Sheihler 于 1869 年从甜菜中提取出来的一种天然含氮化合物，其化学名称为三甲基乙酸铵。

现在这一名称也用于描述含硫及含磷的类似化合物。天然甜菜碱因为分子中不具备足够长的疏水基而缺乏表面活性，只有当分子结构中 1 个—CH3 被 1 个 C8 至 C20 长链烷基取代后才具有表面活性。具有表面活性的甜菜碱被统称为甜菜碱型两性离子湿润剂。

目前，生产和应用最为广泛的甜菜碱型两性离子湿润剂主要有烷基甜菜碱、烷基酰胺甜菜碱、磺基甜菜碱等。

2. 咪唑啉型两性离子湿润剂

凡分子结构中含有咪唑啉结构的一类两性离子湿润剂称为咪唑啉型两性离子湿润剂。

咪唑啉型两性离子湿润剂无毒、性能温和、无刺激、生物降解性好，具有优良的润湿、发泡性和抗电性。与阴离子、阳离子和非离子湿润剂有良好的配伍性。

3. 氨基酸型两性离子湿润剂

氨基酸分子中有氨基和羧基，本是两性化合物。当氨基酸分子上存在适当长链作为亲油基时，就成为有表面活性的氨基酸型两性离子湿润剂。主要分为两类，一类是羧酸型氨基酸型两性离子湿润剂（Tego），一类是磺酸型氨基酸型两性离子湿润剂。

氨基酸型两性离子湿润剂，是一种低刺激性的湿润剂，具有杀菌等作用。

4. 卵磷脂型两性离子湿润剂

卵磷脂是在所有的生物机体中都存在的天然两性离子湿润剂，在大豆和蛋黄中含量最高。卵磷脂具有很好的乳化和湿润性能，但是不溶于水，不能作为洗涤剂。

5. 氧化胺型两性离子湿润剂

氧化胺的分子结构为四面体，因其化学性质与两性离子型相似，既能与阴离子湿润剂相容，也能和非离子或阳离子湿润剂相容，故并入两性离子型湿润剂中。

氧化胺具有优良的发泡、洗涤等作用，对氧化剂、酸碱的化学稳定性较好，对皮肤和眼睛刺激性低，生物降解性好。

（五）特种湿润剂和功能性湿润剂

特种湿润剂和功能性湿润剂类型包括含氟湿润剂、含硅湿润剂、生物湿润剂、高分子湿润剂、冠醚型湿润剂、螯合型湿润剂、反应型湿润剂、双子型湿润剂（Gemini）、Bola型湿润剂、环糊精及其衍生物。

新型功能性表面活性种类较多，以 Gemini 型湿润剂为主进行说明。阳离子和阴离子 Gemini 型湿润剂普遍具有优良的起泡能力和泡沫稳定性，一些阴离子 Gemini 型湿润剂有良好的 Ca 皂分散能力，阳离子 Gemini 型湿润剂还可作为低分子量的胶凝剂，两性和非离子 Gemini 型湿润剂可作为清洁剂或洗涤剂、皮革整理剂、药物分散剂以及护肤和护发化妆品。例如，$[C_{12}H_{25}N(CH_3)_2(CH_2)Nn(CH_3)_2C_{12}H_{25}]Br_2$。

三、除尘用湿润剂润湿能力测定

好的湿润剂应同时具备的特性包括对人体无害；有效浓度尽可能低、价格便宜；不腐蚀支架、机器、工具和装备；能适用于硬度高的矿井水；不可燃；具有化学稳定性；易溶于水；在 0~45 ℃溶液中稳定，不分解、不沉淀，具有较好的润湿性能。

湿润剂的润湿性能主要由湿润剂溶液表面张力、接触角的大小和润湿速度决定，表面张力、接触角和润湿速度都可由试验进行测定。阳离子湿润剂 1631 不同质量浓度的表面张力和接触角见表 9-1。

表 9-1 1631 不同质量浓度下的表面张力和接触角测试数据

湿润剂名称	活性剂类型	表面张力/(mN·m⁻¹)			接触角 θ/(°)		
		0.01%	0.1%	0.3%	0.01%	0.1%	0.3%
1631 (十六烷基三甲基溴化铵)	阳离子	12.9	20.4	21.8	57.91	31.73	27.32

尽管表面张力和接触角是衡量表面活性剂溶液润湿煤体的重要参数，但润湿煤体还与表面活性剂溶液之间的化学力、物理化学力和机械力有关。为此，还需要对能综合体现上述各种力共同作用效果的煤样吸湿速度进行研究。

试验方法：将尺寸为 5 cm×5 cm×5 cm 的煤样用托盘天平称量后，用直径<0.5 mm 的漆包线悬挂于盛有溶液样品的液面上，液体浸没煤样深度为 50 mm，以排除静水压力对煤样吸湿速度的影响。浸泡 80 h 后，得到不同煤样吸水率随时间的变化关系，从而可确定煤样在不同的表面活性剂溶液中吸收液体速度的快慢，来进一步确定最佳表面活性剂。

四、湿润剂的添加方法

井下所有湿式作业的产尘场所，都可在水中添加湿润剂，如湿式打眼、机组内外喷雾、转载点定点喷雾、煤层注水、水封爆破、装岩洒水、风流净化水幕、湿式除尘器等。

湿润剂的使用主要是将它同水混合形成湿润剂溶液，然后通过管路或喷嘴输送或喷射至各产尘源。影响湿润剂溶液除尘效率的因素主要有浓度和添加调配。一般湿润剂有两种添加方法：一是单箱调配方法，对小型试验可采用固定容积的箱体，一次调配后，供试验应用；二是连续添加方法，在实际生产中，长周期连续添加配制固定浓度的添加方法。连续添加法可以采用六种形式的添加调配器。

（一）定量泵添加器

通过定量泵把液态湿润剂压入供水管路，通过调节泵的流量与供水管流量配合达到所需浓度。

（二）压气添加调配器

以压缩空气为动力的湿润添加调配器如图 9-1 所示。压气添加调配器原理是在湿润剂溶液箱的上部通入压气（气压高于水压），承压湿润剂溶液从箱内供液管的入口进入供液导管，经三通添加于供水管路。调节阀门用来调节添加湿润剂溶液的流量与供水流量相配合，从而达到所需的添加浓度。这种方法结构简单、操作方便、无供水压力损失，但必须以压气作为动力。

（三）负压引射添加器

负压引射添加器如图9-2所示。负压吸入，并与水流混合添加于管路中，添加浓度由吸液管上的调节阀进行调节。为使引射器具有较高的效能，其几何尺寸要合理，输液管出口端过长、过短都不能正常工作或溶液与水不能充分混合。

（四）喷射泵添加器

喷射泵添加器如图9-3所示。喷射泵添加器与负压引射添加器相比，主要的区别在于喷射泵有混合室，而引射器没有。因此，用喷射泵调配比用引射器调配能得到更好的混合，同时具有压损小，工作状态稳定等特点。

（五）孔板减压调节器

孔板减压调节器结构如图9-4所示。湿润剂溶液在孔板前端高压水的作用下（在溶液箱中，下部通入的高压水与上部的湿润剂溶液用橡胶薄膜隔开），被压入孔板后端的低压水流中，调节阀门，则可获得所需溶液的流量。

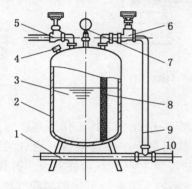

1—供水管；2—溶液箱；3—溶液；4—加液口；
5—供气阀；6—调节阀；7—压力表；
8—箱内供液管；9—加液管；10—三通

图9-1　压气添加调配器

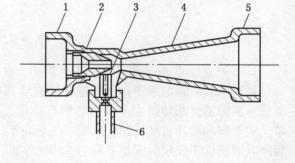

1—供水端；2—喷嘴；3—调节阀；
4—扩散段；5—出液端；6—吸液管

图9-2　负压引射添加器

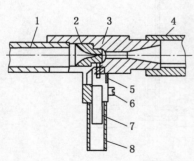

1—进水管；2—喷嘴；3—泵体；
4—出水管；5—止回阀；6—调节钉；
7—调节套；8—吸液管

图9-3　喷射泵添加器

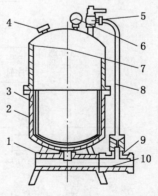

1—进水三通；2—溶液箱下部；3—橡胶薄膜；
4—进液口；5—调节阀；6—压力表；7—夜箱上部；
8—输液管；9—加液三通；10—减压孔板

图9-4　孔板减压调节器

（六）集中自动添加系统

当工矿企业全面应用湿润剂除尘时，防尘用水全部要添加湿润剂，最简单的办法就是将湿润剂直接加入集中供水的水池或管路内。

1. 针对供水水池的集中自动添加系统

简易添加系统的原理框图如图 9-5 所示。其工作原理：当防尘用水流入流量采样器时，采样器即发出与水量成正比的频率脉冲信号送至流量指示器进行转换，并显示出瞬间流量与累计流量；每累计一定量，就输出一个脉冲信号至控制器进行整形放大，然后推动执行器开启，每开启一次流出一定量的湿润剂，经加液管注入水管中便得到所需浓度的湿润剂溶液。执行器开启频率与流量成正比，可保证湿润剂混合均匀稳定。

图 9-5　简易湿润剂添加系统

2. 针对供水管路的集中自动添加系统

针对供水管路的集中自动添加系统原理框图如图 9-6 所示。其工作原理：通过电磁流量计实时监测获知防尘水管中的瞬时流量，根据其流量大小决定是否开启和关闭柱塞泵，实现湿润剂的自动添加。当瞬时流量高于设定的流量上限时开启柱塞泵，开始添加；当瞬时流量低于设定的流量下限时关闭柱塞泵，停止添加。该系统可实现湿润剂添加的自动化和信息化，并形成服务于采区的湿润剂集中、自动添加技术工艺。

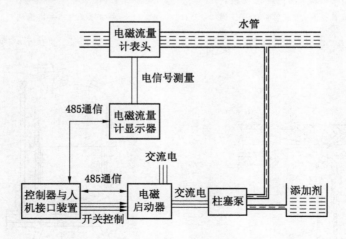

图 9-6　针对供水管路的集中自动添加系统

除上述以外，在动压注水中，可利用注水泵吸入管的负压来吸入湿润剂溶液箱中溶液，经调节阀调节流量，即可获得所需的添加浓度。对固态的湿润剂，为达到连续添加的目的，可将固态物加工成棒状，通过水流冲刷溶解达到连续添加的目的。

五、添加湿润剂的除尘效果

在矿井防尘水源中添加浓度适宜的湿润剂，无论是用于湿式钻眼或是用于预湿煤体都会收到一定效果。据实测，我国掘进打眼添加湿润剂后与清水打眼相比，粉尘浓度降低50%左右。

在煤层注水的水液中添加湿润剂，一般能使防尘效率提高15%～30%，并能降低微细呼吸性粉尘的产生量，同时还能改善注水工艺参数，增大湿润范围。湿润剂溶液用于喷雾或作为水炮泥充填液都能得到良好的效果。

徐州韩桥煤矿在1728回采工作面注水过程中，采用人工定时定量添加调配湿润剂（洗衣粉、氯化钠等）溶液的方法，对1～5号孔和1～14号孔进行注清水和注湿润剂溶液对比性试验。结果表明，单孔注水时，加湿润剂与注清水相比，注水量提高67.3%，吨煤注水量提高8.6%，单孔平均湿润范围由注清水的10米扩大到20多米。另外，沿钻孔方向渗透的长度由注清水的3.5 m增大到12.1 m。经过采集的206个煤样的全水分测定，注水煤层全水分由注清水的2.19%增大到2.48%，粉尘浓度由注清水的135～240 mg/m³降至85～135 mg/m³。12号孔注入JFC湿润剂溶液湿润，其降尘率达65.3%。

第二节　泡　沫　除　尘

一、泡沫的产生和除尘机理

（一）泡沫的产生

由液体薄膜或固体薄膜隔离开的气泡聚集体称为泡沫，泡沫可分固体泡沫和液体泡沫。除尘中使用的泡沫一般为液体泡沫，它是利用表面活性剂的特点，使其与水一起通过泡沫发生器，产生大量的高倍数泡沫。泡沫是许多气泡被液体分隔开的体系，即气体分散于液体的体系。泡沫在形态上的一个特点，就是作为分散相的气泡常常是多面体。根据吉布斯吸附等温式，在形成泡沫的过程中，溶液中的溶质（表面活性剂）吸附于气液界面上。泡沫中各个气泡相交处（一般是3个气泡相交）形成所谓Plateau交界，如图9-7中P处，根据Laplace公式（即$\Delta P = 2\sigma/R$，其中ΔP为气泡内外压力差；σ为泡沫液的表面张力；R为气泡的曲率半径）可知，液膜中P点压力小于A点，故液体自动地从A点向P点流动，于是液膜逐渐变薄，这就是泡沫的排液过程（另一过程是液体因重力而下降，使膜变薄，但这仅在膜较厚时才有显著作用）。液膜变薄至一定程度，则导致膜的破裂、泡沫破坏。根据经验，纯液体不能形成稳定的泡沫。为了使生产的泡沫持久，常在表面活性剂配方中加入一些辅助表面活性剂，即稳定性。

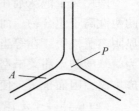

图9-7　Plateau交界

（二）泡沫除尘机理

泡沫除尘是一项新型的除尘技术，利用泡沫发生器造成泡沫状的液滴喷洒到含尘空气中时，则形成大量的泡沫粒子群，其总体积和总面积很大，从而大大增加雾液与尘粒的接触面和附着力，提高水雾的降尘效果。其除尘机理包括拦截、黏附、湿润、沉降等。泡沫除尘效率从表面活性能角度来看主要取决于泡沫药剂的配方。

但是由于泡沫体系存在巨大的气-液界面能，在热力学上是不稳定体系，因此泡沫最终还是会破灭。造成泡沫破灭的主要原因有重力排液、表面张力排液造成液体流失、气泡内气体的扩散。

由于泡沫直径大时表面张力始终小于泡沫所含液体的重力，大约在直径为 13 mm 之前泡沫的稳定时间是随直径的增加而减少，这是因为泡沫的厚度比较大，在短时间内排液的重力就可大于泡沫的表面张力，所以稳定时间就短些。处于泡沫群中间的泡沫受周围泡沫作用几乎处于平衡状态，所以重力作用不明显。而单个泡沫找不到平衡条件，重力对泡沫液的影响就大，容易破裂。个体泡沫的稳定时间随泡沫半径的增大而增大，但泡沫半径极值为 28 mm，主要与分子之间的表面张力有关。

而且通过研究可知，在充满粉尘的空间里，始终保持泡沫位于粉尘的上面时除尘效率最高；泡沫的稳定时间和泡沫的除尘量成反比关系。

二、泡沫剂的种类

常用的泡沫剂为表面活性剂，因此参照国际上对表面活性剂的分类法对泡沫剂进行分类，可分为阴离子泡沫剂、阳离子泡沫剂、非离子泡沫剂、两性离子泡沫剂、聚合物泡沫剂和复合型泡沫剂等。

（一）阴离子泡沫剂

阴离子泡沫剂可细分为羧酸盐型、磺酸盐型、硫酸盐型、磷酸盐型。阴离子泡沫剂的起泡能力高，价格适中且来源广，在油田上已广泛用于钻井、修井、完井、试油以及提高采收率等方面，其缺点是抗电解质能力差。

（二）阳离子泡沫剂

阳离子泡沫剂通常是那些具有表面活性的含氮化合物，即有机胺衍生出来的盐类，在水溶液中能解离出表面活性阳离子。该类泡沫剂包括伯胺盐、仲胺盐、叔胺盐、季铵盐和多乙烯多胺盐等。阳离子泡沫剂的起泡能力中等，但由于价格高、来源少，极少使用。

（三）两性离子泡沫剂

两性离子泡沫剂在水溶液中解离出的表面活性离子是一个既带有阳离子又带有阴离子的两性离子化合物，而且该两性离子化合物随着 pH 值变化而变化。通常在碱性条件下它显阴离子性质，在等当点时显非离子性质，在酸性条件下显阳离子性质。两性泡沫剂可分为氨基酸型、甜菜碱型、咪唑啉型、卵磷脂型等。该类泡沫剂毒性低、生物降解性好，但成本高，因而也很少使用。

（四）非离子泡沫剂

非离子泡沫剂在水溶液中不能解离为离子态，而是以分子或胶束态存在于溶液中，其亲油基一般是烃链或聚氧丙烯链，亲水基大部分是聚氧乙烯链。非离子泡沫剂的种类有醚型（如 OP 系列）、酯型（如 Span 型）、酯醚型（如 Teen 型）、酰胺型、胺型等。非离子泡沫剂在中性、酸性、弱碱性及硬水中都较稳定，但起泡能力低，使用范围受浊点影响。

（五）其他类型的泡沫剂

1. 聚合物泡沫剂

这类泡沫剂是指那些相对分子质量较大且具有一定表面活性的物质。如美国 Colgon

公司研制的丙烯酰胺和乙酰酮丙烯酰胺的共聚物就属于聚合物起泡剂，现场将其用于含矿化水、凝析油的气井进行泡沫排液收到了良好效果。国内对于该类泡沫剂的相关报道较少。

2. 复配型泡沫剂

此类泡沫剂多用阴离子与阴离子、阴离子与非离子泡沫剂复配而成，以弥补单一使用阴离子泡沫剂时抗电解质能力差的特点，可用于含钙或盐高的地层。

三、泡沫药剂配方

泡沫除尘效率主要取决于泡沫药剂的配方。配方中各药剂的选择和含量，一般的有发泡剂、湿润剂、稳定剂、增溶剂等表面活性剂（或称助剂）。

（一）发泡剂（或称起泡剂）的要求、特性、种类

在泡沫除尘中，起泡剂性能的强弱，直接影响泡沫发生量的多少和降尘效率。一般情况下，泡沫药剂是在起泡性能很强的发泡剂中加入不同性能的稳定剂及其他助剂，按一定比例配制而成的。由于发泡剂的分子结构不同，相同条件下发泡倍数也不一样，所谓发泡倍数是指一定数量的泡沫自由体积，与该体积的泡沫全部破灭后折算出的溶液体积之比。一般 $10\sim20$ 倍为低倍数泡沫，$20\sim200$ 倍为中倍数泡沫，$200\sim1000$ 倍为高倍数泡沫，而除尘中应用的泡沫倍数一般为 $100\sim400$ 倍。发泡剂是一种表面活性剂，表面活性剂的分子一般有 2 个不同性质部分组成，表面活性剂分子的一端是不溶于水的较长碳氢链 CH_3—(CH_2)，称憎水部分；另一端是水溶性基团，如羧基（—COOH）、磺酸基（—SO_3H）统称亲水性部分。

表面活性剂之所以能溶于水，就是其亲水部分与水的亲和力大于憎水部分与水的相斥力。当表面活性剂溶于水时，凡能电离生成离子的称离子型表面活性剂；凡是不能电离生成离子的叫非离子型表面活性剂。离子型表面活性剂又分成阴离子表面活性剂、阳离子表面活性剂和两性离子表面活性剂。阴离子表面活性剂溶于水时与憎水基相连的亲水基是阴离子；阳离子表面活性剂溶于水时，与其憎水基相连的亲水基是阳离子；而两性离子表面活性剂则同时具有阴离子和阳离子。

阴离子表面活性剂包括羧酸盐、硫酸酯盐、磺酸盐、磷酸酯盐。

阳离子表面活性剂包括伯胺盐、仲胺盐、叔胺盐、季铵盐。

两性表面活性剂包括氨基酸型两性表面活性剂、甜菜碱型两性表面活性剂。

非离子表面活性剂包括聚氧乙烯型非离子表面活性剂、多元醇型非离子表面活性剂。

常用发泡剂有烷基磺酸钠、烷基苯磺酸钠、209 净洗剂、脂肪醇硫酸钠盐、脂肪醇聚氧乙烯醚、烷基酚聚氧乙烯醚、净洗剂 6501、1227 表面活性剂、1631 表面活性剂、BS-12 两性表面活性剂等

（二）发泡力测定

对于发泡剂的筛选首先是测定比较发泡剂溶液的泡沫高度（发泡能力）、泡沫消失速度（泡沫稳定性）和发泡比等指标。

泡沫高度和泡沫消失速度的测定方法：发泡力测定方法虽然很多，但是一般用的是既简单又准确的罗氏-米尔法（Ross-Miles）。将一定量的发泡剂溶液从粗管上流下，记录不同时间的泡沫高度，此毫米数表示泡沫力的大小。

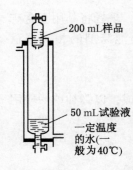

图 9-8　罗氏-米尔
泡沫测定器

1. 仪器及各部分作用

罗氏-米尔泡沫测定器如图 9-8 所示。

（1）滴液管，容积 200 mL，内盛试验溶液，出口直径 2.9 mm，扩大部分直径是 45 mm。

（2）刻度玻璃柱，作为起泡和测定泡沫之用具，在 50 mL 和 250 mL 处有刻度，刻度玻璃柱外面有热水夹套。

（3）恒温器，用来保持刻度玻璃柱夹套中循环水的温度。

2. 测定步骤

（1）打开恒温器，当恒温器达到一定温度时，开水泵，保持刻度玻璃柱夹层水的温度。

（2）用蒸馏水洗涤刻度玻璃管，并冲洗 5~10 min。

（3）关上刻度量管旋塞，并从另外滴液管中放入 50 mL 的试验液。

（4）把 200 mL 的试验溶液灌入滴液管中。

（5）把滴液管安置到试管架上，和刻度量管的断面成垂直状，使溶液流到刻度管中心，滴液管出口至刻度管 50 mL 处的距离为 90 cm。

（6）打开滴管旋塞。

（7）滴液管中的溶液流完时，立即启动秒表，要测定初始泡沫高度（H_0），然后经过 1、2、3、5、7、10 min 时再测定泡沫高度（H_1、H_2、H_3、H_6、H_7、H_{10}）。

（8）每次试验以前应用蒸馏水洗涤刻度量管，待其干燥后再进行下一次的试验。

每种浓度的溶液测定 3 次，取平均值，以高度表示泡沫力。

3. 泡沫自动消失平均速度计算

$$泡沫自动消失速度 = \frac{H_0 - H_{10}}{600}$$

泡沫稳定度以泡沫自动消失速度的百分率表示，其计算方法：

$$泡沫稳定度 = \frac{H_0 - H_{10}}{H}$$

4. 注意事项

（1）装置此项仪器设备必须全部垂直，否则液面不平，读数不准。

（2）试验溶液在放入滴管内前应先预热至 41.5 ℃，使灌入滴管内正式操作时温度为（40±0.5）℃，温度过高对泡沫影响很大。

（3）为了读数清楚，可以在刻度玻璃柱后装一日光灯。

（4）有些溶液泡沫不稳定，数分钟后泡沫破裂成为高低不平的表面，此时高度读数只能取平均数字。

（三）发泡剂的选择

对一些主要的发泡剂浓度与泡高的关系进行了测定，发泡剂浓度从 0 到一定浓度时，泡沫上升得很快，但是到 CMC 浓度以后，发泡剂浓度再增加，泡高变化趋于平缓、下降。所以，应选择适当的发泡剂浓度。通过对发泡力的测定可知，阴离子型发泡剂具有优良发泡能力，泡高可达 190 mm，发泡剂浓度为 0.125%~0.5% 较好，它的泡沫消失速度慢，泡沫稳定性好，同时阴离子型发泡剂价格便宜。非离子型发泡剂也具有较好的发泡能力，其泡沫高度为 180 mm，使用浓度为 0.125% ~ 0.5%，特点是泡沫润湿性好，但泡沫消失快，即泡沫稳定性差。阳离子型发泡剂与两性离子型发泡剂，也有良好的发泡能力，其泡沫高度为 180 mm，有一定的泡沫消失速度，但价格较贵。

（四）湿润剂

湿润剂的作用是为了增强对粉尘的湿润能力，在发泡剂中添加润湿剂如 TX-100、JFC 等有较好的效果。

（五）稳定剂

稳定剂（或称稳泡剂）是指在发泡剂中能引起稳定泡沫作用的某种助剂（表面活性剂）。常用泡沫稳定剂有硬脂酸铵、十二醇、N-十八烷基琥珀酰胺酸盐等。实践证明，泡沫稳定剂都有一定的选用范围，稳定剂添加不适当，不仅不能增加泡沫的稳定性，反而会降低起泡剂的原有各项技术性能指标。实验表明，用十二烷基磺酸钠作发泡剂，以十二醇作稳定剂，发泡后泡沫半衰期显著增加，十二醇用量应控制在 1% 以下，通常为 0.25% 用量。如果用量过多，泡沫半衰期反而降低，用量到 5% 时，就不能发泡。

（六）增溶剂

表面活性剂在水溶液中形成胶束后具有能使不溶或微溶于水的有机物的溶解度显著增大的能力，且此时溶液呈透明状，胶束的这种作用称为增溶，能产生增溶作用的表面活性剂叫增溶剂，被增溶的有机物称为被增溶物。影响增溶作用的主要因素是增溶剂和被增溶物的分子结构和性质、温度、有机添加物、电解质等。因此，泡沫药剂配方中增溶剂是必不可少的成分。

（七）其他助剂

如防冻剂能防止泡沫药剂的水溶液在冬季结冰。因此，要根据水质的性质、气候条件和另外一些因素，确定泡沫药剂配方中需加入其他一些助剂，有利于泡沫降尘效果。

实验证明，任何单一药剂根本不可能实现对各方面性能的要求，为此泡沫除尘药剂也需要多种药剂混合后，才能达到所需要的目的。由于泡沫药剂配方中各药剂所起的作用不同，因而各药剂的含量也不一定相同，需要通过正交实验来确定。

四、泡沫发生器

用于矿井除尘泡沫通常是用物理方法产生的空气机械泡沫。一般是将发泡剂溶液喷洒于发泡网上，再经风流的吹激而产生泡沫。除尘用发泡机多为压气发泡机和水力引射式发泡机如图 9-9、图 9-10 所示。

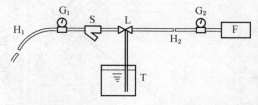

F—发泡喷头；L—管路定量分配器；S—过滤器；T—发泡原液贮槽；
G₁、G₂—压力表；H₁、H₂—高压软管

图 9-9 水力引射式发泡机示意图

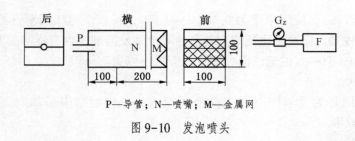

P—导管；N—喷嘴；M—金属网

图 9-10 发泡喷头

水力引射式发泡机主要出发泡喷头、定量分配器、过滤器、发泡原液贮箱及软管等构成。其发泡过程是由软管 H_1 供给的压力水（约 980 kPa）进入过滤器 S 加以净化，随后流入管路定量分配器 L。内于压力水为引射作用将贮液槽 T 中的发泡原液按定量（混合比 0.51%）吸出。含有发泡原液的压力水通过软管 H_2 流入发泡喷头 F。发泡喷头如图 9-10 所示，由图可知从导管 P 进入的压力水由于喷嘴 N 的作用，被喷到金属网上。此时，空气由于高压射流的引射作用，从发出喷头尾部开口处被吸入，含有发泡原液的水与空气在金属网 M 处形成泡沫而向前方喷射。

泡沫的射程是随发泡压力、金属网孔的大小而变化的。如使用网孔直径为 3 mm 的金属网发泡，G_1 处压力 294~1960 kPa（3~20 kgf/cm²），G_2 处压力 147~1176 kPa（1.5~12 kgf/cm²），其对应用水量和射程见表 9-2，其他技术性能如图 9-11 所示。发泡网的形状会影响发泡机的发泡能力，一般以抛物面和锥形发泡网为好，其相对发泡能力高。对于发泡网的材质，采用棉线网优于尼龙网，而尼龙网优于金属网。

表 9-2 发泡剂的性能

一次压力/(kgf·cm⁻²)	二次压力/(kgf·cm⁻²)	射程/m	排水量/(L·min⁻¹)
3	1.5	1	9.5
1	2	2.5	11
6	2.5	2.5	12
10	5.5	3	17
20	12	5	25

注：1 kgf/cm² = 98.066 kPa。

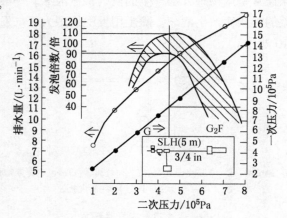

图 9-11 发泡剂的性能曲线

根据试验研究，除少泡沫的发泡倍数、分散度、黏附和湿润能力是决定泡沫抑尘效果的重要因素，一般要求产泡倍数适宜。从降低成本角度考虑，当然产泡倍数高些为好，但倍数过高对煤尘的吸附和自身稳定性较差。国外试验认为，发泡倍数为 100～200 倍，尺寸小于 6～10 mm 的泡沫吸附性较好，并且泡沫稳定性也高。但也有认为高倍细小泡沫防尘效果好，因气泡小的内应力大，细小尘粒只有与内应力大的小气泡碰撞才易被气泡所湿润。那么究竟哪种更科学，还有待进一步研究和实践。另外，喷雾状态也影响产泡效果，如雾粒分散度过高则一部分小雾粒会穿网而过，致使发泡量减少。雾化程度差也会造成网面受液不均，使风液量配比失调而影响发泡。

国内外常用的发泡机类型很多，比较常见的结构如图 9-12 所示。

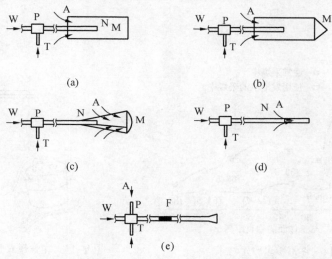

W—水；P—混合机；T—发泡原液；A—空气；N—喷嘴；M—金属网；F—发泡装置

图 9-12　各种类型的发泡机

五、泡沫除尘的应用

（一）采煤机泡沫除尘

国外采煤工作面试用泡沫除尘，大部是在滚筒采煤机截煤时向截割部喷射。试验时，发泡喷头的安装方式如图 9-13 所示。试验表明，发泡喷头最好和发泡原液贮槽作为采煤机的一部分装在一起。一般安装在滚筒采煤机的中部，或靠近操作者的侧面。最理想的是采用内喷泡沫的方法，即用安装在滚筒采煤机内部的导管把泡沫喷至该筒截齿面上。截齿割煤、泡沫喷射，这样抑尘效果好。

采煤机截齿割煤时喷射泡沫的降尘效果如图 9-14 所示。

（二）掘进打眼泡沫除尘

对于特殊岩体（遇水膨胀等）的掘凿打

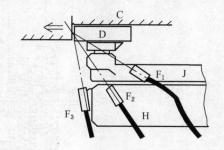

C—工作面；D—滚筒；J—千斤顶外壳；
H—牵引机头；F₁、F₂、F₃—发泡喷头

图 9-13　发泡机在采煤机上的安装方法

眼或溜煤眼施工，采用湿式上向打眼时适于采用泡沫除尘。根据俄罗斯的试验，凿岩机钻孔时用泡沫防尘，将泡沫压入孔底和将泡沫喷在孔口相比，后者降尘效果明显好于前者。前者必须有足够水量才能把粉尘和泡沫混合物排出眼外，后者在煤眼口捕集细尘，由于泡沫的湿润黏结作用，泡沫同涌出的粉尘一起干燥形成一块块泡沫团块。采用泡沫钻眼消除了湿式打眼的一系列缺点，如耗水量大、排除泥浆的费用高、钻眼工受水喷溅、穿防水衣带来的行动不便以及恶化环境气候等。钻孔时炮眼口喷射泡沫的除尘布置方式如图 9-15 所示。将压气通过一个装有起泡剂和水的混合物的起泡发生器，用软管将泡沫送到泡沫喷嘴，喷嘴装在钎杆上用一夹持器压在工作面壁上。干泡沫装置的泡沫发生器内部结构如图 9-16 所示。干泡沫法适用于水平钻眼，尤其适用于上向钻眼。

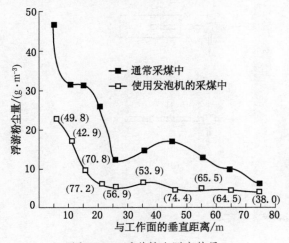

图 9-14　浮游粉尘测定结果

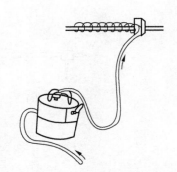

图 9-15　在炮眼口用干泡沫示意图

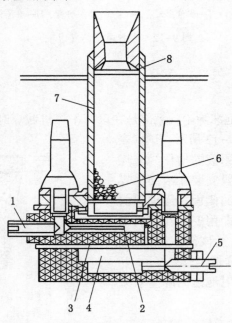

1—调节螺栓；2—喷射管；3—灯芯；4—玻璃料；5—调节螺栓；6—筛网；7—泡沫管；8—筛网

图 9-16　干泡沫装置的泡沫发生器

（三）采煤工作面干式打眼泡沫除尘

采煤工作面干式打眼泡沫除尘技术与掘进打眼泡沫除尘技术较为相似，该技术在北宿、南屯和杨村煤矿的 7704、7700 和 2704 工作面采用后取得了较好的降尘效果，湿式除尘和泡沫除尘效果比较见表 9-3。

表 9-3　湿式除尘和泡沫除尘效果比较表

矿名	湿式除尘			泡沫除尘			效果对比		
	用水量/$(L \cdot min^{-1})$	平均全尘/$(mg \cdot m^{-3})$	平均呼尘/$(mg \cdot m^{-3})$	用水量/$(L \cdot min^{-1})$	平均全尘/$(mg \cdot m^{-3})$	平均呼尘/$(mg \cdot m^{-3})$	占原用水量比例/%	平均全尘降尘率/%	平均呼尘降尘率/%
北宿煤矿	1.35	17.42	9.05	0.50	14.57	7.18	37.00	16.40	20.70
	1.25	17.45	8.68	0.51	15.05	7.53	41.00	13.70	13.30
南屯煤矿	1.45	18.00	9.70	0.60	13.65	6.95	41.40	24.20	28.40
	1.42	18.75	9.20	0.57	13.35	6.86	40.00	28.80	25.40
杨村煤矿	1.55	17.10	8.93	0.67	12.05	7.08	43.20	29.50	20.70
	1.70	16.35	8.75	0.54	11.62	6.78	31.70	28.90	22.50

从表中可以看出，打眼时采用泡沫除尘比湿式打眼用水量大大减少，基本上为原来的 40% 左右，平均全尘和平均呼尘的降尘效果较好，对于呼吸性粉尘效果最明显，降尘率提高了 20% 左右，改善了打眼工人的工作环境。

第三节　其他除尘方法

一、磁化水除尘

目前，国内外对水系磁化技术的应用日趋广泛，水系磁化这门边缘科学已引起各领域的高度重视。俄罗斯最先进行了磁化水除尘试验，据列宁矿山和十月矿山对磁化水与常水降尘率进行对比试验表明，其平均降尘率可提高 8.15% ~ 21.08%。此外，在磁化水中添加湿润剂还可在此基础上提高降尘率 38% 左右。我国是从 20 世纪 80 年代末开始在井下进行有关试验研究的，现已在各矿井推广应用。

根据试验，水通过一定强度的磁场进行磁化处理后用来除尘，能够显著提高降尘效果。由实测表明，当磁场强度为 2200 Oe（奥斯特），水流过磁化器的流速为 0.3 ~ 0.5 m/s 时，其除尘效果与未磁化过的水相比，对岩尘可提高 2~3 倍，对煤尘可提高 1.8 倍。用自来水、湿润剂溶液和磁化水进行除尘对比试验，若以未处理过的自来水对粉尘的除尘率为 100% 计算，那么湿润剂溶液和磁化水对煤尘的除尘率可分别为 166% 和 382%；而对岩尘其相应的除尘率为 230% 和 382%。如果对添加湿润剂的水溶液进行磁化处理，那么溶液表面的张力会进一步降低，又可使除尘效率再提高 35% ~ 50%。

（一）磁化水降尘原理

磁化水是指经过磁化器处理过的水，使水的物理化学性质发生了暂时的变化。这种暂时改变水性质的过程叫磁化，其变化的大小与磁化器磁场强度、水中含有杂质性质、水的温度及水在磁化器内流动速度有关，磁化程度的好坏与磁化器的结构有关。

磁化处理后，由于水质的变化，可以使水的硬度突然提高然后变软，水的电导率、黏度降低，改变水的晶体结构，使复杂的长链状变成短链状，使水氢键发生弯曲，使水化学键夹角发生改变。因此，磁化处理后使水的表面张力、吸附能力、溶解能力、渗透能力以及湿润性增加，使水的结构和性质暂时发生显著变化。

水被磁化处理后，黏度降低、晶体结构变短，会使水珠变细变小，提高雾化程度，因此与粉尘的接触机遇增加，特别是对呼吸性粉尘的捕捉能力加强。因为磁化水湿润性强，吸附能力大，使粉尘降落速度加快，所以降尘效果好。

（二）磁化器

共振型磁场处理装置，即水的磁化器如图9-17所示，适用于煤矿开采、运输、转载、提升等作业时做磁水喷雾降尘之用，对煤层注磁化水预湿煤体和采空区灌注磁化水均有良好作用。通用的空压机及需要冷却的其他设备采用磁化水能防除水垢。

图9-17　共振型磁场处理装置

共振型磁场处理装置是一种用Y30锶铁氧体环形磁体，经过特定的排列组合制造而成的。根据物理学上的塞曼效应，经过富集的磁力线能改变水的荷电状态、缔合形式和结晶状态，使水合离子成胶体状态，从而影响其成核相互碰撞和凝聚状态，使水中钙镁离子遇热时形成泥垢沉淀底部，这些泥垢结构松软，不影响热传导，而且易于清除，达到防除水垢和降尘的目的。共振型磁场处理装置的主要技术参数见表9-4。

表9-4　共振型磁化器主要技术参数

项目名称	RMT-1	RMT-2	RMT-3
长度/mm	240	280	310
外形尺（直径）/mm	65	70	80
进水管径/in	$\frac{3}{4}$	1	$1\frac{1}{2}$
此场感应强度/μT	1500~2250	1500~3000	1500~3000
切割次数/次	7	7	7
质量/kg	3	5	8

（三）高效磁化喷嘴降尘器

TFL牌高效磁化喷嘴降尘器将磁化器、雾化器、过滤器三部分合为一体，更好地发挥磁化效应，以提高降尘效果。经国家煤矿防尘通风安全产品质量监督检验测试中心测试表明，在相同水压条件下，比非磁化喷嘴的降尘效果提高0.9~1.2倍，对粒径小于7 μm的呼吸性粉尘效果更好。其特点是磁化水对占粉尘85%以上的呼吸性粉尘有较强的捕捉能力。因此，对防止粉尘爆炸事故及改善劳动环境、降低职工尘肺病发病率将起到重要作用。

二、粘尘剂抑尘

在较大的风速下，沉积于矿井中的粉尘会重新飞扬，形成二次尘源。此外，在煤矿中还可引起煤尘爆炸事故。为此，各矿井普遍采用定期洒水、冲洗等措施，抑制粉尘的二次飞扬。

班后冲洗是目前最常用的方法，但是这种方法的缺点也很明显，由于矿井粉尘大多具有较强的疏水性、水的表面张力又很大，加之水分容易蒸发，洒水冲洗后，粉尘将迅速风干，重新具备飞扬的能力，致使矿井巷道周壁、棚梁、柱后及破碎岩石缝隙中存在大量煤尘，造成安全隐患。因此，以德国为主的一些国家正在倾向于应用粘尘剂抑制粉尘。目前，世界各国每年都有新的矿用粘尘剂配方专利在发表，其中较著名的有美国的 DCL-1803 型、Conhex 型粘尘剂，日本的 SS-01 型和 SS-02 型、TH-C 型粘尘剂，南非的 ANTI 型疏水防尘剂及德国的 MONTAN 型粘尘剂等。进入 20 世纪 90 年代，我国在此方面的研究和试验也取得了良好的效果，现已开发出 NCZ-1 型粘尘阻燃剂、丙烯酸酯型粘尘剂、己内酰胺型粘尘剂及 CM 保湿型粘尘剂等。

（一）吸湿性盐类粘尘剂作用原理

粘尘剂抑尘的原理：通过无机盐（如氯化钙或氯化镁等）不断地吸收空气中的水分，使得沉积于粘尘剂的粉尘始终处于湿润状态，同时由于在粘尘剂中添加有表面活性物质，所以它比普通的水更容易湿润矿井粉尘。

只有在空气相对湿度小于 40% 时，粘尘剂才会发生结晶现象。由于矿井空气湿度一般均在 80% 以上，因此粘尘剂是不会发生结晶的。粘尘剂溶液的浓度随着所处环境空气温度和湿度的变化而变化，主要体现为从空气中吸收或者排出水分。吸湿性无机盐在不同相对湿度下的吸湿平衡浓度如图 9-18 所示。粘尘剂可以持续黏结由井下空气带来的，不断沉积于巷帮与底板的粉尘。随着黏结粉尘量的增加，粘尘剂需要不断吸收空气中的水分，达到新的吸湿平衡浓度；当粉尘沉积量超过平衡浓度时，粘尘剂将固化，需要重新喷洒粘尘剂。

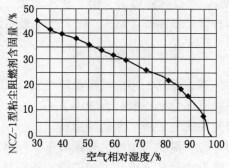

图 9-18 无机盐的吸湿平衡浓度图

（二）影响粘尘剂抑尘效果的因素

（1）在沉积粉尘中，粉尘粒度越小，粘尘剂的抑尘能力越低。

（2）粉尘的沉积强度越大，粘尘剂的抑尘能力越低。

（3）煤尘的炭化程度直接影响粘尘剂的效果，炭化程度过高或者过低，均会使粘尘剂的抑尘效果下降。

（4）矿井空气中的二氧化碳浓度越大，粘尘剂的抑尘能力越低。

（5）粘尘剂中添加的表面活性剂浓度越大，粘尘剂的抑尘效果也越好。

（6）沉积粉尘的灰分越大，粘尘剂的抑尘效果越佳。

三、超声波除尘

利用超声波除尘的基本原理：在超声波的作用下，空气将产生激烈振荡，悬浮的尘粒间剧烈碰撞，导致尘粒的凝结沉降。试验证明，超声波可使那些用水无法除去或难以除去的微小尘粒沉降下来，但必须控制好超声波的频率以及相应的粉尘浓度。国外研究表明，用超声波除尘的声波频率在 2000~8000 Hz 范围内为宜。

目前，已有德国、法国、俄罗斯等国家在煤矿井下进行了超声波除尘的试验与研究。据报道，高效的超声波除尘装置捕捉钻孔粉尘的效率可达 99%。但存在的问题是，功率消耗大、处理时间长以及对人体有影响等。

四、电离水除尘

电离水除尘的原理：通过电离水使弥散于空气中的粉尘粒子及降尘雾滴带电，利用带电极性相反时相互吸引的原理，实现粉尘的凝聚沉降。据报道，国外煤矿使用 R、E、A 静电喷涂的喷枪，在 30000 V 的电压，500 mA 的电流及 28.2 L/min 的流量下，使降尘雾滴充正电达到了良好的降尘效果。

五、用微生物方法降低煤尘

国内外对微生物降低瓦斯和煤尘的试验也正在进行。这种方法的原理：在有氧的情况下，微生物悬浮液能够直接在煤体中实现瓦斯的低温氧化作用，使煤体硬度降低 15%~20%；当煤体破碎时，由于塑性增加，产尘量降低。据报道，采用这种方法可使工作面瓦斯含量降低 50%~75%，煤尘产生量降低 40%~70%。

六、声波雾化降尘技术

调查发现，当前的喷雾降尘技术普遍存在着降低呼吸性粉尘效果差、耗水量大的缺点，其降尘率一般只有 30% 左右。为了改善和提高喷雾降尘的效果，中煤科工集团重庆研究院研究了声波雾化降尘技术。该项技术是利用声波凝聚、空气雾化的原理，提高尘粒与尘粒、雾粒与尘粒的凝聚效率以及雾化程度来提高呼吸性粉尘的降尘效率。产生声能的声波发生器是该项技术的关键，该项技术所研制的声波雾化喷嘴具有普通压气雾化喷嘴的特点，雾化效果好、耗水量低、雾粒密度大。同时，产生的高频高能声波可以使已经雾化的雾粒二次雾化，减小雾粒直径，提高雾粒与尘粒的凝聚效果。在风压为 0.3~0.6 MPa，耗水量小于 1.0 m³/min 的条件下，雾粒面积平均直径小于 30 μm，对呼吸性粉尘的降尘率可以达到 88%。但缺点是声波雾化喷嘴产生的声波频率在可听范围内，声压级较高，噪声较大；此外，雾粒变小，易受环境风流的影响，寿命较短。解决好这两个问题，该技术将取得十分满意的结果。

七、预荷电高效喷雾降尘技术

基础研究的结果表明，荷电水雾对呼吸性粉尘的降尘效果是随水雾荷质比的提高而线性上升的，最高可达 75.7%，这说明此技术途径是可行的。实现这一目的的技术关键是能研制出耗水量小、雾化效果显著、雾粒密度大而且水雾能够荷上足够多的电荷的电介喷嘴。也就是说，这种喷嘴是建立在传统喷雾降尘机理和电力作用机理的综合作用的基础之上的特殊雾化元件。

经过大量的定性和定量试验研究，确定了五种电介喷嘴。这些电介喷嘴的水雾荷质比与同型号的铜质喷嘴相比提高了 22.7 倍，并已形成了系列，可以满足不同尘源的需要。这些电介喷嘴的雾化效果也较好，雾粒群的面积平均直径均小于 85 μm，有效射程、水量分布、水流量等参数均符合行业标准。在各种水压下，雾粒密度均大于 2×10^8 颗/$(s \cdot m^2)$。试验研究结果表明，总粉尘的降尘率是随着水压的上升而单调提高的，说明这主要是传统喷雾降尘机理作用的结果。而呼吸性粉尘降尘率则随着水雾荷质比的提高而提高，不随水压的上升而单调提高，说明这主要是电力机理起作用的结果。当水压为 1.0~1.5 MPa时，水雾荷质比和水压均较高，可获得最高的呼吸性粉尘降低率。在实验室进行降尘试验时，水压在 0.7~2.0 MPa 下，电介喷嘴进行荷电喷雾，其呼吸性粉尘的降尘率均达到 60% 以上。

第十章　个　体　防　护

第一节　个体防尘用具

有害粉尘通过人体呼吸道进入体内，在人体肺部积累，造成人体肺部产生病变。按照国家有关规定，在有粉尘环境下工作，作业者必须佩戴个人防尘防护用具，用于保护工人身体健康。

目前，个体防护的防尘用具主要包括防尘口罩、防尘面罩、防尘帽、防尘呼吸器等，其设计和使用目的是使佩戴者既能呼吸净化后的洁净空气，又不影响正常生产活动。按照工作原理和结构，一般分为两大类。

一类是过滤呼吸保护器，通过将空气吸入过滤装置，去除污染而使空气净化。另一类是供气式呼吸保护器（又称为隔绝式），是从一个未经过污染的外部气源，向佩戴者提供洁净空气的。绝大多数设备尚不能提供完全的保护，总有少量的污染物仍会不可避免地进入到呼吸区。呼吸道防护防尘用具分类见表 10-1，呼吸道防护防尘用具部分技术标准见表 10-2。

表 10-1　呼吸道防护防尘用具分类表

品	类		主要组成部件	适用范围
过滤式	自吸式	简易式防尘呼吸器	口鼻罩带夹具或支架，大部分无呼气阀	粉尘浓度较低
		复式防尘呼吸器	面罩、呼气阀、吸气阀、过滤盒	粉尘浓度较高
	送风式	送风口罩	口鼻罩带呼气阀、导气管、过滤器、电动风机	粉尘浓度大
		送风头盔	帽盔带面罩、滤尘袋、电动风机	粉尘浓度大
隔绝式	自吸式	长管面罩	口鼻罩带呼气阀、长导气管	呼吸器内为同气压
	送风式	长管面具	帽盔带镜窗、送风管	近距离作业的工作环境
		压气呼吸器	口鼻罩带呼气阀、长导气管、空压机或气瓶	尤其适用粉尘浓度大或者有毒有害气体环境

表 10-2 呼吸道防护防尘用具部分技术标准

技术标准	发布时间	替代原标准
《隔离式正压氧气呼吸器》（MT 867—2000）	2000 年 12 月 8 日	无
《呼吸防护 自吸过滤式防颗粒物呼吸器》（GB 2626—2019）	2019 年 12 月 31 日	GB 2826—2006《呼吸防护用品—自吸式过滤式防颗粒呼吸气》、GB/T 2626—1992《自吸过滤式防尘口罩通用技术条件》、GB/T 6223—1997《自吸过滤式防微粒口罩》、GB/T 6224.1—1986《过滤式防微粒口罩总透漏率的试验方法》、GB/T 6224.2—1986《过滤式防微粒口罩的过滤效率的试验方法》、GB/T 6224.3—1986《过滤式防微粒口罩死腔的试验方法》和 GB/T 6224.4—1986《过滤式防微粒口罩对空气呼吸阻力的试验方法》
《呼吸防护 长管呼吸器》（GB 6220—2009）	2009 年 4 月 13 日	GB 6220—1986《长管面具》、GB 6221—1986《长管面具性能试验方法》

　　按照防护原理，呼吸防护用品分为净化式、隔绝式两类，主要产品有防尘口罩、过滤式防毒面具、氧气呼吸器、自救器、空气呼吸器等。自吸过滤式防尘口罩包括简易防尘口罩和复式防尘口罩。防毒面具属特种防护用品类，执行国家强制标准《呼吸防护 自吸过滤式防毒面具》（GB 2890—2009），分为导管式、直接式防毒面具。

　　呼吸器的技术标准是检验一种呼吸器质量是否合格的重要标准，可以规范呼吸器的生产和使用，同时也为呼吸器的选用提供了重要参考依据。通过标准的修订实施促进了我国呼吸防护用品的质量，保障了产品防护性能和检测方法的可靠性，促进了国内产品与国外同类产品技术要求和评价体系的接轨。国外电动送风防尘面具标准见表 10-3。

表 10-3 英、法、原联邦德国、日本电动送风防尘面具标准

标准号	名称	结构	适用范围
BS4771—1971（英国）	正压、动压除尘的风帽和罩衫规范	电扇+过滤器+面具	用于带有固体微粒烟雾及不含有毒气或蒸汽的地方，缺氧地方不得使用
NFS76—001—83（法国）	呼吸保护装置	电扇+过滤器+面具（+通气阀）	用于烟尘、雾尘、分解物及组合物的场合，有毒、缺氧处不得使用
DIN58645—84（原联邦德国）	全呼吸保护设备	风机+粒子过滤器+面具（+通气阀）	用于有烟尘、雾尘及雾气场所（不得有毒、缺氧）
JIST8157—82（日本）	带电扇防尘呼吸保护器	电扇+过滤器+面具（+通气阀）	用于带有游离粒子物质的场所，不可用于氧气低于 18%，含有毒气体及可能爆炸处

第二节　自吸过滤式防颗粒物呼吸器

　　自吸过滤式防颗粒物呼吸器（原称"自吸过滤式防尘口罩"，2006 年更名）属于自吸过滤式呼吸防护用品，是靠佩戴者通过呼吸产生动力克服呼吸器部件气流阻力的过滤式呼吸防护用品。自吸过滤式防颗粒物呼吸器是最常见的防尘用品，根据其主要部件构成分

简易式和复式两大类。

一、简易式防尘呼吸器

简易式防尘呼吸器没有过滤盒、吸气阀等复杂装置，有的直接用过滤材料做成，其构件十分简单，如防尘口罩。有的则依靠简单支撑件而构成。该类呼吸器有夹具式和支架式等结构形式，夹具式防尘呼吸器基本构成如图 10-1 所示。

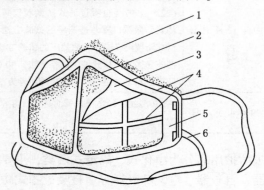

1—泡沫塑料衬圈；2—泡沫塑料片；3—滤料；4—内夹具；5—外夹具；6—系带

图 10-1　夹具式防尘呼吸器基本构成

支架式防尘口罩则是由主体和系带两部分组成，主体用滤布直接做成包套，中间用根据脸部造型的塑料支架支撑。为了防止侧漏，有的周边加泡沫塑料条，外包螺纹针织布作衬垫。

简易式防尘呼吸器具有结构简单、轻便、呼吸阻力小、携带方便等优点；但其阻尘效率一般来说要低于复式呼吸器，并且该类呼吸器不宜用于湿度较大的淋水和湿式作业场所。

二、复式防尘呼吸器

凡由滤尘盒和呼吸气阀两部分组成的呼吸器，统称为复式呼吸器。滤尘盒又有单滤尘盒和双滤尘盒之分。复式呼吸器如图 10-2 所示，是由主体件、过滤盒、滤料、呼吸气阀等部件组成，其阻尘率可高达 97%～99%，而呼吸阻力仅为毫米汞柱。

图 10-2　3M 低保养型防护半面复式呼吸器

复式防尘呼吸器滤尘盒一般由盒盖、环、滤料、盒底四部分组成，双滤尘盒的总过滤面积可达 90 cm^2，呼吸气阻力较小。滤尘盒里有 2 层滤料，主滤料为超细纤维滤布，滤布内外复 2 层纱布，前面加 2 张桑皮滤纸做副过滤料，以防滤布积尘后增加阻力。在副滤料前再加滤纱作保护层。环和盒差分别用来固定滤布、滤纸和滤纱。吸气阀门附设在滤尘盒底盘进气口上，呈软胶片状。吸气时阀开启，使净化的空气进入口罩内。

呼气时，口罩内形成正压阀门关闭。呼气阀在主体正前方，由阀盖、阀座、阀门三部分组成。阀盖用高压聚乙烯塑料制成，阀座用低压聚乙烯制成，并设有卡口连接。阀为伞状天然橡胶片，启闭灵活，密闭性好。呼气时，阀门开启，呼出的气体排出口罩外。吸气时，口罩内形成负压，阀门关闭。排水嘴在主体前下端，由水嘴、浮球、堵头三部分组成，用低压聚乙烯材料制成，水嘴内装有一个密度小于水的浮球，当口罩主体内的呼气凝结成水进入水嘴后，浮球浮起，水由排水孔排出嘴外后，浮球恢复原位将排水孔堵住。系带一般为上下 2 条松紧带，装有塑料扣，能根据头型调节松紧。

武安 4 型（单滤尘盒）防尘呼吸器整体结构如图 10-3 所示。

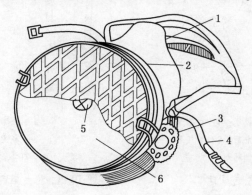

1—主体及橡胶内卷边；2—滤尘盒；3—呼气阀；4—系带；5—吸气阀；6—第二层过滤面

图 10-3 武安 4 型防尘呼吸器结构

第三节 动力送风过滤式防尘呼吸器

动力送风过滤式防尘呼吸器是通过动力作用，如空压机、压缩气瓶装置等使呼吸器内部（或腰间）放置的微型电动风机旋转，将经过滤除尘的干净空气吸入呼吸器内，使佩戴者尽管在污染的环境中工作，仍能呼吸到干净空气，从而改善劳动者的工作条件。早在 20 世纪 60 年代，国外就有此类产品问世，如英国当时类似产品为气流式防尘罩具，阻尘效率高、戴用舒适、不闷气，其形式有送风口罩、面罩和头盔。

一、送风口罩

YMK-3 型送风口罩如图 10-4 所示。这种口罩主体口鼻罩用无毒橡胶制成，为内卷式，左右装 2 个呼吸阀，下部有吸气嘴与导气管连装。导气管为蛇形管，过滤盒是塑料注塑成形。风机送风量不小于 60 L/min，是用每分钟转速为 5000~7000 转的微电机抽吸染尘空气制成的，当空气经过过滤器净化后，通过蛇形管送入口鼻罩供人呼吸，呼吸器的阻尘效率超过 90%。由于采取机械送风，罩体或头盔内保持正压，故没有呼吸阻力，使用者感觉比较舒适。

二、送风面罩

密合型电动送风过滤式防尘呼吸器，必须具有电动风机向呼吸器内送入经过滤的干净空气和从排气阀排出佩戴者的呼气及剩余空气的结构。密合型电动送风过滤式防尘面罩如图 10-5 所示。

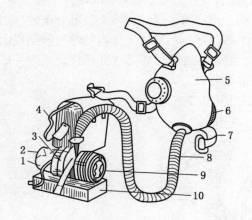

1—电动机；2—开关；3—风机；4—口罩带；
5—主体；6—呼吸阀；7—系带；8—导气管；
9—过滤器；10—电池

图 10-4　YMK-3 型送风口罩

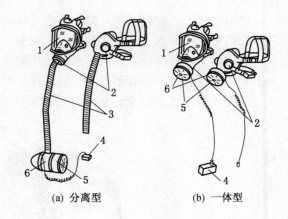

(a) 分离型　　　(b) 一体型

1—目镜；2—排气阀；
3—导气管；4—电池；
5—过滤器；6—电动风机

图 10-5　密合型电动送风过滤式防尘面罩

除具备供干净空气的结构外，佩戴者呼气能从人体与头罩之间或排气阀排出而粉尘和微粒难于进入的结构。头罩型电动送风过滤式防尘呼吸器如图 10-6 所示。

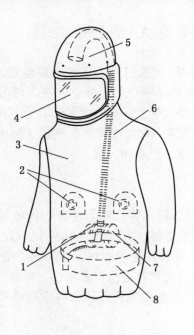

(a) 前额供气分离型

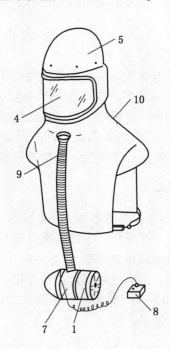

(b) 嘴部供气分离型

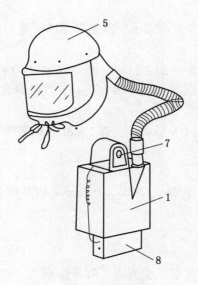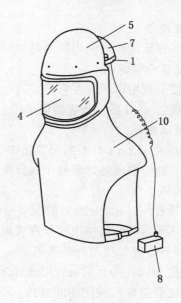

(c) 头后供气分离型   (d) 一体型

1—过滤器；2—排气阀；3—防护罩；4—目镜；5—帽壳；
6—导气管；7—风机；8—电池；9—送气管；10—保护罩

图 10-6　头罩型电动送风过滤式防尘呼吸器

三、送风头盔

送风头盔又称为头盔式电动送风呼吸器，一般分全盔式和半盔式两种，是集呼吸系统防护、面部防护（面屏）及头部防护（安全帽）为一体的综合个体防护用具。送风头盔主要构成如图 10-7 所示。

送风头盔可以通过电动送风过滤式呼吸防护系统或者送风隔离式呼吸防护系统实现对劳动者的防护。目前，电动送风装置及滤棉可以完全置于头盔内，使用非常方便。

四、送风式防尘呼吸器通用技术条件

送风式防尘呼吸器通常具有阻尘率高、低泄漏、呼吸阻力小、不憋气、质量轻、携带方便、使用寿命长、成本及维护费用均低等特点。

（一）防护率

呼吸器防护率必须符合的要求见表 10-4。

表 10-4　呼吸器防护率　　　　%

级别	一级	二级
指标	99.0 以上	95.0 以上

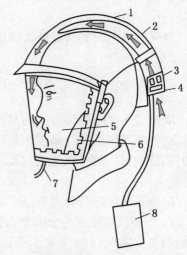

1—帽盔；2—精滤尘袋；3—电动风机；
4—粗滤层及染尘空气进入口；5—透明面罩；
6—贴面翼片；7—呼气出口；8—电池

图 10-7　送风头盔

（二）送风量

呼吸器在额定工作时间内所通过的风量，其值必须小于额定最低送风量。

（三）连续运转性能

呼吸器接通规定电源，在常温室内［定温为（20±2）℃，相对湿度（60±15）%］电动风机连续运转24 h后，呼吸器电动机、风叶等各部位不得有烧损或其他异常现象。

（四）高温性能

将呼吸器放入（6±2）℃的恒温箱中，保温6 h后取出，在1 min内观察呼吸器各部位必须无变形、油漆脱落等妨碍使用的异常现象。

（五）低温性能

将呼吸器放入（−20±2）℃的恒温箱中保温3 h后取出，在1 min内观察各部位必须无变形、油漆脱落等妨碍使用的异常现象。

（六）材料各部位使用材料要求

（1）强度和弹性等必须符合用途要求。

（2）与皮肤接触部位使用的材料，不得对皮肤产生有毒、有害影响。

（3）金属部位必须具有耐腐蚀性或经过适当防腐蚀处理。

（七）使用要求

呼吸器戴在头上使用时，不得有异常压迫感。必须为佩戴者提供干净空气。其连接部分牢固可靠，不因泄漏而使性能下降。对于有防冲击要求的呼吸器应符合《头部防护 安全帽》（GB 2811—2019）和《安全帽测试方法》（GB/T 2812—2006）的要求。

密合型呼吸器，当电机停止工作时，佩戴者仍能够依靠自吸经过滤的空气。

（八）电动风机

电动风机必须确保足够风压和风量、结构紧凑、质量轻、噪声小、电源电压在24 V以下。

（九）导气管

导气管必须不妨碍佩戴者的活动，在使用期间不应由于受多种弯曲而发生通气故障。

第四节　隔绝式压风呼吸器

隔绝式压风呼吸器（又名自给正压式空气呼吸器）是一种隔绝式的动力个体防护用具，将人的呼吸部位与染尘作业环境隔离，通过长导气管将作业环境外的洁净空气或者对井下风管中的压缩空气进行过滤、消毒、减压后通过导管送入口罩内口鼻部，供使用者呼吸。

隔绝式压风呼吸器具有以下优点。

（1）该类呼吸器为全面个人防护用具，不仅可以实现对粉尘的隔离防护，同时可免除炮烟及有害气体的侵害。当瓦斯突然增大造成缺氧时，它也可有效维持矿工的正常呼吸。

（2）呼吸器始终保持微正压、吸气阻力小，而且气流的湿度、温度等都比较适合操作者。

（3）防尘效率高，经过压风减压、过滤净化，并通过多级限压、安全卸压装置，使高压气流可靠地还原为新鲜空气，经导管送入呼吸口罩内，供佩戴者呼吸用，隔绝尘、毒的效率甚至可达100%，尤其适用于气溶胶浓度高和短期内暴露不会有生命危险的场所。

（4）供风简单，具备压风管路的岩巷或其他巷道中的风流可以作为供风源，或者直接通过携带装有清洁压缩气体的背负式气瓶通过自给正压式供风实现对劳动者的个体防护。

缺点是呼吸器必须连接压风装置和供风管路，使用者行动不便，操作者活动范围受限，不能实现远距离作业。

本节针对一种自给正压式空气呼吸器进行介绍。

自给正压式空气呼吸器（简称空呼器）是一种呼吸保护装具，是人员呼吸系统保护等级最高的，可以适用于任何浓度、任何有毒气体的工作现场，专为进入缺氧、有毒有害气体环境中进行工作的使用者提供高效的呼吸保护，在粉尘浓度高的工作环境中尤其适用。

由于自给正压式空气呼吸器佩戴者完全不依赖环境气体，而由充装在气瓶内的高压空气经减压器减压后供人体呼吸，而呼出的气体通过呼气阀排到大气中。正常使用时，呼吸器面罩内的压力始终略高于外界环境压力，能有效防止外界有毒，有害气体侵入面罩内，保障使用者安全。产品可广泛应用于矿山、消防、石油、化工、冶金、电力等行业。

空气呼吸器一般由气瓶总成、减压器总成、供气阀总成、面罩总成、背托总成等部件组成，并有多种附件可供选配。SDP系列正压式空气呼吸器如图10-8所示，其技术参数见表10-5。

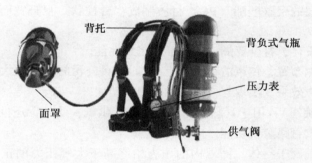

图 10-8 SDP 系列正压式空气呼吸器

表 10-5 SDP 系列正压式空气呼吸器技术参数

气瓶容积/L	气瓶工作压力/MPa	最大供气流量/(L·min⁻¹)	呼吸阻力/Pa		报警压力/MPa	整机质量(最轻配置)/kg	参考使用时间/min
			呼气	吸气			
3.0	≤30	≥1000	≤1000	≤500	5.5±0.5	6.2	30
4.7	≤30	≥1000	≤1000	≤500	5.5±0.5	7.1	47
6.0	≤30	≥1000	≤1000	≤500	5.5±0.5	13.1	60
6.8	≤30	≥1000	≤1000	≤500	5.5±0.5	7.5	68
9.0	≤30	≥1000	≤1000	≤500	5.5±0.5	9.1	90

注：使用时间按中等劳动强度，呼吸量 30 L/min 计算。

一、E. RPP 系列自给正压式空气呼吸器构成及其介绍

E. RPP 系列自给正压式空气呼吸器结构如图10-9所示。

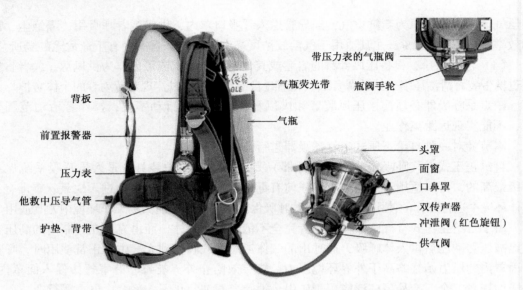

图 10-9   E. RPP 系列自给正压式空气呼吸器结构

头罩：醒目的黄色网状 Kevlar 材质，四点式连接，阻燃、透气、耐用、调节方便，适合头戴安全帽/消防头盔进行工作。

面窗：硬质涂层的聚碳酸酯（PC）材质制成，台柱状，视野宽而清晰、耐热、抗冲击、耐划擦。

口鼻罩：优化设计，符合亚洲人的脸形，密封性佳。

双传声器：双侧布置，传声清晰；配上美国 Scott 公司的声音放大器或对讲机转换器等，可显著增强传声效果及实现与外界联系的独特功能。

冲泄阀（红色旋钮）：用于紧急情况下强制连续供气；此外，还可以用于冲刷以清洁面窗和供气阀、排放管路余气功能。

供气阀：集呼气阀于一体，面罩内的压力始终高于大气压力的正压设计；供气流量大、呼吸阻力小；卡口式接口，安装快捷。

带压力表的气瓶阀：带双面指针式压力表，无需开启瓶阀即可直接观察气瓶内的压力，方便、实用；输出口螺纹有 G5/8″ 和 M22×1.5 两种可选。

瓶阀手轮：符合欧标，可防止因意外或误操作而关闭瓶阀。

背板：增强型工程塑料制成，高强度、阻燃，造型符合人体生理曲线，佩戴舒适。

前置报警器：与压力表集成为一体，前置于左胸前，易于使用者辨别是否自用装具报警；当气瓶内压力降至（5±0.5）MPa 时起鸣。

压力表：德国进口，防水、防震，在黑暗中也能清楚观察气瓶内的压力。

他救中压导气管：用于向他人供气施救。

附防尘罩：确保卫生安全。

护垫、背带：腰垫、肩垫宽大柔软，阻燃包布（Kevlar）；腰带、肩带调节方便，阻燃材料（Kevlar）。

气瓶荧光带：内封于瓶体表面内，方便在黑暗中迅速确认使用者的位置，进一步增强了安全性。

气瓶：碳纤维全缠绕复合气瓶，美国 Luxfer 公司制造；质量轻、强度高、耐腐蚀、寿命长。

二、E. PRR 系列空气呼吸器的特点

（1）供气阀的供气流量大（≥500 L/min）、性能稳定、可大流量调节；呼气阻力小，任何工作环境下佩戴者都可以轻松自如进行呼吸。

（2）供气阀上的红色冲泄阀具有在紧急情况下进行持续强制供气；使用前清洁面窗内表面的灰尘或积雾；使用结束后排放管路余气等功能。

（3）供气阀与面罩的连接采卡口式，连接可靠、拆装简捷。

（4）台柱状面窗采用聚碳酸酯注塑而成，表面有硬质涂层，透光性佳、视野大、耐磨性好。

（5）Kevlar 头罩组件与面窗采用四点连接，强度大、透气性强、调节方便，佩戴消防头盔或安全帽时受力均匀，避免了橡胶头带式面罩总成的缺陷。

（6）面罩内的口鼻罩根据亚洲人的脸形特征进行设计，结构紧凑、密封效果好、残余二氧化碳少。

（7）面罩两侧设有传声器，使佩戴者可与他人进行清晰的语言交流；传声器上可选装 Scott 的各种通信器材，如声音放大器、对讲机转换器（E-Z Radiocom Ⅱ）等。

（8）面罩总成与供气阀的特有结构使之具有去雾除霜功能，寒冷地区使用时亦可始终保持清晰的视野。

第五节 防 尘 服

防尘服是矿山、建材、化工、冶金、食品、医药、军工等行业有关作业人员防止粉尘污染危害体肤专用服装。俄罗斯、波兰等国家曾经制定了类似标准，如《织物及接缝处透尘率实验方法》（ΓOCT17804—1985）、《专用织物粉尘透过性分类》（ΓOCT12. 4. 142—1984）、《防尘服料要求》（PN-90/P04996）等。我国于 20 世纪 90 年代前后，开始对此类服料进行了研究，并制定了一些企业标准和地方标准。

一、防尘服的分类

按用途分为 A 类防尘服（普通型）和 B 类防尘服（防静电型）。

B 类防尘服，即防静电防尘服主要是为了防止服装上的静电积累，用防静电织物为面料而缝制的工作服，在静电影响安全生产的场合非常必要使用。防静电织物一般是在纺织时大致等间隔地或均匀地混入导电纤维或防静电合成纤维或两者混合交织而成的织物。防静电型防尘服如图 10-10 所示。

防护帽
防护镜
防护面罩
防护手套
连体裤
防护靴

图 10-10 防静电型防尘服

按款式分又可分为连体式防尘服和分体式防尘服，如图 10-11 和图 10-12 所示。

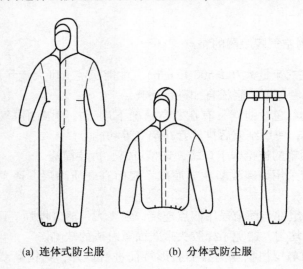

(a) 连体式防尘服   (b) 分体式防尘服

图 10-11 不同款式的防尘服

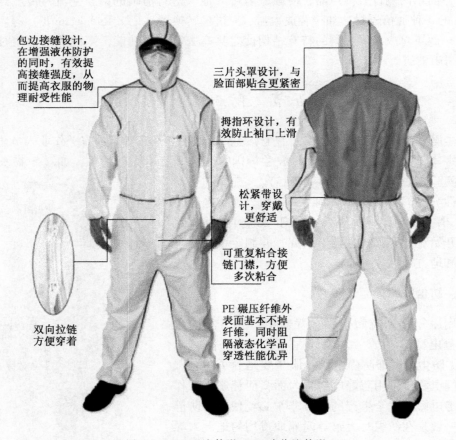

包边接缝设计，在增强液体防护的同时，有效提高接缝强度，从而提高衣服的物理耐受性能

三片头罩设计，与脸面部贴合更紧密

拇指环设计，有效防止袖口上滑

松紧带设计，穿戴更舒适

可重复粘合接链门襟，方便多次粘合

双向拉链方便穿着

PE 碾压纤维外表面基本不掉纤维，同时阻隔液态化学品穿透性能优异

图 10-12 3M 防护服 4640 连体防护服

二、衡量防尘服的基本性能

（一）防尘效率、沾尘量、带电电荷量

A 类、B 类防尘服的防尘效率、沾尘量、带电电荷量指标见表 10-6。

表 10-6 防尘服的防尘效率、沾尘量、带电电荷量指标

防尘服类别	防尘效率/%		沾尘量/[mg·(10 cm×15 cm)$^{-1}$]		带电电荷量/[μC·件(套)$^{-1}$]	
	洗涤前	洗涤后	洗涤前	洗涤后	洗涤前	洗涤后
A 类	≥90	≥90	≤250	≤250	—	—
B 类	≥95	≥95	≤150	≤150	≤0.6	≤0.6

（二）防尘服结构及外观要求

（1）防尘服要求领口、袖口、裤脚口紧，分体式要求下摆紧，其余各部位松紧适度，易穿易脱。

（2）防尘服开襟处使用拉链或纽扣时，不得外露。

（3）B 类防尘服不得有金属附件外露，内衬非防静电面料不得超过其内表面积的 20%。

（4）防尘服不得采用明兜。

（5）连体式或分体式应局部结构与整体结构比例协调，各部位线条流畅，造型自然。

（6）无破损、残洞、斑点、污物及其他影响服装穿用的缺损。

（7）衣领、衣袖上正，对称部位一致，线头剪净，熨烫平整。

（8）规格应符合目标人群标准，见表 10-7。

表 10-7 某连体式防尘服规格　　　　　　　　　　　cm

号	150	155	160	165	170	175	180	公差
衣长	136.0	140.0	144.0	148.0	152.0	156.0	160.0	±1.5
袖长	55.5	57.0	58.5	60.0	61.0	68.0	69.0	±0.5
胸围	98.0	102.0	106.0	110.0	114.0	118.0	122.0	±1.5
总肩长	41.6	42.8	44.0	45.2	46.4	47.6	48.8	±0.8
臀围	98.0	101.0	104.0	107.4	110.8	114.2	117.0	±1.5
腰围	74.0	78.0	82.0	86.0	90.0	94.0	98.0	±1.0
裤脚围	22.0	22.5	22.3	23.5	24.0	24.5	25.0	±0.2

第六节　个体防尘用具的选择、使用和维护

作业场所的危害程度是选择呼吸防护用品的首要依据。但佩戴呼吸防护用品的目的是为作业安全，使用呼吸防护用品应同时便于作业，有助于工作效率的提高，并应与其他防护用品或工具的使用相兼容；另外，还应考虑使用人的特点，如果不适合，不仅不能防护，还会带来危险。

一、根据作业状况选择呼吸防护用品

（一）考虑有害环境的其他特点

（1）空气污染物同时刺激眼睛或皮肤（如氨气、矿物棉粉尘），或可经皮肤吸收（如苯、溴甲烷和许多农药），或对皮肤有腐蚀性（如氟化氢），对策是选择全面罩，同时保护其他裸露皮肤。

（2）同时存在其他的危害，如电焊或气割作业时产生强光、火花和高温辐射，对策是选择能够与电焊护目镜和防热辐射披肩匹配的全面罩，或选择具有阻燃功能的防尘口罩；针对打磨时存在的飞溅物等，选择有防冲击面窗的全面罩。

（3）遇到在爆炸性环境使用携气式呼吸防护用品，应注意只能选择空气呼吸器，不能选择氧气呼吸器；若选择电动送风过滤式，应选择本质安全型电机。

（4）作业环境存在高温、高湿，或存在有机溶剂及其他腐蚀性物质，应注意选择耐老化、耐腐蚀材质的呼吸防护用品，如硅胶材料比普通橡胶材料耐老化，或选择带有降温和去湿功能的供气式呼吸防护，降低作业人员承受的热应激。

（二）考虑作业特点

（1）考虑作业地点的设备布局、人员或机动车等流动情况，选择供气式时应注意气源与作业点之间的距离，空气管的可能布置方法，是否有可能妨碍其他作业人员作业，供气管是否有可能被意外切断等因素。

（2）若作业强度大、作业时间长，应选择呼吸负荷较低的呼吸防护用品，如呼吸阻力较低的防尘口罩，或选择动力送风过滤式和供气式。

呼吸器的呼、吸气阻力是否适度，是衡量呼吸器优劣及工人是否乐意佩戴的重要因素。呼、吸气阻力增加，会引起呼吸肌疲劳，产生憋气或其他不舒适感觉。

国家标准中规定将被测样品佩戴在匹配的试验头模上，调整面罩的佩戴位置及头带的松紧度，确保面罩与试验头模的密合，再将通气量调节至（85±1）L/min 测定并记录吸气和呼气阻力。每个样品的总吸气阻力应不大于 350 Pa，总呼气阻力应不大于 250 Pa。呼吸器呼气阻力和吸气阻力检测装置如图 10-13 所示。

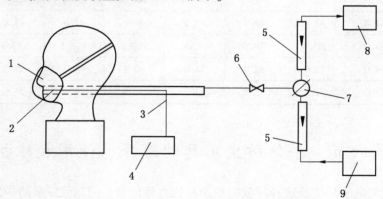

1—被测样品；2—试验头模呼吸管道；3—测压管；4—微压计；5—流量计；6—调节阀；
7—切换阀；8—抽气泵（用于吸气阻力检测）；9—空气压缩机（用于呼气阻力检测）

图 10-13　呼吸器呼气阻力和吸气阻力检测装置示意图

（3）当作业有清楚的视觉需求，应选择宽视野的面罩；若需要语言交流，应有适宜的通话功能。面罩视野要求见表10-8。

表10-8 面罩视野要求

视野	面罩类别		
	半面罩	全面罩视窗种类	
		大眼窗	双眼窗
下方视野	≥60°	不适用	不适用
总视野	不适用	≥70%	≥70%
双目视野		≥80%	≥20%

（4）若作业中还需要使用其他工具和防护用品，应注意彼此匹配。

二、根据作业人员特点选择呼吸防护用品

（一）考虑使用者的头面部特征

密合型面罩（包括半面罩和全面罩）与使用者面部的密合程度是确保其正常发挥防护功能的重要保障。密合程度又受到脸型与面罩的适应性影响，虽然密合型面罩有不同的号型，可根据脸型大小选择，但只根据号型选仍不能可靠地确定适合的程度。为排除危险泄漏的可能，在《呼吸防护用品的选择、使用与维护》（GB/T 18664—2002）附录E中介绍了一种简单、客观地检验某类密合型面罩对某具体使用者适合程度的方法，称作适合性检验（有定性和定量两种）。定性方法较简便，适合对每个使用密合型面罩的人员进行现场检验，这项服务可由呼吸防护用品生产者或销售者提供，也可以由用人单位内部按照附录E的方法自行检验。定量适合性检验更适合用于IDLH环境的全面罩，或用于科研。

由于适合性检验方法新，在我国应用尚少，现成的检验产品在市场上也较少，从可行性出发，标准把其作为推荐性方法，供使用者参考。

（二）考虑戴近视眼镜的人

全面罩的使用和眼镜佩戴不能在功能上相互影响，眼镜佩戴，特别是眼镜腿部分容易影响面罩的密合，导致泄漏。解决这个问题的最好方法是选择配内置眼镜架的全面罩，或选不需要密合的送风头罩或开放型面罩。

（三）某些人可能不适合使用呼吸防护用品

额外的呼吸负荷对心肺系统有某种疾患的人会加重他们的病情；也有一些人对狭小空间本能地感觉恐惧，产生焦虑，或有被隔离感，这种心理反应会影响作业的准确性和工作效率，甚至带来危险。

第七节 个体防护用品管理要素

个体防护用品因维护保养不当或更新不及时，无法正常使用，没能起到应有的防护效果；或者操作人员不了解其用法、适用的环境和条件、维护保养方法和使用过程等，不使用或不能正确使用防护用品。

我国《安全生产法》《职业病防治法》等法律法规要求生产经营单位必须为从业人员提供个人使用的防护用品，提供的防护用品必须符合安全要求，并监督、教育从业人员按照使用规则佩戴、使用。

（一）设立管理岗位、制定管理制度、落实相关责任

生产经营单位应设立个体防护用品管理岗位和职责，将发放范围审核和使用情况监督、采购、生产厂家选择、资格审定、劳动防护用品进厂验收、劳动防护用品保管、发放、使用监督、清洁、检查和维护等工作责任落实到人。

生产经营单位个体防护用品管理制度可包括以下内容：个体防护用品管理部门、人员，需要配备个体防护用品的工种，发放个体防护用品的种类与周期，从业人员使用个体防护用品的培训、维护保养办法等。个体防护用品管理制度以企业标准的形式或作为企业的一项制度，由企业的最高管理者签订、施行。

（二）确定个体防护用品的种类及生产厂家

《呼吸防护用品的选择、使用与维护》（GB/T 18664—2002）根据有害环境、作业状况以及作业人员头面部特征等推荐了选择呼吸防护用品的方法，并对呼吸防护用品的使用与维护给予指导。在作业场所职业危害因素识别、危害辨识的基础上，根据本单位作业场所的危害情况以及危害程度，生产经营单位应按照上述标准，选择个体防护用品，确定不同作业类别需要配备的个体防护用品的种类。

根据我国特种劳动防护用品"三证制度"，即生产许可证、安全鉴定证和产品合格证，确定个体防护用品的生产厂家或者品牌。生产特种劳动防护用品的企业，除了应具有生产许可证外，应按照产品所依据的标准对产品进行自检，并出具产品合格证。特种劳动防护用品在出厂前，应接受地方劳动防护用品质量监督检验机构的抽检，检验机构按批量配给安全鉴定证。

目前，我国实行生产许可证制度的特种劳动防护用品有过滤式防毒面具面罩、过滤式防毒面具滤毒罐、电焊面罩、护目镜、防静电导电安全鞋、防尘口罩、阻燃防护服、防酸服、防静电服、耐酸碱鞋等19种。选购时应注意选择三证齐全的厂家生产的防护用品。

（三）培训从业人员正确使用防护用品

使用者必须了解个体防护用品的使用限制、正确的使用方法、正确的佩戴方法及必要的保养方法。使用呼吸防护用品前，应认真检查各连接部位是否有损坏，检查气密性，以及与佩戴者的适合性、舒适性。

对于危害严重的作业场所，由于个体防护用品在现场使用的过程中会沾染有害物质，若穿戴不当可能带来新的污染，对人员健康造成危害，因此需要对其穿脱顺序进行规定。

（四）个体防护用品的报废与更换

个体防护用品的使用期限应考虑腐蚀作业程度、受损耗情况以及耐用性能等情况。在下列情况下，个体防护用品应作报废处理。

（1）不符合国家标准、行业标准或地方标准。

（2）在使用或保管贮存期内，遭到损坏或超过有效使用期。

（3）经检验未达到规定的有效防护功能最低指标。

第十一章　矿井粉尘防爆

第一节　预防煤尘爆炸的技术措施

一、清除巷道中的积尘

通常情况下，井巷空气中的浮尘一般达不到煤尘爆炸的下限浓度，但当沉积在巷道四周的煤尘，一旦受到振动和冲击再度飞扬起来，将为煤尘爆炸创造条件。据计算，巷道断面 4 m² 时，当巷道四周沉积的煤尘厚度为 0.05 mm 时，受到冲击波的影响，使其成为悬浮煤尘，即足以达到爆炸下限浓度。

因此，从减少积尘转化为浮尘的可能性，及时清扫巷道中的积尘成为矿井预防煤尘爆炸的重要工作之一。《煤矿安全规程》规定，必须及时清除巷道中的浮煤，清扫或冲洗沉积煤尘，定期撒布岩粉，应定期对主要大巷刷浆。从而保证即使沉积的煤尘再度飞扬起来也达不到煤尘爆炸的下限浓度，进而避免煤尘爆炸事故的发生。

"清扫"即对容易积尘的作业地点，主要集中在输送机两旁、转载点、翻车机和装车站附近等处，这些地点需要定期进行人工或机械清扫。我国煤矿多采用洒水后人工清扫。正常通风时，应从入风侧由外往里清扫，尽量采用湿式清扫法，同时要将清扫收集的煤尘及时运出。"冲洗"即对巷道顶、帮和支架上等沉积煤尘强度大的区域用水进行冲洗，冲洗井巷煤尘用水可以通过防尘洒水管路系统中供水，小范围的冲洗也可使用专用水车进行供水或用水喷湿后扫除一次。"刷浆"即对主要巷道和硐室进行刷浆。刷浆材料一般使用生石灰和水（体积比为 1∶1.4），人工或机械喷撒在巷道帮、顶上。其作用是刷浆后的巷道更容易观察巷道中煤尘沉积情况，同时还可覆盖和固结已沉积的煤尘，使之不再飞扬。

随着煤矿开采机械化进程的加快和对矿井控尘要求的提高，消除采煤产尘和输煤降尘用的现代综合机械化设备（图 11-1）不断出现，为更简便、可靠、高效消除巷道积尘提供了可能。

二、撒布岩粉

岩粉是专门生产的，用于防止爆炸及其传播的惰性粉状物。煤矿控制煤尘爆炸传播最早使用撒布岩粉方法，中国、澳大利亚、南非、波兰、英国、美国等国家都制定了相应的标准。我国《煤矿安全规程》规定，在所有运输巷和回风巷中必须撒布岩粉，要求在巷道的所有表面，包括顶、帮、底以及背板后侧暴露处都要用岩粉覆盖。

（一）撒布岩粉的作用

岩粉所起的作用包括三方面。

（1）当风流速度较低时，岩粉层的黏滞性可起到阻碍沉积煤尘重新飞扬的作用。

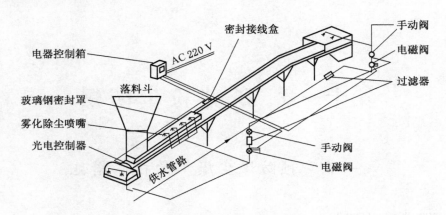

图 11-1 TZ-CG 型输煤皮带传感式降尘系统图

（2）一旦有瓦斯爆炸等具有较大瞬时冲力的异常情况发生时，混有岩粉的沉积煤尘吹扬起来形成岩粉-煤尘混合粉尘云，由此则增加了煤尘中的不燃性成分，当爆炸火焰进入混合尘云区时，岩粉可大量吸收爆炸火焰热量使系统冷却降温。

（3）岩粉粒子可把煤尘粒子隔开起到屏蔽热辐射，并有效阻隔粒子之间的热传导等，可以有效地阻止煤尘爆炸的发展传播。

所以，在开采有煤尘爆炸危险的矿井，定期在巷道内撒布岩粉是防止煤尘爆炸范围扩大，避免煤尘爆炸发展的有效措施。

（二）岩粉的基本要求

岩粉的性质对抑制瓦斯、煤尘爆炸有较好的效果。煤矿用于防爆的岩粉应该满足以下要求：比热大、密度小、不溶或难溶于水、吸湿性小、无毒、无臭、化学性质稳定、不燃烧、飞扬性好、颜色浅即反射能力强。岩粉如图 11-2 所示。

图 11-2 岩粉图

岩粉一般为石灰岩粉和泥岩粉，对岩粉主要有三项要求。

（1）可燃物含量不超过 5%，游离二氧化硅含量不超过 10%。

（2）不含有害有毒物质，吸湿性差。

（3）粒度应全部通过 50 号筛孔（即粒径全部小于 0.3 mm），且其中至少有 70%能通过 200 号筛孔（即粒径小于 0.074 mm）。

三、岩粉撒布方式

过去矿山实施撒布岩粉的矿井多数是人工撒布，用矿车把散装或袋装岩粉运到撒布区，工人用铁锹把岩粉撒布到巷道周边上。这种方式简单易行，但费体力，支架背面等处很难撒布，撒布的均匀性差。

另一种撒布方式是用压风引射喷撒岩粉，这种撒布方式的原理图如图 11-3 所示。压缩空气从喷嘴高速喷出时，利用在其附近产生的负压把岩粉吸入并随气流喷出，实现向巷道周边撒布岩粉。这种方式省力、工效高、使用方便，而且岩粉撒布均匀。利用该原理制造了岩粉撒布车、岩粉撒布器等机械撒布设备。

确定岩粉撒布方式最重要的是确定岩粉的撒布量。由于不同的煤尘要达到爆炸条件所需的温度、浓度等参数是有区别的，而岩粉抑爆的机理则是通过足够比例的不燃物含量来防止煤尘被点燃或者阻止瓦斯爆炸的传播并且起到防止瓦斯爆炸演变成瓦斯煤尘爆炸的作用。

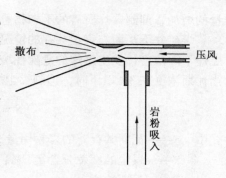

一般来说，煤尘爆炸性强，预防其爆炸所需的岩粉量则大。目前，可以通过两种方法来确定岩粉撒布量，即在大型瓦斯煤尘爆炸试验巷道内通过实际规模的瓦斯煤尘爆炸试验确定和先在实验室进行试验测定后，再通过大型试验巷道试验验证。

图 11-3 引射撒布岩粉图

波兰采矿研究总院巴尔巴拉安全技术研究所在大量实际规模试验的基础上提出了计算岩粉用量的方法，式（11-2）为岩粉撒布量计算公式。

$$R = \frac{N - (a + b)}{100 - (a + b)} \times 100\% \qquad (11-1)$$

$$r = \frac{R}{100 - R} \times Z \qquad (11-2)$$

式中 R——岩粉撒布率,%；

r——岩粉撒布量，kg；

N——抑制煤尘爆炸所必需的不燃物量,%；

Z——沉积煤尘的绝对量，kg；

a——煤尘中不燃物含量（灰分+水分）,%；

b——混入煤尘中的不燃物（天然岩粉+附着水分）,%。

抑制煤尘爆炸所必需的不燃物量 N 与煤尘的挥发分含量有关，其关系如图 11-4 所示。

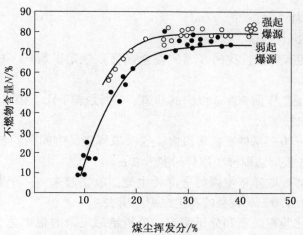

图 11-4 煤尘挥发分含量与岩粉用量的关系

从图 11-4 看出，当煤尘的挥发分含量在 11% ~ 25% 时，随着煤尘挥发分含量增加，抑制爆炸所需的不燃物量增加较快。当煤尘挥发分含量超过 25% 后，随着煤尘挥发分含量的增加，抑制爆炸所需的不燃物量增加不多，而且逐渐趋于一个定值。

煤矿井下瓦斯与煤尘共存的情况是不可避免的。由于瓦斯与煤尘共存时，要相互降低爆炸下限浓度，发生爆炸的危险性增大，而且抑制爆炸所需的岩粉用量增加。英国提出了当瓦斯浓度在3%以下时，抑制煤尘爆炸所需岩粉量的计算方法。

$$S = 100 - \frac{1250}{V} + F\frac{20\delta}{V} \tag{11-3}$$

式中　S——瓦斯共存时的岩粉用量，%；

　　　V——煤尘的挥发分含量，%；

　　　F——瓦斯浓度，%。

按式（11-3）计算可知，瓦斯浓度增加1%，岩粉用量必须相应增加5%~6%。

虽然这些计算方法可以得出抑制煤尘爆炸的最低岩粉用量，但并未考虑特殊意外情况的发生。在选择确定岩粉用量时应考虑安全系数。我国《煤矿安全规程》规定，巷道中煤尘和岩粉混合粉尘中，不燃物质组分不得低于80%。

随着采煤作业的连续进行，煤尘也接连不断地产生、飞扬和沉积。第一次撒布岩粉后，虽然在沉积煤尘上形成了岩粉层，但是不断产生的煤尘又逐渐沉积在岩粉层上，岩粉与煤尘的混合粉尘中的不燃物含量就会相对减少，如果不及时增加岩粉量，岩粉保护带会失效。所以，相隔一定时间后需要再次撒布岩粉，以保持混合粉尘中不燃物含量的比例，能够有效地起到防止煤尘爆炸的作用。

井下各作业场所的产尘情况、作业环境、通风状态都是不相同的，煤尘的沉积情况也就千差万别，所以岩粉的撒布周期也不一样。撒布岩粉时还应该计算合理的撒布周期，关于岩粉撒布周期，最简单的方式可按式（11-4）计算。

$$T = \frac{W}{P} \tag{11-4}$$

式中　T——岩粉撒布周期，d；

　　　W——煤尘爆炸下限浓度，g/m³；

　　　P——煤尘的沉积强度，g/（m³·d）。

为了保证岩粉的有效性，我国《煤矿安全规程》规定了取样、检查、重新撒布岩粉的标准。

（1）在距离采掘工作面300 m以内的巷道，每月取样1次，距离采掘工作面300 m以外的巷道每3个月取样1次。

（2）每隔300 m为一采样段，每段内设5个采样带。带间距约50 m，每个采样带处沿巷道两帮、顶、底板周边取样，取样带宽0.2 m。

（3）将每个取样处取样宽度内的全部粉尘分别收集起来，一个取样处的粉尘作为一个样品，样品中大于1.0 mm粒径的粉尘应剔除出去。

（4）将样品送化验室处理和分析测定，分析结果应及时报矿总工程师。如果不燃物组分低于规定值，该段巷道重新撒布岩粉。

另外，撒布岩粉的长度即保护带长度在撒布岩粉设计中也要考虑。一般来说，在距产尘源150~200 m范围内煤尘的沉积量大，在150 m范围内煤尘沉积强度最大。因此，在150~200 m巷道内都应撒布岩粉进行保护，撒布岩粉的巷道长度不得小于300 m，如果巷道长度小于 300 m 时，全部巷道都应撒布岩粉。

同时，矿井应做好岩粉撒布记录，记录应包括撒布时间、撒布地点、撒布数量、撒布人员和运输距离等。对巷道中的煤尘和岩粉的混合粉尘，每 3 个月至少应化验 1 次，如果可燃物含量超过规定含量时，应重新撒布。

第二节　被动式隔爆技术

目前，各国使用最广泛的限制煤尘爆炸传播的方法是被动式岩粉棚、水槽棚和水袋棚，统称被动式隔爆棚。发生煤尘爆炸的初期，爆炸火焰锋面超前于爆炸压力波向前传播，随着爆炸反应的继续和加强，压力波逐渐赶上并超前于火焰锋面传播，两者之间有一时间差。被动式隔爆技术就是基于这一规律，利用超前于爆炸火焰传播的冲击波超压的作用，将隔爆棚击碎，或利用爆破风流将隔爆棚掀翻，在煤尘爆炸火焰锋面前方的巷道中形成一段浓度的岩粉云区或水雾区，若浓度和厚度恰当，滞后于爆破风流传播的爆炸火焰到达这一区域时被消焰抑爆剂扑灭，同时耗散激波能量，防止形成过高压力。煤尘爆炸火焰传播到棚子安设区时，速度减慢，温度降低，最后熄止于棚子安设区或棚子安设区之后不远的巷道中，防止了煤尘爆炸范围的扩大，从而实现抑爆的目的。

一、隔爆棚的布置方式

被动式隔爆棚的设置方式主要有三种形式：集中式布置、分散式布置和集中分散混合式布置。

（一）集中式布置

按《煤矿安全规程》确定的抑制瓦斯煤尘爆炸传播所必需的消焰抑爆剂（岩粉或水）总量分装在若干架棚子上并将其组成一组。将这组隔爆棚集中设置在距有爆炸危险地点一定距离的一段巷道内。这种设置方式可以在巷道中形成一段有很强灭火能力的消焰抑制区，起到隔断火焰传播的屏蔽作用。这种布置方式适用于爆源相对确定并较为集中的区域。

（二）分散式布置

按《煤矿安全规程》确定的抑制瓦斯煤尘爆炸传播所必需的消焰抑爆剂总量分装在数十架隔爆棚上，一架或两架为一组，分散设置在可能发生瓦斯煤尘爆炸的区域，形成不小于 200 m 长的抑制带。这种布置方式可以在较大范围内形成不利于传播爆炸的条件，一旦发生瓦斯爆炸时可以将爆炸反应逐步减弱，直至终止其反应。在爆源难以确定的巷道应该采用这种方式设置隔爆棚。

（三）集中分散混合式布置

在工作面推进速度很快的条件下具有较好的适应性，如综掘工作面就可以使用这种方式设置隔爆棚。

根据隔爆棚在井巷系统中限制瓦斯煤尘爆炸的作用和保护范围，可将其分为主要隔爆棚（重型棚）和辅助隔爆棚（轻型棚）。主要隔爆棚的作用是保护全矿性的安全，一般在矿井两翼、与井筒相通的主要运输大巷和回风大巷、相邻煤层之间的运输石门和回风石门、相邻采区之间的集中运输巷和回风巷等重要部位设置此类隔爆棚。辅助隔爆棚的作用是保护一个采区的安全，应该在采煤工作面的进风巷、回风巷，采区内煤和半煤岩掘进巷道、采区独立通风并有煤尘爆炸危险的其他巷道内设置。

二、隔爆棚的隔爆条件

煤矿隔爆棚发挥隔爆作用的前提条件有两个：一是前驱爆炸波能作用并掀翻隔爆棚，形成悬浮状态的岩粉或水雾带；二是爆炸火焰滞后前驱爆炸波到达隔爆棚的时间大于隔爆棚的动作时间过程，同时又小于隔爆棚的动作时间与水雾或岩粉的持续时间之和。因此，隔爆棚的隔爆条件可用式（11-5）、式（11-6）表达。

$$P \geqslant P_0 \tag{11-5}$$

$$t_d < (T_p - T_f) < t_d + t_s \tag{11-6}$$

式中　　P——前驱爆炸波压力；

P_0——隔爆棚动作所需压力；

t_d——隔爆棚动作所需的时间；

t_s——水雾或岩粉的持续时间；

T_p——前驱爆炸波到达隔爆棚的时刻；

T_f——爆炸火焰到达隔爆棚的时刻。

爆炸火焰、前驱爆炸波、隔爆棚关系如图 11-5 所示。

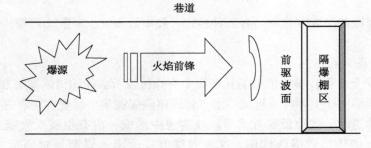

图 11-5　爆炸火焰、前驱爆炸波及隔爆棚相互关系图

三、岩粉棚

岩粉棚由安装在巷道内靠近顶板处的若干块台板构成，板上堆放一定数量的岩粉，如图 11-6 所示。煤尘爆炸时产生的冲击波，在火焰到达岩粉棚前，震翻台板，岩粉弥漫于巷道内，吸收热量，阻止爆炸火焰的传播，岩粉棚尤其适用于缺水的矿井。

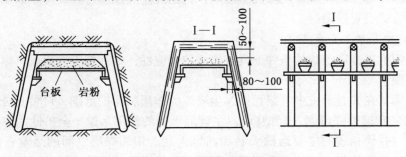

图 11-6　岩粉棚示意图

岩粉棚分为重型岩粉棚和轻型岩粉棚,重型岩粉棚作为主要岩粉棚,轻型岩粉棚作为辅助岩粉棚。目前,国内外常见的岩粉棚主要有惰性岩粉棚子和防潮岩粉棚子等。

(一) 岩粉棚的一般安设原则

岩粉棚必须架设在距可能发生瓦斯煤尘爆炸地点 60~300 m 范围内,超出这个范围后岩粉棚的可靠性就会降低。此外,在安设岩粉棚时还应注意以下一些基本问题。

(1) 为保证吸收足够的爆炸波,岩粉棚区应选择在直线巷道内,巷道断面没有大的变化区域进行安设。如果受条件限制而不能满足这一要求时,岩粉棚区应设在巷道拐角或断面变化段后方 50~60 m。

(2) 岩粉棚一般应垂直于巷道轴线方向,靠顶板横向设置。岩粉棚的长度不能小于设置地点巷道宽度的 70%,达不到这个要求时,可将岩粉棚布置成相互错开的锯齿形,或者在巷道两帮设置顺帮棚子予以补充。

(3) 要使火焰熄灭,必须从燃烧反应区中转移出热量,至少应转移出热量的一半左右。因此,必须有足够的抑制火焰的岩粉。我国《煤矿安全规程》规定,应按设置岩粉棚处的巷道断面计算,对集中式布置的主要岩粉棚(重型棚)按 400 kg/m² 计算,辅助岩粉棚(轻型棚)按 200 kg/m² 计算。

(4) 岩粉用量确定后,根据棚子类型所允许的装载量计算出应该设置的岩粉棚的架数。架设岩粉棚时,岩粉棚与岩粉棚的间距,轻型棚为 1.0~2.0 m,重型棚为 1.2~3.0 m。集中式布置时重型棚的棚区长应不小于 30 m,轻型棚的棚区长应不小于 20 m。

(5) 架设岩粉棚时,堆放岩粉的岩粉板与两侧的支柱(或两帮)之间的间隙不得小于 50 mm。岩粉板板面距顶梁(或顶板)之间的距离为 250~300 mm,使堆放的岩粉的顶部与顶梁(或顶板)之间的间距不小于 100 mm。岩粉板距轨面不小于 1.8 m。架设棚架时严禁用铁钉或铁丝把岩粉板与台木和支撑木固定死。

(6) 用于岩粉棚的岩粉应符合《煤矿安全规程》的规定,每月至少进行一次检查和可燃物含量分析,若岩粉受潮、变硬,可燃物含量超过 20% 时应立即更换;岩粉量减少,应立即补充;如果在岩粉表面沉积有煤尘则应加以清除。

(二) 岩粉棚岩粉存在的问题

岩粉质量对于有效阻隔煤尘爆炸的传播具有十分关键的作用,但在实际使用中经常会因为井下湿度大带来岩粉潮湿、结块等现象,中煤科工集团重庆研究院进行了防潮岩粉棚的研究。岩粉的防潮分为内防潮和外防潮。内防潮是指在岩粉中添加化学试剂起防潮作用。研究表明,内防潮能有效防潮,但岩粉制作复杂且成本高,不便推广使用。而外防潮就是在岩粉槽结构上采取措施,比如利用泡沫塑料防潮性能好的特点,将岩粉装入泡沫塑料制作的槽子中,加盖密封,岩粉不与外界空气接触,从而起到防潮作用。

但需要指出的是,由于采煤作业机械化程度的不断提高,采煤作业强度不断增大,所需风量增大,风速增加,考虑工作环境和人身健康,隔爆岩粉棚已逐渐被淘汰。

四、水槽(水袋)棚

在煤尘爆炸的传播路线上用水取代岩粉作为扑灭剂安设的隔爆装置称为隔爆水棚,主要有隔爆水槽、隔爆水袋和隔爆水幕等。矿井用隔爆水棚区布置及水槽(袋)如图 11-7 所示。

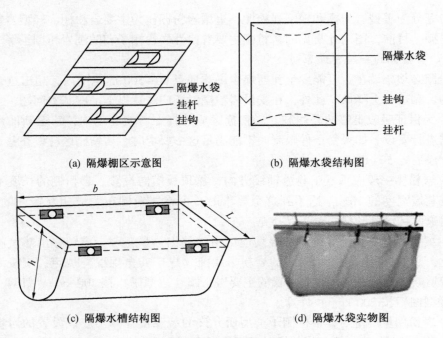

(a) 隔爆棚区示意图　　　　　　(b) 隔爆水袋结构图

(c) 隔爆水槽结构图　　　　　　(d) 隔爆水袋实物图

图 11-7　矿井用隔爆水棚区布置及水槽（袋）图

（一）水槽（水袋）棚隔爆介质

水槽棚安装方式如图 11-8 所示。水作为隔爆介质主要有以下优势。

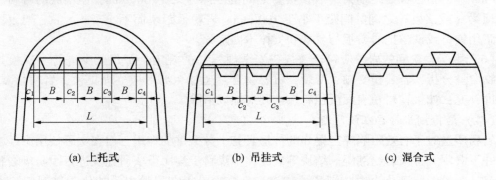

(a) 上托式　　　　　(b) 吊挂式　　　　　(c) 混合式

图 11-8　水槽棚的安装方式

（1）水是良好的灭火抑爆剂，它的热容量大，能对火焰产生热载荷，起冷却降温作用。特别是水在高温条件下蒸发形成的水蒸气的比潜热高，能大量吸收爆炸产物的热量。

（2）高温汽化的水蒸气，从液态变为气态，分子间间距要扩大到原来的 10 倍左右。这样算的话，体积应该要扩大到原来的 1000 倍以上，在一定程度上可以降低抑制带内氧气浓度，降低煤尘爆炸传播需要的氧气浓度。

（3）水经高温汽化后的水蒸气具有隔绝热辐射的屏蔽效应，其产生的"热壅"可以阻止促进煤尘爆炸火焰传播过的热交换。

（4）煤尘被水雾湿润后因重力作用而沉降，降低了抑制带内的煤尘云浓度，降低煤尘爆炸传播需要的可燃物浓度条件。

但水槽棚也存在缺点。

（1）水棚中的水分易蒸发、缺失，尤其是在风量大、气温高的采区，因此需要经常检查、冲水、换水，加大了工作量。

（2）水棚蓄水中容易混入矿尘，造成灭火水雾因水量不足而不能有效隔断爆炸火焰的传播。

（二）密封式隔爆水袋

为了克服现有水槽、水袋的缺点，研究人员开发研制了密封式隔爆水袋，如 MGS 型密封式隔爆水袋，其能很好地克服现有水袋、水槽的缺陷，较好地发挥隔爆水袋的隔爆作用。密封式隔爆水袋如图 11-9 所示。

根据被动式隔爆措施的作用原理，密封式隔爆水袋要形成水雾必须依靠爆炸压力的作用撕裂水袋，因此水袋布料不能采用强度大的吊挂式材料，而应选用易撕裂的塑料薄膜。但密封式隔爆水袋的水是靠水袋自身强度吊挂的，要选用有一

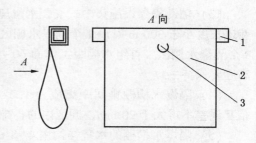

1—方钢；2—密封式隔爆水袋；3—进水口

图 11-9　密封式隔爆水袋示意图

定强度，弹性小的塑料薄膜，即采用聚氯乙烯塑料薄膜。MGS 型密封式隔爆水袋材料性能指标见表 11-3。

表 11-3　MGS 型密封式隔爆水袋材料性能指标

序号	性能	技术指标	备注
1	抗拉强度	140 kg/cm²	
2	直角撕裂强度	40 kg/cm²	
3	伸缩率	10%	低温伸缩率 6 个试样 6 个试样
4	阻燃性能	520 ℃酒精喷灯平均值为 2 s 960 ℃酒精喷灯平均值为 2.5 s	
5	表面电阻	1.3×10⁷ Ω	

（三）衡量水槽（水袋）特性参数

根据煤炭行业标准《煤矿用隔爆水槽和隔爆水袋通用技术条件》（MT 157—1996）的要求，隔爆水槽（水袋）除应具有阻燃、抗静电、不渗漏、质量轻、防震、不怕摔、抗碰撞以及运输、安装、维护方便等特性外，一般来说还应具备以下性能标准。

（1）破碎最小爆炸压力：水槽破碎所需爆炸压力（以静压表示）不得大于 16 kPa，水袋动作所需爆炸压力（以静压表示）不得大于 12 kPa。

（2）最佳水雾形成时间：不得大于 150 ms。

（3）最佳水雾持续时间：对水槽不得小于 250 ms，对水袋不得小于 160 ms。

（4）最佳水雾分散长度：不得小于 5 m。

（5）最佳水雾分散宽度：不得小于 3.5 m。

（6）最佳水雾分散高度：不得小于 3 m。

（7）隔爆性能：从爆源算起，爆炸火焰不得超过 140 m。

（四）隔爆水棚安设的一般要求

（1）40 L 及小于 40 L 的水袋所组成的水袋棚，不得作为主要隔爆棚。主要隔爆水槽棚必须由大于 40 L 的水槽组成，水量应满足 400 L/m²。

（2）主要隔爆水棚必须集中式安装，棚区长度不得小于 30 m；水棚距顶板两帮间隙不小于 100 mm，距轨面不小于 1.8 m，高度要保持一致；并安设自动集中加水装置。

（3）辅助隔爆设施集中式安装水量应满足 200 L/m²，棚区长度不得小于 20 m。采掘巷道长度小于 300 m 时设 1 个隔爆水棚区，300~500 m 设 2 个隔爆水棚区，500 m 以上设 3 个隔爆水棚区，首组水棚距工作面 60~200 m。水棚距顶板、两帮间隙不小于 100 mm，高度要保持一致。

（4）隔爆水槽棚排间距离应为 1.2~3.0 m，同一处隔爆水槽棚排间距离必须一致，相互误差不得大于 20 mm，棚区内的各排水棚的安装高度应保持一致。

（5）隔爆水槽棚的水袋挂钩用 4~8 mm 的圆钢制作，开口角度为 60°±5°，弯钩长度 25 mm，挂钩位置要对正，相向布置。

（6）隔爆水槽棚必须安设在直线段巷道内，距离巷道交叉口、转弯处、变坡点距离不得小于 50 m，距离风门处不得小于 25 m。

（7）隔爆水槽棚必须用统一的固定架。

（8）隔爆水槽棚要责任到人，并实行挂牌管理。牌板应悬挂在隔爆水槽棚第一排的中间，上沿与水槽棚的固定杆对齐，并固定牢固。

（五）隔爆棚失效的主要原因

大量的事故表明了被动式隔爆措施在爆炸发生后往往不能按照预想的那样发挥应有的作用，究其原因主要存在以下两方面。

1. 抑爆剂或者消焰剂的失效

在矿井生产条件下，通风、喷雾、高温等环境都会对抑爆剂或者消焰剂产生影响，甚至会导致失效。如岩粉棚中的岩粉长期存放容易受潮、结块，尤其是在大量应用喷雾降尘的工作面，因为风流湿度大，非常容易造成岩粉的失效。

水棚中蓄存的水分在高温情况下容易因为蒸发、滴漏等原因造成蓄水缺失，因此需要经常性检查，并及时冲水、换水，增加预防工作的工作量和劳动强度，尤其是在风量大、气温高的采区，水中易混入矿尘，造成灭火水雾因水量不足而不能有效隔断爆炸火焰的传播。

2. 被动隔爆设施动作不可靠

巷道中设置的水袋棚，为保证水袋棚动作的灵敏可靠，按设计规定应采用易脱钩吊挂的方式，但实际应用中的水袋棚却多用铁丝拴吊于棚梁上，使得这一被动形式的隔爆设施在动作时雾化愈加不充分，大大降低隔爆效果。

另外，如果阻隔爆装置的动作压力过低，即灵敏度过高，则火焰前面较远处前驱压力波的较低冲击压力会使阻隔爆装置开始动作，在火焰到达前就释放出了抑制剂，这样在火焰到达阻隔爆装置位置时，由于抑制剂已被提前释放出来，且因重力作用大部分已沉落到巷道的底板上，只剩下悬浮在空间中浓度较低的抑制剂，阻隔爆装置起不到应起的作用。

如果阻隔爆装置的动作压力高于前驱压力波的压力，或阻隔爆装置的动作延迟时间超过了火焰到达装置所需的时间，其释放的抑制剂就会降落在火焰区后部，甚至落在火焰区之后，则未受到抑制剂影响的火焰前部就会继续向前传播，阻隔爆装置也起不到阻隔爆的作用。因此，尽量缩短未保护段长度，把瓦斯爆炸控制在初期，这也是新型隔爆棚研究的重要目的之一。

五、制造防爆棚的新型材料——泡沫陶瓷

泡沫陶瓷是一种具有三维立体网络骨架和相互贯通气孔结构的新型非金属多孔材料，具有密度小、孔率高、比表面积大、热传导率低、抗热震性能优良、高温负荷变形小、耐腐蚀等优点以及良好的声学性能，被广泛应用于过滤、隔热、消音及催化领域。国内外一些研究者研究结果显示，在某些条件下，热损失并不是火焰在多孔介质中会发生淬熄的唯一原因，另一原因可能是火焰的拉伸效应以及火焰通过固体间连接通道时的高度弯曲效应。因此，泡沫陶瓷可淬熄火焰波，尤其可以极大地衰减冲击波的传播，对于阻隔煤矿井下发生的连续和多次瓦斯爆炸比阻隔爆装置（如隔爆水棚）具有不可替代的作用。使用泡沫陶瓷做防爆棚的材料有以下优点。

（1）使隔爆棚安设距离前移，尽量将瓦斯爆炸在初期抑制。

（2）同时淬熄火焰波、衰减冲击波。

（3）抑制井下连续和多次瓦斯爆炸。

目前，以泡沫陶瓷为材料制成的防爆结构在掘进工作面、采煤工作面、采空区及盲巷密闭、瓦斯抽放管、保护对封门和防爆门、火区应急封闭方面都有研究和应用。

第三节 自动隔爆技术

一般说来，被动式隔爆设施在距爆源 60~200 m 的区域内才能有效地发挥作用，超出这一范围就不能有效地隔绝爆炸的传播。另外，被动式隔爆设施对火焰速度小于100 m/s 的弱爆炸和火焰速度过高的强爆炸响应时间与爆炸传播速度很难实现可靠的联动。尽管中煤科工集团重庆研究院研制的隔爆容器可实现火焰速度大于 37 m/s 的弱爆炸传播的抑制，且棚区安设位置距爆源距离缩短到了 40 m（特殊可缩短到 30 m），突破了现有被动式水棚距爆源不能小于 60 m 的界限，但其在低矮、狭窄和拐弯的巷道中使用非常不方便。

因此，自 20 世纪 60 年代以来，自动隔爆技术得到研发并推广以弥补被动隔爆措施的缺陷。根据《煤矿用自动隔爆装置通用技术条件》(MT/T 694—1997)，自动隔爆装置是指依靠对爆炸信息的超前探测，强制性地把消焰剂抛撒到火焰阵面上，将火焰扑灭，阻止爆炸传播的装置。

一、自动隔爆技术的基本原理

自动隔爆技术是通过传感器等敏感元件及时探测因爆炸而产生的物理参量（如压力升高、火焰出现、温度骤增等），并通过控制单元（控制器）快速触发抑爆剂喷撒装置动作（执行机构），以高压引射或爆炸抛洒等方式喷撒抑爆剂，扑灭火焰和衰减爆炸冲击波，完成隔爆和抑爆。其工作原理图如图 11-10 所示。

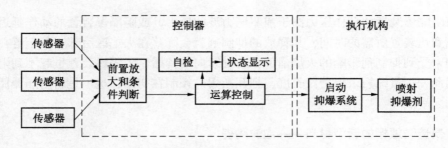

图 11-10　自动抑爆装置工作原理图

在矿山生产中，一般选择在巷道上游一定距离处设置传感器，随时探测爆炸产生信号，一旦接收到爆炸信号后即可远距离传输给隔爆装置，隔爆装置根据动作原理实施隔爆行为。掘进工作面自动隔爆装置图如图 11-11 所示。

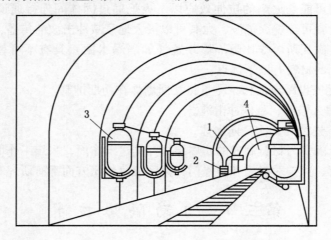

1—传感器；2—控制仪；3—喷洒机构；4—潜在爆源

图 11-11　掘进工作面自动隔爆装置图

利用火焰传感器判别瓦斯煤尘爆炸的自动隔爆装置如图 11-12 所示。当爆源发生爆炸时，识别传感器首先判断是否是爆炸产生的连续火焰，确认为爆炸后由传感器测定火焰传播速度，由控制仪计算出火焰速度后得出火焰峰面到达消焰抑爆剂喷洒器的时间，指令喷洒器在火焰到达时喷出消焰剂扑灭火焰。

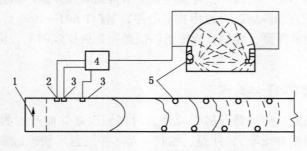

1—爆源；2—识别传感器；3—传感器；4—控制仪；5—喷洒器

图 11-12　矿井自动隔爆装置布置示意图

比利时研制自动隔爆装置不用电信号传递爆炸信息，而是用雷管导爆索、导爆线爆炸燃烧来控制和启动抑爆机构动作。

日本九州煤炭研究中心研制的触发式岩粉喷射装置利用传感器捕捉爆炸发生时产生的紫外线触发岩粉喷射装置，提高了煤尘爆炸响应的准确度和可靠性，克服了普通岩粉棚所装载岩粉容易潮结的缺点，弥补了普通岩粉棚或者水袋棚在爆破风流很弱的初始爆炸状态下，棚架不能翻倒、水袋无法脱钩、消火剂很难造成有效扩散等缺点，确保在爆炸的初始状态以及发展成强爆炸时都能成功地阻止爆炸传播。

二、自动隔爆技术的主要装置

（一）传感器

传感器是自动隔爆装置中的十分关键的部件，通过传感器将爆炸导致环境参数的变化如温度、压力、火焰等转变为电信号，其能否排除井下可能出现的干扰，准确接收和判断煤尘爆炸的特征信号，不出现误动作，对于保证隔爆效果具有十分重要的作用。

传感器根据其触发原理可以分为压力传感器、热电传感器和光电传感器。压力传感器主要通过接受瓦斯煤尘爆炸动力效应实现爆炸探测，差动电容式压力传感器结构图如图11-13所示。热电传感器则是利用爆炸产生的热效应进行探测，普通热电偶传感器结构图如图11-14所示。光电传感器识别爆炸火焰发出的光效应实现探测。

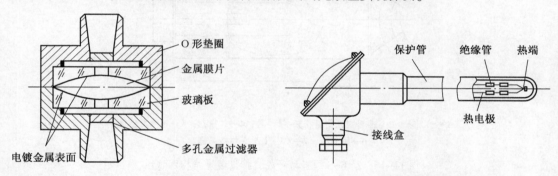

图11-13　差动电容式压力传感器结构图　　图11-14　普通热电偶传感器结构图

（二）控制器

控制器的主要作用是向喷洒抑制剂的执行机构发生动作指令。最简单的方式是将传感器接收的信号放大后，直接控制继电器发生动作指令。

图11-12所示系统中的控制器是一种新型的控制仪，由中煤科工集团重庆研究院研制，其具有计算机功能，可以测定计算火焰运行速度，判断火焰到达喷洒装置设置点的时间和发出喷洒指令，控制多台喷洒器喷粉。控制器是根据测得的不同爆炸火焰传播速度，按预置软件计算出火焰从传感器到达喷洒器时的时间，并且考虑了喷洒系统的机械滞后时间、抑爆剂在空间的扩散时间等因素，确定在最佳时间启动喷洒器喷粉。

（三）喷洒器

喷洒器的作用是喷撒抑制剂（岩粉、干粉或水），使抑制剂在巷道内扩散成粉尘云或水雾带。一般喷洒器由执行机构、喷头和抑制剂贮存容器组成。喷洒器的动作应该迅速、可靠，能适应抑制煤尘爆炸的快速发展的需要。

喷洒器技术指标至少应达到下列要求。

（1）喷洒滞后时间：小于 15 ms。

（2）成雾时间：小于 120 ms；

（3）雾面持续时间：粉剂大于 1000 ms，水大于 300 ms。

（4）喷洒效率：大于 90%。

三、常见自动隔爆装置介绍

（一）ZYB-S 型自动产气式抑爆装置

ZYB-S 型自动产气式抑爆装置由实时气体发生器、高压缓冲器、抑爆剂存储器、喷射头、控制盒和 ZW-Ⅰ型紫外线火焰传感器组成，如图 11-15 所示。当瓦斯或煤尘爆炸或着火时，火焰传感器接收到火焰信号，并传输到抑爆装置控制盒中，控制盒给出触发信号，实时气体发生器快速产生并迅速释放大量气体，高压气体经缓冲器调整后，在抑爆剂存储器中形成粉气混合物，最后经喷射头喷出形成抑爆粉雾，达到扑灭爆炸火焰阻止爆炸传播的目的，其抑爆原理如图 11-16 所示，主要技术参数见表 11-4。

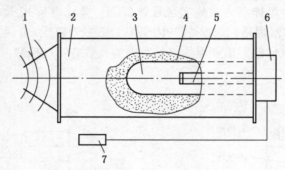

1—喷射头；2—抑制剂存储器；3—缓冲器；4—抑爆剂；5—气体发生器；
6—控制盒；7—ZW-Ⅰ型火焰传感器

图 11-15 ZYB-S 型自动产气式抑爆装置结构示意图

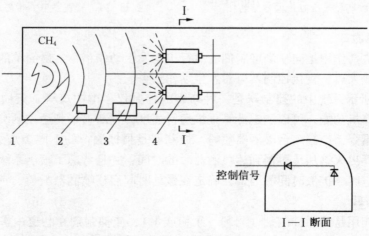

1—火焰阵面；2—火焰传感器；3—控制单元；4—喷洒器

图 11-16 ZYB-S 型自动产气式抑爆装置抑爆原理示意图

表 11-4 ZYB-S 型自动产气式抑爆装置主要技术参数表

型号	易爆计量/kg	外形尺寸/mm	喷洒速率/(kg·s^{-1})	成雾时间/ms	粉雾持续时间/s
ZYB-S Ⅰ	12	ϕ245×600	14~28	<90	>1
ZYB-S Ⅱ	8	ϕ245×520			

（二）YBW-Ⅰ型无电源触发式抑爆装置

YBW-Ⅰ型无电源触发式抑爆装置由 HWD-Ⅰ火焰传感器、CQB 传爆器、ST 连接器、WDY 喷洒器与 JC-Ⅰ检测器组成。当 HWD-Ⅰ火焰传感器感受到火焰信号，可将其辐射能转化为电能，触发 CQB 传爆器，通过 ST 连接器触发相连的 WDY 喷洒器，形成水雾抑制带，扑灭爆炸火焰，控制爆炸的传播。YBW-Ⅰ型无电源触发式抑爆装置主要技术参数见表 11-5。

表 11-5 YBW-Ⅰ型无电源触发式抑爆装置主要技术参数表

水雾喷射滞后时间/ms	<10
成雾状态/[m^2·(150 ms)$^{-1}$]	10
水雾存在时间/ms	>500
有效抑爆范围/m	距爆源 20~45

YBW-Ⅰ型无电源触发式抑爆装置具有以下特点。

（1）在距离工作面 20~45 m 范围内可有效扑灭瓦斯煤尘爆炸火焰，阻止爆炸传播，具有抑爆距离小的特点。且采用的单轨吊安装、移动方式，该装置可随工作面快速推进。

（2）采用内储能抑爆剂喷洒方式，即导爆索爆破抛洒水体成雾机构，具有水雾形成时间短、雾粒分布均匀、雾体范围大、存在时间长的特点。

（3）采用火焰辐射能触发抑爆剂喷洒机构，无需外供电源；通过 JC-Ⅰ检测器可方便地检查抑爆装置线路的连接状况，现场应用维护方便，且具有较高的抗干扰性能。

（4）采用导爆管信号传输方式，动作灵敏可靠。

（三）自动隔爆水幕

自动隔爆水幕实质上是一组杠杆结构，其动作原理：当爆炸波顺着巷道袭来时，冲击受力板，使控制杠杆上端朝球形阀方向转动，迫使下端托板与开启杠杆脱钩，同时开启杠杆在自身重力作用下向下摆动至垂直位置，开启球形阀门，于是供水管的压力水通过球形阀、出水管而注进水幕，由各喷头喷出形成水幕，浸湿煤尘并降温，从而起到隔爆作用。自动隔雾动作如图 11-17 所示。

自动隔爆装置使用了先进的传感设备、计算机程序控制系统，抑爆性能比被动式隔爆装置好，虽然也不可能完全避免自动式隔爆装置会失效或发生误判断，但相比来说自动式抑爆装置更加稳定可靠。自动隔爆装置是井下隔爆抑爆技术的发展趋势。

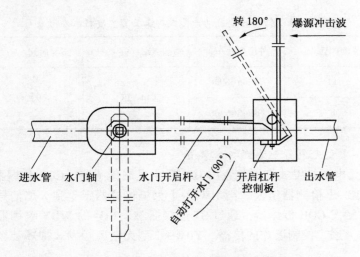

图 11-17　自动隔爆喷雾动作原理图

第十二章 矿井粉尘测定

第一节 概 述

一、粉尘检测的概念及目的意义

粉尘检测是指以科学的方法，对生产环境空气中粉尘的含量及其物理化学性状进行测定、分析和检查的工作。粉尘检测工作是劳动卫生和劳动保护日常环境检测工作中的一个组成部分。环境检测是以科学的方法对生产环境中的物理和化学的职业性有害因素进行检查测定的工作。其目的是通过检查测定，掌握生产环境中有害因素存在的情况，为消除和治理职业性有害因素提供科学依据，从而保护职工身体健康。所以说，粉尘检测工作总的目的是了解生产环境中粉尘存在的情况，为消除和控制粉尘的危害、预防尘肺病的发生提供科学依据。

粉尘检测工作的具体目的可归纳为以下五点。

（1）通过对生产环境中粉尘的含量及其物理化学性状的测定，为观察粉尘作业环境中接尘工人健康水平的变化、尘肺病的发生情况提供必要的环境因素资料。

（2）通过对生产环境中粉尘存在情况的测定，确定被测环境空气中粉尘的质与量是否符合国家卫生标准的要求，为进行生产环境的卫生监督提供必要的依据。

（3）通过对生产环境空气中粉尘存在情况的测定，为评价防尘措施的效果、改善粉尘作业环境提供必要的科学依据。

（4）通过对生产环境粉尘情况的测定和数据的积累，为研究尘肺病的发生发展规律、制定粉尘卫生标准提供科学依据。

（5）为防止煤尘或其他有爆炸危险的粉尘爆炸提供科学依据。

二、粉尘检测的项目及要求

（一）粉尘检测的项目

从全面了解和掌握粉尘的物理及化学性状出发，需要检测的项目多，如粉尘的形状、密度、粒度分布、溶解度、浓度，粉尘的化学成分及荷电性、爆炸性等。但从安全与卫生学的角度出发，日常粉尘检测项目主要是粉尘浓度、粉尘中游离二氧化硅的含量和粉尘的分散度。这也是我国国家标准《工作场所空气中粉尘测定》（第 1 部分至第 6 部分）中规定的项目。

（二）粉尘检测的要求

粉尘检测是一项技术性较强的工作，必须严格遵守有关技术要求及规定，严格遵守有关的工作制度和纪律。尤其是煤矿井下，生产环境特殊，更要严格遵守各项有关安全操作规程和制度。具体要求有三方面。

1. 仪器设备方面

（1）粉尘检测单位必须按国家及部门有关规定配备齐全各种粉尘测定的仪器及设备。

（2）各种测定仪器规格、型号必须符合有关规定的要求，尤其计量仪器的精度和级别必须符合国家计量部门的规定和要求。关于粉尘采样的仪器型号类别，我国煤炭系统虽未做统一的规定，但采样仪器的主要技术参数必须符合《工作场所空气中粉尘测定》（第1部分至第6部分）、《粉尘采样器检定装置通用技术条件》（MT/T 502—2020）要求。

（3）仪器设备必须按国家的规定定期进行校对及检修。

2. 测定方法及操作技术方面

（1）粉尘检测项目和操作方法必须按规定进行，测定数据必须准确。

（2）粉尘采样必须应用国家规定的滤膜质量法进行，其他测定方法只能作为辅助和参考。

（3）粉尘采样的地点和时间的选择必须按规定进行，采集的样品一定要有代表性，能真实反映煤矿生产场所、采掘场所粉尘的情况。

3. 测定数据的登记报告方面

（1）必须认真填写现场测定记录，实验室登记、统计表格。

（2）必须按国家规定进行粉尘测定数据的统计、报告工作。

（3）要严格管理好各种粉尘测定数据和资料。

第二节　粉尘测定方法

根据国家标准《工作场所空气中粉尘测定》（第1部分至第6部分）中规定的项目，对粉尘浓度、分散度和二氧化硅含量的测定方法进行介绍。

一、粉尘浓度的测定

（一）概述

按测尘仪器原理不同分为两种。

（1）采样器：现场滤膜采样，地面实验室称量分析，计算粉尘浓度值。

（2）测尘仪：根据物理原理，用测尘仪现场测出粉尘浓度值。

按采样方法不同分为三种。

（1）短时定点：仪器放在面定点，采样 10~20 min。

（2）长周期定点：仪器放在固定点，全工班（8 h 以上）或多工班采样。

（3）个体佩戴：作业人员佩戴仪器，全工班（8 h 以上）采样。

矿尘浓度的测定是煤矿测尘工作中的主要内容，可分为全尘浓度测定和呼吸性矿尘浓度测定。国家标准《工作场所空气中粉尘测定》（第1部分至第6部分）中规定采用质量浓度（mg/m³），质量浓度测尘方法准确性较高，能较真实反映生产环境空气受粉尘污染的程度。下面重点介绍滤膜法的测定原理和程序。

（二）粉尘质量浓度的测定（滤膜法）

1. 原理

抽取一定体积的含尘空气，将粉尘阻留在已知质量的滤膜上，由采样后滤膜的增重，求出单位体积空气中粉尘的质量（mg/m³）。

2. 器材

1）采样器

采样器应采用经过产品质量检验合格的产品，在煤矿井下采样时，必须用防爆型采样器。在我国测尘方法标准中，对采样器的技术性能有严格的规定，如短时采样器应能连续工作 100 min 以上，采样流量（带滤膜）应大于 15 L/min，抽气负压应大于 1500 Pa，长时间连续采样器应能连续工作 8 小时以上，采样流量（带滤膜）应大于 1 L/min，抽气负压同样应大于 1500 Pa。个体采样器要求体积小、质量轻，便于工人携带而不影响生产操作。

2）采样头

采样头有多种，即测定总粉尘浓度的采样头，测定呼吸性粉尘浓度的采样头，还有分级采样头，即同时测定总粉尘浓度和呼吸性粉尘浓度。国家标准中规定采样头的气密性要好（将滤膜夹装上装有塑料薄膜的采样头放于盛水的容器中，向采样头内加压送气；当压差达到 1000 Pa 时，水中应无气泡产生，或加压至 1000 Pa、1 min 后压差下降不大于 30 Pa）。

3）滤膜

滤膜是一种高分子化合物（过氯乙烯），简称合成纤维滤膜，是由纤维错综交织、形成多层重叠而多网孔的薄膜，平均厚度约 108 μm，表面成细网状，韧性很强，不易破裂，具有静电压、憎水性、耐酸性等特点。这种滤膜对粉尘粒子阻留率较高，平均可达 99% 左右，而且滤膜阻力较小，一般的抽气动力均可应用。滤膜的质量轻，在天平上称重时造成的误差较小，是当前我国比较理想的滤料。

当生产环境中粉尘浓度为 50 mg/m³ 以下时，应用直径为 40 mm 的滤膜；粉尘浓度高于 50 mg/m³ 以上时，则应用直径为 75 mm 的滤膜。如果生产场所的温度在 55 ℃ 以上时，应改用玻璃纤维滤膜。

4）气体流量计

气体流量计常用 15~40 L/min 的玻璃转子流量计，流量计精度为 2.5 级。至少每半年用钟罩式气体流量计或皂膜流量计，也可用精度为 1 级的转子流量计校正一次。若流量计有明显污染时应及时清洗校正。

5）分析天平

感量为万分之一克。

6）干燥器

装有变色硅胶干燥剂。

3. 测尘步骤

1）滤膜的准备

用镊子取下滤膜两面的夹衬纸，置于分析天平上称量，直至相邻 2 次质量差不超过 0.1 mg 为止，记录质量。将称量的滤膜，毛面向上装入滤膜夹上。确认滤膜无褶皱或裂隙后固定在滤膜夹上放入带编号的样品盒内备用。以下为直径 75 mm 的滤膜（漏斗形）的固定方法。

（1）旋开滤膜固定圈。

（2）用镊子将称量好的滤膜对折2次成90°角的扇形，然后张开成漏斗状置于固定盖内，使滤膜紧贴固定盖的内锥面。

（3）用锥形环压紧滤膜，将螺栓底座拧入固定盖内。如滤膜边缘由固定盖的内锥面脱出时，则应重装。

（4）用回头玻璃棒将滤膜漏斗的锥顶推向对侧，在固定圈的另一方向形成滤膜漏斗。

（5）检查安装的滤膜有无漏缝，若有应重装。

（6）将装好的滤膜固定圈收入样品盒中备用。

2）测尘点的选择

（1）测尘点应设在有代表性的工人接尘地点。

（2）测尘位置应选择在接尘人员活动的范围内，且粉尘分布较均匀处的呼吸带。有风流影响时，一般应选择在作业地点的下风侧或回风侧。

移动式产尘点的采样位置，应位于生产活动中有代表性的地点，或将采样器架设于移动设备上。

井下作业场所测点的选择和布置见表12-1。

表12-1 井下作业场所测点的选择和布置

类别	采掘工艺	测点名称	测尘点位置
采煤	综采	采煤机作业	司机工作地点
		移架	作业人员工作范围
		工作面回风巷	工作面多工序同时作业时距工作面20 m处
	综放	采煤机作业	司机工作地点
		移架	作业人员工作范围
		放煤	作业人员工作范围
		工作面回风巷	工作面多工序同时作业时距工作面20 m处
	普采（高档普采）	采煤机作业	司机工作地点
		回柱放顶	作业人员工作范围
		移刮板输送机	作业人员工作范围
		工作面回风巷	工作面多工序同时作业时距工作面20 m处
	炮采	打眼	作业人员回风侧3~6 m
		爆炮	爆炮作业工人在工作面开始作业前在工人作业地点
		人工攉煤	回风侧3~5 m
		工作面回风巷	工作面多工序同时作业时距工作面20 m处
掘进	机掘	掘进机作业	机后4~5 m的回风侧
		司机操作掘进机	司机工作地点
		抽出式通风	产尘点与除尘器吸尘罩粉尘扩散较均匀地区的呼吸带内
		打锚杆眼	人员工作地点
		装卸料	人员工作地点
		搅拌上料	人员工作地点
		喷浆	人员工作地点

表 12-1（续）

类别	采掘工艺	测点名称	测尘点位置
掘进	炮掘	打眼	人员工作地点
		爆破	人员工作地点
		装岩	人员工作地点
		装卸料	人员工作地点
		搅拌上料	人员工作地点
		喷浆	人员工作地点
		抽出式通风	产尘点与除尘器吸尘罩粉尘扩散较均匀地区的呼吸带内
带式输送机		输送	作业人员工作地点
转、装、卸载点		转、装、卸载	作业人员工作地点
其他		其他	作业人员活动范围内

采煤、掘进工作面主要工种个体呼吸性粉尘监测见表 12-2、表 12-3。其他接尘作业场所主要采样工种为采煤、掘进工作面以外的输送机司机和井下放煤工、电机车司机等。

表 12-2 采煤工作面采样工种

类别	采样工种
炮采	采煤工、支柱回撤工、爆破工、运输机司机
普采（高档普采）	采煤机司机、支柱回撤工、输送机司机、端头维护工
综采	采煤机司机、液压支架工、输送机司机、端头维护工
综放	采煤机司机、液压支架工、放顶煤工、输送机司机、端头维护工

表 12-3 掘进工作面采样工种

类别	采样工种
锚喷	锚喷支护工、锚杆拉力试验工
综掘	综掘机司机、支架工、转载机司机
炮掘	打眼工、装岩工、爆破工

井下作业场所的总粉尘浓度，每月测定 2 次。定点呼吸性粉尘监测每月测定 1 次。

工作班个体呼吸性粉尘监测，采、掘工作面每 3 个月测定 1 次，其他工作面和作业场所每 6 个月测定 1 次。每个采样工种分 2 个班次连续采样，1 个班次内至少采集 2 个有效样品，先后采集的有效样品不得少于 4 个。

3）采样的流量

常用流量为 15~40 L/min。粉尘浓度较低时，可适当加大流量但不得超过 80 L/min。在整个采样过程中，流量应稳定。

4）采样开始的时间

连续性产尘作业点，应在作业开始 30 min 后测尘，阵发性产尘作业点，应在工人工作时采样。

5）采样的持续时间

根据测尘点的粉尘浓度估计值及滤膜上所需粉尘量的最低值确定采样的持续时间，但一般不得小于 100 min。当粉尘浓度高于 10 mg/m³ 时，采气量不得小于 0.2 m³，低于 2 mg/m³ 时，采气量为 0.5~1 m³。采样持续时间一般按式（12-1）估算。

$$t \geqslant \frac{\Delta m \times 1000}{C'Q} \tag{12-1}$$

式中　　t——采样持续时间，min；

　　Δm——要求的粉尘增量，其质量应大于或等于 1 mg；

　　C'——作业场所的估计粉尘浓度，mg/m³；

　　Q——采样时的流量，L/min。

6）采集在滤膜上的粉尘增量

直径为 40 mm 滤膜上粉尘的增量，不应少于 1 mg，但不得多于 10 mg。直径为 75 mm 的滤膜，应做成锥形漏斗进行采样，其粉尘增量不受此限。

7）采样后样品的处理

采样结束后，将滤膜从滤膜夹上取下，一般情况下，不需干燥处理，可直接放在天平上称量，记录质量。如果采样时现场的相对湿度在 90% 以上或有水雾存在时，应将滤膜放在干燥器内干燥 2 h 后称量，并记录称量结果。称量后再放入干燥器中干燥 30 min，再次称量。当相邻两次的质量差不超过 0.1 mg 时，取其最小值。

8）粉尘浓度的计算

$$C = \frac{m_2 - m_1}{Qt} \times 1000 \tag{12-2}$$

式中　　C——粉尘浓度，mg/m³；

　　m_1——采样前的滤膜质量，mg；

　　m_2——采样后的滤膜质量，mg；

　　t——采样时间，min；

　　Q——采样流量，L/m。

二、粉尘分散度的测定方法

测定粉尘分散度的原理：将从现场空气中采集来的粉尘样品，制成可以用显微镜观察的标本，用目镜测微尺测量粉尘粒径的大小，随机测量 200 个粉尘颗粒，算出 <2 μm、>2~5 μm、>5~10 μm、>10 μm 各组的数量百分比，即为该现场空气中粉尘的分散度。常用的是滤膜溶解涂片法和自然沉降法。

（一）滤膜溶解涂片法

1. 测定原理

采样后的滤膜溶解于有机溶剂中，形成粉尘粒子的混悬液，制成标本，在显微镜下测定。

2. 测定用的试剂和器材

（1）醋酸丁酯（化学纯）。

（2）瓷坩埚（25 mL）或小烧杯（25 mL）。

（3）玻璃棒、玻璃滴管或吸管。

（4）显微镜、载物玻片（75 mm×25 mm×1 mm）。

（5）目镜测微尺、物镜测微尺。

以上器材在使用前必须避免粉尘污染。

3. 操作步骤

（1）将采有粉尘的滤膜放在瓷坩埚中，用吸管加入 1~2 mL 醋酸丁酯，再用玻璃棒充分搅拌，制成均匀的粉尘混悬液，立即用滴管吸取一滴，滴于载物玻片上，用另一载物玻片成 45°角推片，贴上标签、编号、注明采样地点及日期。镜检时如发现涂片上粉尘密集，应加醋酸丁酯稀释，重新制备标本。

（2）制好的标本应保存在玻璃平皿中，避免外界粉尘的污染。

（3）在 400~600 倍的放大倍率下，用物镜测微尺校正目镜测微尺每一刻度的间距，即将物镜测微尺放在显微镜载物台上，目镜测微尺放在目镜内。在低倍镜下找到物镜测微尺的刻度线，将其刻度移到视野中央，然后换成测定时所需倍率，在视野中使物镜测微尺任一刻度与目镜的任一刻度相重合。然后再向同一方向找出两尺再次相重合的刻度线，分别数出重合部分的目镜测微尺和物镜测微尺的刻度数，计算出目镜测微尺一个刻度的间距。

（4）分散度的测定：取下物镜测微尺，将粉尘标本放在载物台上，先用低倍镜找到粉尘粒子，然后再用 400~600 倍的高倍镜观察。用已标定的目镜测微尺无选择的依次测量粉尘粒子的大小，随时调节微调螺旋，使尘粒物象清晰，遇到长径量长径，遇短径量短径。至少测量 200 个尘粒，做好记录，算出百分数。

（二）滤膜溶解涂片法

对可溶于有机溶剂中的粉尘和纤维状粉尘滤膜溶解涂片法不适用，采用自然沉降法。

1. 测定原理

自然沉降法是使用沉降器，使尘粒自然沉陷在底部的玻璃片上，取出玻璃片置于显微镜下观察测定粉尘粒子的大小。

2. 测定器材

（1）格林沉降器、盖玻片（18 mm×18 mm）。

（2）显微镜、载物玻片（75 mm×25 mm×1 mm）。

（3）目镜测微尺、物镜测微尺。

3. 操作步骤

（1）将盖玻片用铬酸洗液浸泡，用水冲洗后，再用浓度为 95% 的酒精擦洗干净，然后放在沉降器的凹槽内，推动滑板至与底座平齐，盖上圆筒盖以备采样。

（2）在工人经常工作地点的呼吸带采样。采样时，将滑板向凹槽方向推动，直至圆筒位于底座之外，取下筒盖，上下移动数次，使含尘空气进入圆筒内，盖上圆筒盖，推动滑板至与底座平齐。然后将沉降器水平静置 3 h，使尘粒自然降落在盖玻片上。

（3）将滑板推出底座外，取出盖玻片贴在载物玻片上，编号、注明采样日期及地点，然后在显微镜下测量。

（4）分散度的测量及计算同滤膜溶解法。

三、粉尘中游离二氧化硅含量的测定

游离二氧化硅是指没有与金属及金属氧化物结合的二氧化硅，常以结晶形态存在，化学分子式为 SiO_2。测定粉尘中游离二氧化硅含量的目的是了解粉尘的化学性质，评价各种粉尘对人体健康的危害。目前，国家标准《工作场所空气中粉尘测定　第 4 部分：游离二氧化硅含量》（GBZ/T 192.4—2007）规定游离二氧化硅的测定方法为焦磷酸质量法，但其存在着灵敏度低、误差大、周期长、代表性差等缺点。目前，国内已开始采用红外分光光谱法和 X 线衍射法测定粉尘中游离二氧化硅含量。

（一）焦磷酸质量法

1. 原理

在 245~250 ℃的温度下，焦磷酸能溶解硅酸盐及金属氧化物，而对游离二氧化硅几乎不溶。因此，用焦磷酸处理样品后，所得残渣质量即为游离二氧化硅的量，以百分数表示。

2. 器材

锥形烧瓶（50 mL）、量筒（25 mL）、烧杯（200~400 mL）、玻璃漏斗和漏斗架、温度计（0~360 ℃）、电炉（可调）、高温电炉（附温度控制器）、瓷增埚或铂坩埚（25 mL 带盖）、坩埚钳、干燥器（内盛变色硅胶）、分析天平（感量为 0.0001 g）、玛瑙研钵、定量滤纸（慢速）。

3. 试剂

pH 试纸、焦磷酸（将 85% 的磷酸加热到沸腾至 250 ℃不冒泡为止放冷，贮存于试剂瓶中）、氢氟酸、结晶硝酸铵、盐酸。

4. 采样

采集工人经常工作地点呼吸带附近的悬浮粉尘。按滤膜直径为 75 mm 的采样方法以最大流量采集 0.2 g 左右的粉尘，或用其他合适的采样方法进行采样，当受采样条件限制时，可在其呼吸带高度采集沉降尘。

5. 分析步骤

（1）将采集的粉尘样品放在（105±3）℃电热恒温干燥箱中烘干 2 h，稍冷，贮于干燥器中备用。如粉尘粒子较大，需用玛瑙研钵研细至手捻有滑感为止。

（2）准确称取 0.1~0.2 g 粉尘样品于 50 mL 的锥形烧瓶中。

（3）样品中若含有煤、其他碳素及有机物的粉尘时，应放在瓷坩埚中，在 800~900 ℃下灼烧 30 min 以上，使碳及有机物完全灰化，冷却后将残渣用焦磷酸洗入锥形烧瓶中，若含有硫化矿物（如黄铁矿、黄铜矿等），应加数毫克结晶硝酸铵于锥形烧瓶中。

（4）用量筒取 15 mL 焦磷酸，倒于锥形烧瓶中，摇动，使样品全部湿润。

（5）将锥形烧瓶置于可调电炉上，迅速加热到 245~250 ℃，保持 15 min，并用带有温度计的玻璃棒不断搅拌。

（6）取下锥形烧瓶，在室温下冷却到 100~150 ℃，再将锥形烧瓶放于冷水中冷却到 40~50 ℃，在冷却过程中，加 50~80 ℃的蒸馏水稀释到 40~45 mL，稀释时一面加水，一面用力搅拌混匀。

（7）将锥形烧瓶内容物小心移于烧杯中，再用热蒸馏水冲洗温度计、玻璃棒及锥形

烧瓶。把冲洗液一并倒入烧杯中，并加蒸馏水稀释至 150~200 mL，用玻璃棒搅匀。

（8）将烧杯放在电炉上煮沸内容物，趁热用无灰滤纸过滤（滤液中有尘粒时，须加纸浆），滤液勿倒太满，一般约在滤纸的 2/3 处。

（9）过滤后，用 0.1 mol/L 盐酸洗涤烧杯移于漏斗中，并将滤纸上的沉渣冲洗 3~5 次，再用热蒸馏水洗至无酸性反应为止（可用 pH 试纸检验）。如用铂坩埚时，要洗至无磷酸根反应后再洗 3 次。上述过程，应在当天完成。

（10）将带有沉渣的滤纸折叠数次，放于恒重的瓷坩埚中，在 80 ℃的烘箱中烘干，再放在电炉上低温灰化。灰化时要加盖并稍留一小缝隙，然后放入高温电炉（800~900 ℃）中灼烧 30 min 取出瓷坩埚，在室温下稍冷后，再放入干燥器中冷却 1 h，称至恒重并记录。

6. 粉尘中游离二氧化硅含量的计算

$$F(SiO_2) = \frac{m_2 - m_1}{G} \times 100 \tag{12-3}$$

式中　$F(SiO_2)$——游离二氧化硅含量,%；

　　　　m_1——坩埚质量，g；

　　　　m_2——坩埚加沉渣质量，g；

　　　　G——粉尘样品质量，g。

7. 粉尘中含有难溶物质的处理

（1）当粉尘样品中含有难以被焦磷酸溶解的物质时（如碳化硅、绿柱石、电气石、黄玉等）则需用氢氟酸在铂坩埚中处理。

（2）向铂坩埚内加入数滴 1：1 硫酸，使沉渣全部湿润，然后再加 40% 的氢氟酸 5~10 mL（在通风柜内进行），稍加热，使沉渣中游离二氧化硅溶解，继续加热蒸发至不冒白烟为止（防止沸腾）。再在 900 ℃温度下灼烧，称至恒量。

（3）处理难溶物质后游离二氧化硅含量的计算

$$F(SiO_2) = \frac{m_2 - m_3}{G} \times 100 \tag{12-4}$$

式中　$F(SiO_2)$——游离二氧化硅含量,%；

　　　　m_2——坩埚加沉渣质量，g；

　　　　m_3——经氢氟酸处理后坩埚加沉渣质量，g；

　　　　G——粉尘样品质量，g。

8. 磷酸根（PO_4^{-3}）的检验方法

1）原理

磷酸和钼酸铵在 pH 4.1 时，用抗坏血酸还原生成蓝色。

2）试液的配制

（1）醋酸盐缓冲液（pH 4.1）：取 0.025 mol/L 醋酸钠溶液，0.1 mol/L 醋酸溶液等体积混合。

（2）1% 抗坏血酸溶液（保存于冰箱中）。

（3）钼酸铵溶液：取 2.5 g 钼酸铵溶于 100 mL 的 0.05 mol/L 硫酸中（临用时配制）。

3）检验方法

（1）测定时分别将 1% 抗坏血酸溶液和钼酸铵溶液两溶液用醋酸盐缓冲液各稀释 10 倍。

（2）取 1 mL 滤液加上述溶液各 4.5 mL 混匀，放置 20 min，如有磷酸根离子则显蓝色。

（二）红外光法测定粉尘中的石英含量

1. 原理

用滤膜采集煤尘样品，进行灰化破坏有机杂质，将灰分混合在溴化钾压片中，获得 900~700 cm^{-1} 红外光谱，计算 800 cm^{-1} 光谱上的吸光度，然后用标准曲线确定石英的含量。

2. 器材

（1）红外分光光度计。

（2）低温高频灰化炉。

（3）微量天平和分析天平。

（4）压片模具（13 mm，可抽真空）。

（5）压片机（实验室用，40 MPa）。

（6）玛瑙乳钵及研磨棒。

（7）铝质称量盘。

（8）镊子（无磁性）。

（9）滤膜。

（10）粉尘采样器或个体粉尘采样器。

3. 试剂

（1）溴化钾（光谱纯）。

（2）石英（直径 10 μm 酸洗的）。

（3）乙醇（95%）。

4. 操作

1）清净仪器

所用器材尽量避免粉尘污染。

（1）镊子、玛瑙乳钵及研磨棒、压片模具用乙醇清洗，用无纤维屑的绢布擦净。

（2）铝质称量盘用蒸馏水冲洗 2 次，再用乙醇冲洗 2 次，在无尘环境下干燥。

2）样品的采集

在生产现场用滤膜采集煤尘样品（3~4 mg）精确到 0.01 mg（按常规方法采样）。

3）样品的分析

（1）用镊子将已称重的滤膜放在铝质称量盘上，在灰化炉中灰化成残渣，取出。

（2）称量干燥的溴化钾 200 mg（精确到 0.1 mg），直接加到含有灰分的铝盘中，将溴化钾和灰分充分搅拌，使之均匀（溴化钾的称量和搅拌应在相对湿度小于 25% 的环境下进行）。

（3）将混合后的样品放在直径为 13 mm 的压模中制模，制成的压模约为 0.85 mm，并称量精确到 0.1 mg，然后计算。

（4）将压模放在红外分光光度计下扫描，扫描前需要调整刻度位置（从 900 cm^{-1} 到 600 cm^{-1}）。每个样品要以不同角度扫描 3 次，把基准调成一致，取 800 cm^{-1} 附近吸收峰的平均值。

（5）从峰值和基线的透过率换算成吸光度，然后从标准曲线中求得石英的质量。

4）标准曲线

（1）在微量天平上称量 10~100 μg 的石英（准确到 0.001 mg），在干燥环境中称量溴化钾约 200 mg，将石英和溴化钾放到玛瑙乳钵中研磨、然后制备压模、称量（准确到 0.1 mg）制成压模的质量除组成固体物的质量。

（2）标准曲线。将压模中石英的质量与在 800 cm⁻¹ 压模的吸光度制成曲线，点之间要成一直线，并通过原点。

5）计算

样品中石英量可根据压模中石英的 800 cm⁻¹ 吸光度，从标准曲线中求得。

第三节 粉尘测定仪器

粉尘测定仪器分为粉尘浓度、粉尘中游离二氧化硅含量和粉尘分散度测定仪器，下面分别介绍。

一、粉尘浓度测定仪器

目前，国内外在矿山粉尘测定中主要使用的仪器分为滤膜采样测尘仪、快速直读式测尘仪、个体采样器和粉尘浓度传感器。对于煤矿来说，测尘仪器必须符合防爆要求。

（一）滤膜采样测尘仪

粉尘采样器内有采样头（内装滤膜）、流量计（稳流电路）、抽气泵、计时器（或可编制自动计时控制电路）和电源等组成。粉尘采样器可分为呼吸性粉尘采样器和全（总）尘采样器。呼吸性粉尘采样器与全尘采样器差别在于呼吸性粉尘采样器增设了一个前置预捕集器。前置预捕集器用以捕集非呼吸性粉尘，能对危害人体的呼吸性粉尘和非呼吸性粉尘进行分离，分离效果达到国际公布的 *BMRC* 曲线标准。预捕集器主要有水平淘析器、旋风分离器和惯性冲击器。水平淘析器、旋风分离器（旋风器）和惯性冲击器截留某一区段粒度能力与其采样流量有关，因此在采样过程中，应严格恒定所要求的采样流量。

滤膜的作用是捕获粉尘，有 ϕ40 mm 和 ϕ75 mm 两种规格，分别适用于采集小于和大于 20 mg/m³ 的粉尘。国内几种粉尘采样器的主要参数见表 12-4，AFQ-20A 型矿用粉尘采样器的工作原理如图 12-1 所示。

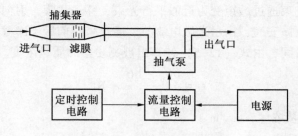

图 12-1 采样器工作原理框图

表 12-4　国内几种粉尘采样器主要技术参数表

型号	主要技术指标					
	采样流量/ (L·min⁻¹)	采尘范围	定时范围/min	防爆型式	工作噪声/dB(A)	温度/℃
AFQ-20A 型	≥15	全尘、呼吸性粉尘	0~90	本质安全	<70	0~35
AKFC-92A 型	20	全尘、呼吸性粉尘	0~99	本质安全	<70	-5~35
AQF-1 型	10~25	全尘、呼吸性粉尘	0~99	本质安全	<75	0~40
CCZ20 型	20	全尘、呼吸性粉尘	0~99	本质安全	<70	0~40

AFQ-20A 型矿用粉尘采样器工作原理：仪器启动工作前，采样头装上滤膜合上电源开关，预置采样器时间，启动工作按钮，电源通过控制电路驱动气泵以一定流量抽气，含尘空气被抽进来，通过采样头时将非呼吸性粉尘分离下来，呼吸性粉尘被阻留在滤膜上。当到采样顶置时间，抽气泵自动停止动作，采样结束，然后取出样品，分别称重，计算出非呼吸性粉尘和呼吸性粉尘浓度，二者之和为总粉尘浓度。

（二）快速直读式测尘仪

快速测尘仪大多采用光电测尘原理，即滤膜集尘消光原理和光电效应来实现粉尘浓度测定的，其原理如图 12-2 所示。

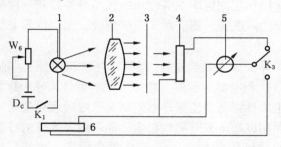

1—小电珠；2—透镜；3—滤纸；4—检测硅光电池；5—指示电表；6—校正硅光电池；
K₁—电源开关；K₃—校正开关；W₆—调整电位器；Dₑ—电池组

图 12-2　光电测尘仪原理图

合上电源开关，微电动机启动，带动气泵抽气，含尘气体经过采样孔，透过滤膜，粉尘被吸附在滤膜上。当采样气体达到规定时间时，延时开关自动关断，采样结束。进行直接测尘时，小电珠光束透过透镜变为近似平行光束，穿透滤膜，射向硅光电池上，使硅光电池产生光电流通过微安表，指示光敏电流值。通过采样前后干净滤膜与含尘滤膜的光电流以及采样流量、时间，由式（12-5）计算出被测粉尘的质量浓度。

$$C = \frac{\ln I_0 - \ln I}{KQt} \times 10^3 \qquad (12\text{-}5)$$

式中　C——粉尘质量浓度，mg/m²；

　　　I_0——采样前的光电流，μA；

　　　I——采样前的光电流，μA；

K——粉尘的消光系数（由试验确定）；

Q——采样流量，L/min；

t——采样时间，min。

可根据式（12-5）专门制造直接读取粉尘浓度的刻度盘。校正硅光电池是用来对小电珠光强的监测，并通过调整电位器的阻值，使采样前后的小电珠光强保持一致。

目前，使用较多的是 ACH-1 型呼吸性粉尘测定仪、ACG-1 型粉尘测定仪和 CCZ-1000 型直读式测尘仪。

CCZ-1000 型直读式测尘仪，采用微处理器技术，数据处理快、抗干扰能力强、稳定性好、测量准确度高。测尘仪配有分级粉尘捕集器，能采集到呼吸性粉尘和总粉尘，其分离效能符合 *BMRC* 呼吸性粉尘分离效能国际标准曲线的要求。全中文显示，并能随机记录前 50 个历史测试记录。CCZ-1000 型直读式测尘仪适用于煤矿或其他粉尘作业环境，直接测定总粉尘或呼吸性粉尘浓度。其主要技术指标见表 12-5。

表 12-5　CCZ-1000 型直读式测尘仪主要技术指标

型号	采样流量/ (L·min⁻¹)	采样流量误差	采尘范围	连续工作 时间/h	防爆型式	外形尺寸/ (mm×mm×mm)
CCZ-1000 型	2	≤2.5% FS	全尘、呼吸性粉尘	>10	ExibIMb	240×170×120

（三）个体采样器

个体粉尘采样器是一种测定一个工班内空气中粉尘平均浓度的仪器。该仪器由抽气泵、数字计时器、流量恒定电路、欠压保护电路、安全电源等组成。仪器配有一组微型粉尘预捕集器，能对危害人体的呼吸性粉尘和粗粉料粉尘进行分离，其分离效率符合国际公认的 *BMRC* 曲线标准。具有结构紧凑，体积小，质量轻、自动计时、流量显示直观、安全可靠等特点，便于现场使用，尤其适且于含爆炸危险性气体的作业环境中使用。目前，常用的有 AKFC-92G 型、CCZ2 型、ACGT-2 型等，其主要技术指标见表 12-6。

表 12-6　常用个体粉尘采样器主要技术指标

型号	采样流量/ (L·min⁻¹)	采尘范围	连续工作 时间/h	防爆型式	环境温度/℃	外形尺寸/ (mm×mm×mm)
ACGT-2 型	2	全尘、呼吸性粉尘	>10	ExibIMb	-5~35	128×80×42
AKFC-92G	2	全尘、呼吸性粉尘	>10	ExibIMb	0~35	120×80×42
CCZ2 型	2	全尘、呼吸性粉尘	≥8	ExibIMb	0~35	120×80×42
CXF-2F	2	全尘、呼吸性粉尘	>8	ExibIMb	0~35	120×80×50

ACGT-2 型个体采样器，由我国常熟安全仪器厂生产。该仪器为个人携带式工班粉尘采样器，带有多种粉尘分级装置，测定接尘工人一个工班内所接触的含尘空气中的平均粉尘浓度，可测定总粉尘和呼吸性粉尘浓度。仪器具有自动计时、结构简单、操作方便、体积小、安全可靠等特点。

（四）矿用粉尘浓度传感器

GCG1000 型矿用粉尘浓度传感器消化吸收了国内外先进的测尘技术，可与各种煤矿安全监控系统配套，连续检测存在易燃、易爆、可燃性气体混合物环境中浮游粉尘的浓度。具有测量快速准确、灵敏度高、就地显示、远程信号传输、性能稳定、预置 K 值等特点。通过预置粉尘浓度警告点的阈值，当测量的粉尘浓度达到该值时，立即输出一个警告信号，以便提醒工作人员及时启动相应的降尘措施。若与微电脑程序化智能喷雾装置联机，可实现测尘喷雾功能。其主要技术指标见表 12-7。

表 12-7   GCG1000 型矿用粉尘浓度传感器主要技术指标

型号	采样流量/ （L·min⁻¹）	测量相对误差/ %	显示方式	防爆型式	外形尺寸/ （mm×mm×mm）
GCG1000 型	18	±15	4 位 LED	ExibIMb	270×145×73

二、粉尘中游离二氧化硅含量测定仪器

目前，国内对粉尘中游离二氧化硅含量测定仍采用化学方法——焦磷酸质量法，该测定仪器已在测定方法中介绍。这里只介绍采用物理方法测定粉尘中游离二氧化硅含量的测定仪器。

TJ270-30A/B 双光束比例记录红外分光光度计是国内第一台采用计算机直接比例记录原理的高性能红外分光光度计产品，配备通用高性能计算机和中文控制数据处理软件，采用国产 TGS 为接收器，性能可靠、操作简便、功能完善。

TJ270-30 型红外分光光度计（仿日立公司仪器）：天津光学仪器厂生产。

该仪器规格、性能指标如下：

波数范围/cm⁻¹	4000~400
波数精度/cm⁻¹	<±2（2000~400）
分辨能力/cm⁻¹	1.5（1000 附近）
透过率精度/%	±0.2
I_1 线平直度/%	<±2
测试模式	透过率、吸光度、单光束
扫描速度/min	全波段扫描 2.5~25
工作方式	连续扫描、重复扫描、定波长扫描
响应	很快、快、正常、慢
质量/kg	约100

三、粉尘分散度测定仪器

目前，我国制定的标准对粉尘分散度表示方法仍为数量分散度，即采用显微镜观察粉尘粒径区间的数量；而质量分散度更能反映粉尘对人体的危害情况，其测定仪器为离心式粉尘分级仪。

（一）BM10A-UV-GF 粉尘分散度测定显微镜

粉尘分散度测定显微镜 BM10A-UV-GF 是专门针对工作场所粉尘检测需要而开发的完全符合国家标准《工作场所空气中粉尘测定 第 3 部分：粉尘分散度》（GBZ/T 192.3—2007）的一套显微图像分析系统。该系统能连接电脑清晰的拍摄出粉尘颗粒图像，并能

自动统计粉尘颗粒的粒径大小、数量和不同大小粉尘颗粒的百分比。显微镜倍数：40X～1000X。显微镜技术参数见表 12-8。

表 12-8　BM10A-UV-GF 粉尘分散度测定显微镜主要技术参数

序号	名称	技 术 参 数
1	目镜	大视野 WF10X（ϕ20 mm）
2	平场消色差物镜	平场消色差 PL10X/0.25
		平场消色差 PL20X/0.40（五孔另配）
		平场消色差 PL40X/0.65（弹簧）
		平场消色差 PL100X/1.25（弹簧、油）
3	目镜筒	
4	转换器	
5	光源	
6	阿贝聚光镜	
7	载物台	
8	调焦机构	
9	滤色片	

（二）YFJ（巴柯）型离心式粉尘分级仪

由我国承德市仪表厂生产。该仪器特点是：

（1）仪器运行中分离室粉尘的分散程度与除尘设备中的粉尘分散程度较为接近，因而仪器的测试结果接近于实际。

（2）以极限速度作为当量来度量粉尘的粒径的，而且以斯托克斯定律为基础计算的球形粒子径，其包括了粉尘形状因素和密度不同的影响因素。

（3）适用范围广，能测试多种粉尘，如石英、水泥、矿粉、煤粒燃料尘等等。

（4）测定的粒度范围是在 2～60 mm，可分成 8 个等级，并能满足生产的要求。

第四节　粉尘连续监测系统

一、概述

煤矿行业是产生粉尘危害的重点行业，粉尘给煤矿工作人员和安全生产造成极大的危害，不仅严重危害工人的身体健康，而且煤尘浓度过高，潜伏着煤尘爆炸的危险，给安全生产工作增加了困难。因此，经济实用、测量误差小、可靠性强的矿井粉尘浓度实时监测及控制系统可以实时了解煤矿井下粉尘浓度，有利于采取有效措施保证工人安全健康工作、避免事故发生。

（一）煤矿粉尘连续监测系统的研制目的

如同矿井瓦斯连续监测系统一样，煤矿粉尘连续监测系统应成为全矿井安全集中监控系统的一个重要组成部分。研制这一系统的目的包括三方面。

（1）使地面管理部门直接了解井下各作业区的产尘情况，进而控制井下通风防降尘设施的运行状态，确保矿井安全生产和有一个良好的作业环境。

（2）为了避免测尘产生的随机误差，正确反映作业区各工序的高低峰粉尘浓度值及累计平均浓度值，为正确评价粉尘作业环坡提供科学依据。

（3）实行长期连续监测，可以对矿工的粉尘吸入量做统计分析，为预报和控制尘肺提供可靠数据。

（二）煤矿粉尘连续监测系统建立的可能性

纵观粉尘监测仪器的发展过程，从采样器到快速测尘仪，再发展到粉尘连续监测系统，以及随着科学技术水平的不断发展，特别是微电子技术、通信技术及计算机技术的应用，使信息处理量不断增加，信息处理速度不断加快，仪器性能指标不断提高，根据设想系统的各部分组成单元的技术要求和我国现有技术水平与工艺材料等因素综合分析，煤矿粉尘监测由单机走向系统，由分散测试走向集中监测，建立连续监测系统是完全有可能的。

二、粉尘连续监测系统

粉尘连续监测系统可以连续监测粉尘的产生和飞扬情况，进而实现遥测遥控。目前，粉尘监测仪器主要以美国的粉尘雷达、英国的西姆斯林、德国的 TM 等粉尘监测仪器为主。这些仪器能实现了粉尘浓度连续监测，但价格昂贵、维修困难，由于中国煤矿作业场所的复杂性、工作人员操作水平的参差不齐等因素而得不到有效的利用。我国煤矿已采用 SIMSLIN-II 型呼吸性粉尘连续监测仪和远距离读出器，实现了 20 m 外短距离监测。天地（常州）自动化股份有限公司研制推出的粉尘在线监测与自动喷雾除尘装置，是基于粉尘浓度传感器和光控传感器开发的新一代智能化、人性化矿用自动喷雾降尘装置，可实现粉尘浓度超限自动喷雾，测得的粉尘浓度值可实时就地显示。该装置可以单独自成系统使用，也可与矿井安全监测系统联网使用，实现粉尘浓度在线监测。该装置主要由 KDK5 矿用电源控制箱、GCG1000 粉尘传感器、ZP-12.5G 光控传感器、DFB-20/10Q 电动球阀等设备组成。

（一）煤矿粉尘连续监测系统的组成

粉尘连续监测系统由井下监测固定机、携带机和井下数据储存器、收发送装置、地面控制中心等组成。

在井下有人工作区设置固定监测单机，测定的数值能自动储存并能通过光纤通道输送给井下数据储存器，并由储存器输送给地面控制中心的计算机进行数据处理。计算机将处理后的数据直接显示，并绘制成曲线和打印输出。井下的携带机测定数值也可通过井下流动监测仪数据发送设备传送到地面控制中心。控制中心可根据情况，发布指令操纵井下或地面（如主要通风机及附属装置）有关设备的运行，从而达到遥测遥控的目的。由于采用光纤传送，因而既可防爆，又可防止因井下潮湿或有害气体腐蚀等影响而造成的数据丢失及错误传送，保证了测定数据的准确可靠。

（二）计算机化的呼吸性粉尘监测系统

由美国卫生及安全部安全工程实验室研制的光散射呼吸性粉尘瞬时浓度显示系统（OSIRIS），被认为是粉尘监测技术方面的重大突破。这种系统与广泛应用的间隔时间进行采样称重的测尘技术不同，可连续监测矿井及矿物加工厂等处的粉尘浓度，这种监测器是应用光散射技术测定空气中的呼吸性粉尘浓度。含尘空气通过一个淘析器进入监测器，以除去非呼吸性尘粒，呼吸性尘粒穿过一束光，尘粒使部分光散射。尘粒所散射的光被转换为电信号，这种电信号经电子装置处理后显示出呼吸性粉尘浓度的结果。用遥测电缆将信息传输到地面监测站永久储存。监测器受控于执行外部计算机指令的微处理机。系统需要外接电源，但其充电的电池亦能供电几小时而不影响监测器工作，位于矿井地面的单 IBMPC 型计算机通过一条长可达数千米的双芯遥测电缆可控制 16 台 OSIRIS 监测器。带有 3 台监测器的系统已在英国诺丁罕郡的 Cotgravo 煤矿进行了现场试验。监测器安放在回风平巷中距顶板约 0.5 m 处，安设地点距长壁工作面 400 m。试验结果表明，3 台监测器的相关性极好。该工程实例中计算机预先编制了监测器在 8 h 循环中运行的程序，每个工作面由矿井人员启动。操作该系统每天只需 10 min，计算机可以图或表格的形式连续提供被测地点的瞬时粉尘浓度。

针对煤矿井下粉尘治理难的状况，可通过对井下粉尘浓度的自动监测与监控、喷雾装置的自动化控制、粉尘浓度超限报警，以及地面监测、信息管理系统等研究，建立粉尘自动监测与喷雾装置的自动化系统，实现远距离粉尘在线实时监测、监控与信息管理功能。

第十三章 矿井粉尘监督与管理

制定科学、合理的矿井防尘管理制度有助于防尘管理过程的实施，主要从防尘日常工作管理和防尘图板资料管理两方面制定制度。进行矿井防尘监督管理工作应该符合相应标准、规程相关的要求。

第一节 矿井防尘管理制度

防尘工作涉及面广、综合性强，降尘防尘措施贯穿于整个生产过程。因此，防尘工作必须建立健全严密完善、行之有效的管理制度，实行强化管理，确保防尘工作经常化、制度化、规范化、科学化。

防尘工作是一项综合性工作，涉及方方面面和许多部门，在健全机构、配齐队伍、纵横成网的同时，实行目标管理，使防尘工作责权利统一，建立防尘工作齐抓共管责任制，使防尘管理工作逐步实现制度化、科学化。

防尘管理制度主要包括防尘日常工作管理制度和防尘图板资料管理制度。

一、防尘日常工作管理制度

防尘日常工作管理制度种类很多，主要有领导分管责任制、防尘专业人员岗位责任制、防尘责任区域分管制、粉尘监测评定制、工人健康普查制、设备仪器保管维护制及防尘优劣奖惩制、巷道定期清扫冲刷制度、防尘检查制度、部门业务保安责任制等。

(一) 领导分管责任制

各级领导都应有明确具体的防尘分工，落实到人，做到防尘工作行政上层层有人管，技术上层层有人抓，确保防尘管理不放松，工作不间断。

公司总经理、矿长是防治粉尘危害的第一责任者。保证防尘机构所需人员、资金和装备；应定期检查防治粉尘危害的技术发展规划和技术措施计划的执行情况；应积极采取有效措施，使所有粉尘作业场所达到国家卫生标准。公司、矿总工程师负责防尘技术领导工作，对粉尘的防治工作负技术责任。应组织编制防尘技术规划和技术措施的实施计划；安排防尘工程，检查督促防尘措施的贯彻执行。公司、矿行政部门对所分管部门的防尘工作负直接责任。

各矿井向集团公司签订防尘达标责任书，并把防尘责任层层分解，相应地建立领导分管责任制。

(二) 防尘专业人员岗位责任制

防尘专业队伍应配备防尘管工、注水钻工、防尘电工、防尘保安工、测尘工、技术人员和防尘区队长。虽然该人员数量按矿井防尘工作量的多少来配置，但这些工种都必须建立工种岗位责任制。防尘队伍内各专业工种都应按岗位责任从事本身的防尘工作。防尘工作年、季、月都有部署、有检查、有总结、有奖惩。

1. 防尘区队长

负责全矿井综合防尘技术的管理和防尘工程的实施，其中包括编制年、季、月防尘工作计划和长远规划，组织防尘工程施工、检查、验收等工作。

2. 防尘技术人员

各矿井配备防尘工程师或主管技术员，应负责矿井、采区的防尘工程设计；制定和审批采掘作业规程中的防尘措施；组织煤体注水设计；推广防尘新技术以及日常防尘技术的全面管理工作。

3. 防尘注水钻工

应负责按煤体注水设计和作业规程施工打钻、封孔、注水和观测记录以及注水钻机、水泵等附属设备的搬迁、维护和保管。

4. 防尘管工

负责井下主要防尘管路（不包括生产、开掘延米管路）的安装、移设、维护和管理等工作；负责井上下静压水池修建、维修、保养；负责防尘注水管路、喷雾洒水和净化风流管路及采煤上、下巷道管路的铺设、维护和保养；地面管材、备件与安装检修工具的搬迁和存管等。

5. 防尘电工

负责井下机动、电动喷雾洒水装置及防尘遥测遥控系统的安装使用和维护保养；负责现有电动防尘设施的完善；改革创新各项新技术的普及推广。

6. 防尘保安工

负责处理矿井巷道积尘，巷道冲洗刷白，隔爆水槽、水棚、岩粉棚安设和迁移以及巷道洒水车的使用、保养维护。

7. 测尘工

负责测定井下有粉尘危害作业场所空气中的浮游粉尘浓度（包括总粉尘和呼吸性粉尘浓度），巷道顶底板、两帮沉积煤尘的强度，并将测定结果及时准确汇总上报；监督井下防尘设施的使用，发现粉尘严重超标等事故隐患时立即报告，以便采取措施进行处理，改善作业环境。

（三）防尘责任区域分管制

井下防尘供水管网系统、通风系统净化或喷雾洒水、除尘器的使用、煤层注水、隔爆设施安设及积尘处理等工作应由专业队伍负责，采掘工作面防尘设施的安装使用，工作面入风回风巷道 30 m 内的煤帮巷壁冲洗应由采掘段队负责，运输系统的防尘设施应由专业队伍安设后移交运输部门使用、管理和维护。

矿井按采、掘、机、运、通等各区队防尘职责范围，实行分区分片包干，做到责任分明，改变井下防尘工作无人具体负责的状态。诸如采掘工作面是防尘工作的重点，就要强化采掘队的防尘管理，划分其职责范围。除对采煤队的机采、炮采工作面规定防尘工作要求和职责外，同时要负责采煤工作面输送巷道所管辖的运输转载点的喷雾洒水工作，回风巷设置净化风流水幕，输送机巷、风巷定期清扫或冲洗煤尘工作及其管路和喷嘴装置维护、回收工作。同样，除对开拓掘进队的机掘、炮掘工作面规定防尘工作要求和职责外，同时要负责施工巷道的洒水管路安装延接、维护、使用、回收工作；施工巷道运输转载点喷雾洒水、工作面的净化风流水幕，清扫或冲洗煤尘等工作。其他区队也应按各矿具体情况，具体划分责任区域。

（四）粉尘监测评定制

各矿井都应建立粉尘定期普查和矿井粉尘等级评定制度，并组织测尘和工业卫生人员定期进行粉尘浓度、游离二氧化硅含量的普查和粉尘分散度的测定，以及各项防尘措施的卫生学评价和粉尘升降原因逐级汇报等制度。

新矿井在建井前必须对所有煤层进行煤尘爆炸性鉴定，生产矿井每年 4 月或 10 月进行煤尘爆炸性鉴定。利用大管状煤尘爆炸性鉴定装置对开采煤层和地质勘探的煤层进行有无煤尘爆炸性的鉴定，鉴定时应按照《煤尘爆炸性鉴定规范》（AQ 1045—2007）进行。

煤矿井上下粉尘测尘工作要形成制度，按《煤矿井下粉尘综合防治技术规范》（AQ 1020—2006）要求，规定煤矿井上下粉尘测定时间。

（1）对井下每个测尘点的粉尘浓度每月测定 2 次。

（2）采掘工作面每月应该进行一次全工作班连续粉尘测定。

（3）粉尘粒度分布每半年测定一次，采掘工作面有变动时，应及时进行游离二氧化硅测定。

（4）粉尘中游离的二氧化硅含量每半年测定一次。

（5）煤矿粉尘浓度测定结果按季度综合上报主管部门。

（6）采掘工作面回风应安设粉尘浓度传感器进行粉尘浓度连续监测。

（五）工人健康普查制

应认真执行国务院发布的《尘肺病防治条例》，各煤矿每年都应对井下接尘职工进行健康情况的普查。对已确诊的煤矽肺病的职工应调离粉尘作业区，并给予治疗和疗养；对可疑的煤矽肺患者，也应分别采取预防和相应措施。同时，应相应建立档案、卡片，加强基础工作，使尘肺病管理工作逐步走向制度化、正规化。

（六）仪器保管维护制

井下使用的防尘设备和仪器仪表，必须存放在清洁的场所。测尘仪器和分析天平必须定期进行校验。粉尘检测仪器校验应按《煤矿井下粉尘综合防治技术规范》（AQ 1020—2006）规定的测尘仪器的检验规则要求进行。

仪器和配件存放要建立管理账目卡片。非操作人员禁止随便摆弄仪器。仪器受到冲撞，要重新进行校准，以保证仪器的灵敏和精度。

对综合防尘设备、设施要有投产验收及有关管理的规定。

（七）防尘优劣奖惩制

防尘工作也应区别优劣，有奖有惩，赏罚严明。

配合防尘检查评比，相应地要有严格的、切实可行的奖惩制度。对在防尘工作中做出显著成绩的单位和个人，要给予奖励；对违反防尘法规，给予警告、限期治理、罚款和停产整顿的处罚。总之，应把综合防尘纳入经济承包内容，在评选先进、晋升工资、发放奖金时，要把综合防尘工作作为一项重要评比条件。

（八）巷道定期清扫冲刷制度

按照《煤矿井下粉尘综合防治技术规范》（AQ 1020—2006）的规定，采用人力对输送机巷道、转载点附近、翻罐笼附近及装车站附近等地点的沉积煤尘定期进行清扫，清扫周期由矿总工程师制定，并将堆积的煤尘和浮煤清除出去。对煤尘沉积强度较大的巷道，可采用水冲洗的办法，冲洗周期可按煤尘的沉积强度及煤尘爆炸下限浓度决定。采煤工作面巷道必须定期清扫或冲洗煤尘，并清除堆积浮煤，清扫或冲洗周期由矿总工程师确定。巷道内设置了隔爆棚，也应按规定撒岩粉。

（九）防尘检查制度

要把综合防尘作为安全检查、工程质量验收中的重要项目。目前，我国煤矿正在逐步推行程序化安全评估工作，安全评估是变"静态"检查为"动态"检查，变定期检查为日常检查，使一切检查活动均在生产的全过程中进行，及时地反映出现场的安全隐患，更重要的是能在现场对安全隐患立即进行整改。因此，程序化安全评估是较为完善的、科学的安全管理制度。综合防尘作为一个重要的安全问题，应该纳入安全评估范围，对检查出的问题，及时采取措施，把事故消灭在萌芽状态，或将危害降低到最低限度。

（十）部门业务保安责任制

防尘工作仅靠通风防尘部门去抓是很不够的，必须建立并实行综合防尘齐抓共管制度，为此各部门必须建立业务保安责任制。生产技术部门负责采煤工作面的防尘工作；开拓、掘进部门负责开拓、掘进巷道内的防尘工作；机电部门要保证所负责维护的防尘机电设施的完好率；运输部门负责运输巷道内防尘设施的完好率和使用率，并把粉尘浓度降到规定指标以下；劳资、工会、卫生部门负责职业病防治和管理监督工作；通风部门负责防尘系统、粉尘测定和管理制度等综合防尘业务管理工作；安全监察部门按《煤矿井下粉尘综合防治技术规范》（AQ 1020—2006）行使监察权，对粉尘防治设计措施及其计划进行审查，并对技术措施的实施情况进行检查。

二、防尘图板资料管理制度

防尘图板资料管理制度即"两图、两板、三记录"制度。"两图"为矿井防尘系统图、粉尘实测分布曲线图；"两板"为防尘设备设施牌板、防尘工程进度牌板；"三记录"为测尘、注水、粉尘事故隐患（如干打眼、干截割、矿尘堆积与矿尘严重飞扬等）记录。

（一）矿井防尘系统图

矿井防尘系统图反映矿井综合防尘的实际状况，对于防尘工作采用科学管理是不可缺少的工具。

矿井防尘系统图添绘的内容包括防尘静压水池，全部主、支干管路，喷雾洒水管路及注水管路系统，井下所有防尘设施、除尘系统和隔爆装置，以及措施投用、煤层水分、粉尘浓度等状况。具体添绘内容和要求为：

1. 防尘供水管网

防尘静压水池，用统一标记根据实际位置在图纸上添绘。符号旁标明注水池的标高和容积。防尘主、支干管路和洒水喷雾和注水管路用规定颜色全长绘标，并注明管长和管径。

管道和水池滤流装置，用所定图例标记接头尺寸和过滤形式及滤网筛孔目数。

2. 采掘工作面防尘设施

采掘工作面防尘应注明：工作面编号、开采方式、煤岩性质、煤层水分、游离出二氧化硅含量、粉尘浓度、防尘设施。

3. 巷道防尘和隔爆设施

巷道防尘和隔爆设施包括冲洗、刷白，定点喷雾、净化风流水幕和隔爆岩粉棚及水槽棚等。

（二）粉尘实测分布曲线图

粉尘实测分布曲线图分为矿级、井（区）级和采掘队（段）级。矿级和井（区）级的粉尘浓度包括主要通风、运输巷道及一切有粉尘飞扬作业场所的粉尘浓度。

绘制粉尘实测分布曲线时，横坐标表示时间（如旬、月等），纵坐标表示煤（岩）尘全尘或呼吸性粉尘浓度（mg/m^3）。

（三）防尘设备设施管理牌板和工程进度牌板

1. 防尘设备设施管理牌板

要求用文字填写防尘技术、措施投用和专业队伍配备情况，并注明在用防尘设备设施（包括仪器仪表）的型号和规格、使用地点、运转情况、设备仪器失修及故障情况等，以便及时对防尘设备设施运转调整或检修、更换。

2. 防尘工程进度牌板

防尘工程进度牌板包括管路敷设工程牌板和煤层注水工程进度牌板。管路敷设工程牌板是为检查敷管施工使用，以图表的形式绘制每月计划工程量与实际完成的工程量，注明各队组的具体工程量、具体施工时间和施工地点。煤层注水工程进度牌板主要表示作业组每月的钻孔量和注水量两个指标。

（四）测尘、注水和事故隐患记录

测尘主要应做好现场测定时基础数据的记录，并将逐月填报的粉尘测定结果表及粉尘合格率汇总表准确填好并妥善保存。

注水要做好施工和注水效果的观测记录。

事故隐患记录应一式三份，及时报告主管部门，以便处理。

上述记录应装订成册，定期进行综合分析，总结防尘经验和教训，连同原始记录长期保留，作为指导以后防尘工作的科学依据。

第二节　矿井粉尘的监督管理

按照《煤矿安全规程》《煤矿作业场所职业病危害防治规定》《职业病防治法》所规定的粉尘防治技术措施要求，结合本矿的具体情况进行矿井防尘监督管理。

一、矿井防尘监督管理的要求

（一）采煤工作面

1. 《煤矿安全规程》相关规定

第六百四十五条规定，采煤工作面应采取煤层注水防尘措施，有下列情况之一的除外。

（1）围岩有严重吸水膨胀性质，注水后易造成顶板垮塌或者底板变形；地质情况复杂、顶板破坏严重，注水后影响采煤安全的煤层。

（2）注水后会影响采煤安全或者造成劳动条件恶化的薄煤层。

（3）原有自然水分或者防灭火灌浆后水分大于 4% 的煤层。

（4）孔隙率小于 4% 的煤层。

（5）煤层很松软、破碎，打钻孔时易塌孔、难成孔的煤层。

（6）采用下行垮落法开采近距离煤层群或分层开采厚煤层，上层或上分层的采空区采取灌水防尘措施的下一层或下一分层。

第六百四十七条规定，采煤机必须安装内、外喷雾装置。割煤时必须喷雾降尘，内喷雾工作压力不得小于 2 MPa，外喷雾工作压力不得小于 4 MPa，喷雾流量应当与机型相匹配。无水或者喷雾装置不能正常使用时必须停机；液压支架和放顶煤工作面的放煤口，必须安装喷雾装置，降柱、移架或者放煤时同步喷雾。破碎机必须安装防尘罩和喷雾装置或者除尘器。

第六百四十八条规定，井工煤矿采煤工作面回风巷应当安设风流净化水幕。

2.《煤矿作业场所职业病危害防治规定》相关规定

第四十二条规定，井工煤矿采煤机作业时，必须使用内、外喷雾装置。内喷雾压力不得低于 2 MPa，外喷雾压力不得低于 4 MPa。内喷雾装置不能正常使用时，外喷雾压力不得低于 8 MPa，否则采煤机必须停机。液压支架必须安装自动喷雾降尘装置，实现降柱、移架同步喷雾。破碎机必须安装防尘罩，并加装喷雾装置或者除尘器。放顶煤采煤工作面的放煤口，必须安装高压喷雾装置（喷雾压力不低于 8 MPa）或者采取压气喷雾降尘。

第四十四条规定，井工煤矿的采煤工作面回风巷、掘进工作面回风侧应当分别安设至少 2 道自动控制风流净化水幕。

（二）掘进工作面防尘

1.《煤矿安全规程》相关规定

第六百四十九条规定，井工煤矿掘进井巷和硐室时，必须采取湿式钻眼、冲洗井壁巷帮、水炮泥、爆破喷雾、装岩（煤）洒水和净化风流等综合防尘措施。

第六百五十条规定，井工煤矿掘进机作业时，应当采用内、外喷雾及通风除尘等综合措施。掘进机无水或者喷雾装置不能正常使用时，必须停机。

第六百五十一条规定，井工煤矿在煤、岩层中钻孔作业时，应当采取湿式降尘等措施。在冻结法凿井和在遇水膨胀的岩层中不能采用湿式钻眼（孔）、突出煤层或者松软煤层中施工瓦斯抽采钻孔难以采取湿式钻孔作业时，可以采取干式钻孔（眼），并采取除尘器除尘等措施。

2.《煤矿作业场所职业病危害防治规定》相关规定

第三十九条规定，井工煤矿掘进井巷和硐室时，必须采用湿式钻眼，使用水炮泥，爆破前后冲洗井壁巷帮，爆破过程中采用高压喷雾（喷雾压力不低于 8 MPa）或者压气喷雾降尘、装岩（煤）洒水和净化风流等综合防尘措施。

（三）其他产尘点防尘

1.《煤矿安全规程》相关规定

第一百四十五条规定，箕斗提升井或者装有带式输送机的井筒兼作风井使用时，必须遵守下列规定。

（1）生产矿井现有箕斗提升井兼作回风井时，井上下装、卸载装置和井塔（架）必须有防尘和封闭措施，其漏风率不得超过 15%。装有带式输送机的井筒兼作回风井时，井筒中的风速不得超过 6 m/s，且必须装设甲烷断电仪。

（2）箕斗提升井或者装有带式输送机的井筒兼作进风井时，箕斗提升井筒中的风速不得超过 6 m/s、装有带式输送机的井筒中的风速不得超过 4 m/s，并有防尘措施。装有带式输送机的井筒中必须装设自动报警灭火装置、敷设消防管路。

第一百八十六条规定，开采有煤尘爆炸危险煤层的矿井，必须有预防和隔绝煤尘爆炸的措施。矿井的两翼、相邻的采区、相邻的煤层、相邻的采煤工作面间，掘进煤巷同与其相连的巷道间，煤仓同与其相连的巷道间，采用独立通风并有煤尘爆炸危险的其他地点同与其相连的巷道间，必须用水棚或者岩粉棚隔开。必须及时清除巷道中的浮煤，清扫、冲洗沉积煤尘或者定期撒布岩粉；应当定期对主要大巷刷浆。

第一百八十七条规定，矿井应当每年制定综合防尘措施、预防和隔绝煤尘爆炸措施及管理制度，并组织实施。矿井应当每周至少检查 1 次隔爆设施的安装地点、数量、水量或者岩粉量及安装质量是否符合要求。

第六百四十六条规定，井工煤矿炮采工作面应当采用湿式钻眼、冲洗煤壁、水炮泥、出煤洒水等综合防尘措施。

第六百五十二条规定，井下煤仓（溜煤眼）放煤口、输送机转载点和卸载点，以及地面筛分厂、破碎车间、带式输送机走廊、转载点等地点，必须安设喷雾装置或者除尘器，作业时进行喷雾降尘或者用除尘器除尘。

2. 《煤矿作业场所职业病危害防治规定》相关规定

第四十条规定，井工煤矿在煤、岩层中钻孔，应当采取湿式作业。煤（岩）与瓦斯突出煤层或者软煤层中难以采取湿式钻孔时，可以采取干式钻孔，但必须采取除尘器捕尘、除尘，除尘器的呼吸性粉尘除尘效率不得低于 90%。

第四十一条规定，井工煤矿炮采工作面应当采取湿式钻眼，使用水炮泥，爆破前后应当冲洗煤壁，爆破时应当采用高压喷雾（喷雾压力不低于 8 MPa）或者压气喷雾降尘，出煤时应当洒水降尘。

第四十五条规定，煤矿井下煤仓放煤口、溜煤眼放煤口以及地面带式输送机走廊必须安设喷雾装置或者除尘器，作业时进行喷雾降尘或者用除尘器除尘。煤仓放煤口、溜煤眼放煤口采用喷雾降尘时，喷雾压力不得低于 8 MPa。

第四十七条规定，井工煤矿打锚杆眼应当实施湿式钻孔，喷射混凝土时应当采用潮喷或者湿喷工艺，喷射机、喷浆点应当配备捕尘、除尘装置，距离锚喷作业点下风向 100 m 内，应当设置 2 道以上自动控制风流净化水幕。

第四十八条规定，井工煤矿转载点应当采用自动喷雾降尘（喷雾压力应当大于 0.7 MPa）或者密闭尘源除尘器抽尘净化等措施。转载点落差超过 0.5 m，必须安装溜槽或者导向板。装煤点下风侧 20 m 内，必须设置一道自动控制风流净化水幕。运输巷道内应当设置自动控制风流净化水幕。

（四）职业病防治

1. 《职业病防治法》相关规定

第二十条规定，用人单位应当采取下列职业病防治管理措施。

（1）设置或者指定职业卫生管理机构或者组织，配备专职或者兼职的职业卫生管理人员，负责本单位的职业病防治工作。

（2）制定职业病防治计划和实施方案。

（3）建立、健全职业卫生管理制度和操作规程。

（4）建立、健全职业卫生档案和劳动者健康监护档案。

（5）建立、健全工作场所职业病危害因素监测及评价制度。

（6）建立、健全职业病危害事故应急救援预案。

第二十一条规定，用人单位应当保障职业病防治所需的资金投入，不得挤占、挪用，并对因资金投入不足导致的后果承担责任。

第二十二条规定，用人单位必须采用有效的职业病防护设施，并为劳动者提供个人使用的职业病防护用品。用人单位为劳动者个人提供的职业病防护用品必须符合防治职业病的要求；不符合要求的，不得使用。

第二十三条规定，用人单位应当优先采用有利于防治职业病和保护劳动者健康的新技术、新工艺、新设备、新材料，逐步替代职业病危害严重的技术、工艺、设备、材料。

第三十六条规定，用人单位应当为劳动者建立职业健康监护档案，并按照规定的期限妥善保存。职业健康监护档案应当包括劳动者的职业史、职业病危害接触史、职业健康检查结果和职业病诊疗等有关个人健康资料。劳动者离开用人单位时，有权索取本人职业健康监护档案复印件，用人单位应当如实、无偿提供，并在所提供的复印件上签章。

第三十七条规定，发生或者可能发生急性职业病危害事故时，用人单位应当立即采取应急救援和控制措施，并及时报告所在地卫生行政部门和有关部门。卫生行政部门接到报告后，应当及时会同有关部门组织调查处理；必要时，可以采取临时控制措施。卫生行政部门应当组织做好医疗救治工作。对遭受或者可能遭受急性职业病危害的劳动者，用人单位应当及时组织救治、进行健康检查和医学观察，所需费用由用人单位承担。

2.《煤矿作业场所职业病危害防治规定》相关规定

第六条规定，煤矿应当建立健全职业病危害防治领导机构，制定职业病危害防治规划，明确职责分工和落实工作经费，加强职业病危害防治工作。

第七条规定，煤矿应当设置或者指定职业病危害防治的管理机构，配备专职职业卫生管理人员，负责职业病危害防治日常管理工作。

第八条规定，煤矿应当制定职业病危害防治年度计划和实施方案，并建立健全下列制度。

（1）职业病危害防治责任制度。

（2）职业病危害警示与告知制度。

（3）职业病危害项目申报制度。

（4）职业病防治宣传、教育和培训制度。

（5）职业病防护设施管理制度。

（6）职业病个体防护用品管理制度。

（7）职业病危害日常监测及检测、评价管理制度。

（8）建设项目职业病防护设施与主体工程同时设计、同时施工、同时投入生产和使用的制度。

（9）劳动者职业健康监护及其档案管理制度。

（10）职业病诊断、鉴定及报告制度。

（11）职业病危害防治经费保障及使用管理制度。

（12）职业卫生档案管理制度。

（13）职业病危害事故应急管理制度。

（14）法律、法规、规章规定的其他职业病危害防治制度。

第九条规定，煤矿应当配备专职或者兼职的职业病危害因素监测人员，装备相应的监测仪器设备。监测人员应当经培训合格；未经培训合格的，不得上岗作业。

第十条规定，煤矿应当以矿井为单位开展职业病危害因素日常监测，并委托具有资质的职业卫生技术服务机构，每年进行一次作业场所职业病危害因素检测，每三年进行一次职业病危害现状评价。根据监测、检测、评价结果，落实整改措施，同时将日常监测、检测、评价、落实整改情况存入本单位职业卫生档案。检测、评价结果向所在地安全生产监督管理部门和驻地煤矿安全监察机构报告，并向劳动者公布。

第十一条规定，煤矿不得使用国家明令禁止使用的可能产生职业病危害的技术、工艺、设备和材料，限制使用或者淘汰职业病危害严重的技术、工艺、设备和材料。

第十二条规定，煤矿应当优化生产布局和工艺流程，使有害作业和无害作业分开，减少接触职业病危害的人数和接触时间。

第十三条规定，煤矿应当按照《煤矿职业安全卫生个体防护用品配备标准》（AQ 1051）规定，为接触职业病危害的劳动者提供符合标准的个体防护用品，并指导和督促其正确使用。

第十八条规定，煤矿应当保障职业病危害防治专项经费，经费在财政部、国家安全监管总局《关于印发〈企业安全生产费用提取和使用管理办法〉的通知》（财企〔2012〕16号）第十七条"（十）其他与安全生产直接相关的支出"中列支。

第十九条规定，煤矿发生职业病危害事故，应当及时向所在地安全生产监督管理部门和驻地煤矿安全监察机构报告，同时积极采取有效措施，减少或者消除职业病危害因素，防止事故扩大。对遭受或者可能遭受急性职业病危害的劳动者，应当及时组织救治，并承担所需费用。煤矿不得迟报、漏报、谎报或者瞒报煤矿职业病危害事故。

第二十七条规定，对接触职业病危害的劳动者，煤矿应当按照国家有关规定组织上岗前、在岗期间和离岗时的职业健康检查，并将检查结果书面告知劳动者。职业健康检查费用由煤矿承担。职业健康检查由省级以上人民政府卫生行政部门批准的医疗卫生机构承担。

第三十二条规定，煤矿应当为劳动者个人建立职业健康监护档案，并按照有关规定的期限妥善保存。职业健康监护档案应当包括劳动者个人基本情况、劳动者职业史和职业病危害接触史，历次职业健康检查结果及处理情况，职业病诊疗等资料。劳动者离开煤矿时，有权索取本人职业健康监护档案复印件，煤矿必须如实、无偿提供，并在所提供的复印件上签章。

二、综合防尘管理

矿井综合防尘管理是煤矿综合防尘工作的重要内容之一。在矿井综合防尘管理中，要坚持贯彻执行"安全第一，预防为主"的方针，认真执行国家有关法令、规程和规范；坚持贯彻执行"预防为主、综合治理、依靠科技、总体推进"的指导方针；坚持装备、管理、培训并重的原则，在抓技术装备的同时，抓好管理和培训工作，使与之相适应。

（一）综合防尘组织管理

1. 加强领导、健全防尘管理体制

要保证现有防尘设施巩固持久地发挥效益，有效控制尘肺病的危害和煤尘事故，做好矿井综合防尘工作，必须要加强领导，建立健全一套强有力的管理系统。

（1）建立防尘机构。

（2）建立防尘专业队伍。

（3）加强业务保安，健全专管与群管相结合的防尘管理网路。

（4）建立职防机构，健全职防网络系统。

2. 强化管理、健全防尘管理制度

防尘工作涉及面广，综合性强，降尘、防尘措施贯穿于整个生产过程。因此，防尘工作必须建立健全严密完善、行之有效的管理制度，实行强化管理，确保防尘工作经常化、制度化、规范化、科学化。为此，矿井防尘工作必须建立健全以下责任制。

（1）领导分管责任制。

（2）部门业务保安责任制。

（3）划分职责范围，建立井下防尘责任区域分管制。

（4）防尘专业人员岗位责任制。

（5）定期取样测定粉尘制度。

（6）防尘设备的使用管理制度。

（7）职工健康普查制度。

（8）防尘检查制度。

（9）奖惩制度。

3. 防尘安全教育管理

加强防尘安全教育应该是综合防尘组织管理的重要内容之一。加强防尘安全教育必须从以下两方面着手。

（1）加强职工防尘思想意识教育。

（2）加强防尘安全技术培训。

（二）综合防尘安全技术管理

1. 综合防尘安全技术管理的原则、要求和分类

1）防尘安全技术管理的原则

防尘安全技术管理应掌握如下四条原则。

（1）最大限度地阻止粉尘的产生，尽量减少浮游粉尘的飞扬。

（2）把粉尘尽量消除在采掘工作面等粉尘发生的地点。

（3）把已经形成的浮游粉尘迅速降下来和把沉积粉尘捕集起来。

（4）选择合理的风量与最佳风速，将粉尘稀释和排除出地面，但必须防止已经沉积粉尘再度飞扬起来形成浮游粉尘。

2）防尘安全技术管理的要求

在防尘安全技术管理上提出如下五点要求。

（1）在尘源发生处抑制粉尘比在风流降尘处效果好。

（2）采用强制性的防尘办法效果好。

（3）用水抑制粉尘比干式防尘效果好，并且安全可靠性强。

（4）要有良好的通风条件，选择合理风量和最佳风速。

（5）采用综合性防尘措施效果最好，诸如减少粉尘生成量、降尘、除尘和捕尘及个体保护等综合措施。

3）防治粉尘安全技术管理措施的分类

（1）防尘安全管理措施。

（2）防爆安全管理措施。

（3）隔爆安全管理措施。

2. 坚持实行综合防尘、建立防治煤尘爆炸的安全技术对策系统

1）坚持实行综合防尘

（1）实行煤体注水。

（2）全面推行湿式打眼。

（3）采掘工作面爆破时必须一律使用水炮泥。

（4）机采工作面的采煤机必须配备有效的内、外喷雾装置和抑尘器，或采用高压喷雾引射器，综采工作面放顶移架应使用移架自动喷雾装置。

（5）掘进工作面应采用抽出式通风机或湿式除尘风机为主的综合防尘措施，综掘机必须采用抽出式除尘风机或掘进机防尘器。

（6）锚喷作业必须采用潮料喷浆机或甩浆机、喷浆吸尘器、气流拌料机等措施降尘。

（7）必须建立完善井下喷雾洒水降尘系统，从井下进风大巷、采区进风巷道直至工作面回风巷必须设置水幕，并应采用光电、声控、触控等自动喷雾洒水装置；井下所有的运输转载点必须安设触点式自动喷雾降尘装置；防尘洒水系统必须有充足的水源和有效的过滤设施。

（8）综采、综掘工作面的采掘设备内外喷雾、巷道净化风流、喷雾洒水都要大力推广应用高效降尘剂，以提高防尘效果。

（9）井下接尘人员必须佩戴有效的个体防护用具。

（10）开采有煤尘爆炸危险的煤层，必须按《煤矿安全规程》的规定采取完善的防隔爆措施；在矿井两翼采区石门、相邻采区之间、采煤工作面进、回风巷、煤巷与半煤岩巷掘进工作面等地点必须设置水槽棚或水袋、岩粉棚和撒布岩粉等隔爆设施。

在全面推行综合防尘技术措施时，必须将防尘工作实行"五同时"和"七纳入"。

"五同时"，即研究生产的同时研究防尘，制定生产计划的同时制定防尘措施，布置生产任务的同时提出防尘要求，检查生产的同时要检查防尘情况，总结生产情况的同时要总结防尘工作。

"七纳入"，即防尘工作要纳入各级领导议事日程，要纳入企业各项计划，要纳入干部考核内容，要纳入评比条件，要纳入奖惩条件，要纳入经济承包合同，要纳入职工代表大会议程。

这样才能使综合防尘工作有计划、有步骤、有领导地开展起来，把全面推行综合防尘技术措施落到实处。

2）建立防治煤尘爆炸的安全技术对策系统

煤矿井下采掘、运输、提升、通风等各个生产环节，由于情况复杂，条件变化不同，要完全消除煤尘爆炸发生的条件也是很复杂的。因此，在开采有爆炸危险性的煤层时，在推行综合防尘技术措施中，必须考虑到预防煤尘爆炸及限制煤尘继续参与而造成爆炸沿井巷传播。所以要根据各煤矿本身的具体情况，建立预防和限制煤尘爆炸安全技术对策系统，如图 13-1 所示。

3）加强防尘技术管理的基础工作

防尘技术管理应建立健全防尘管理图纸、牌板、报表和记录，以加强防尘技术管理的基础工作。按照已发布的矿井综合防尘标准要求，矿井必须备有：防尘系统图，防尘设施牌板，打钻注水台账，测尘台账，防尘管路台账，采掘工作面防尘措施台账，防尘设施、管路检查记录，冲洗巷道记录，隔爆措施记录等。

4）加强防尘技术科研攻关、逐步实现井下防尘装备现代化

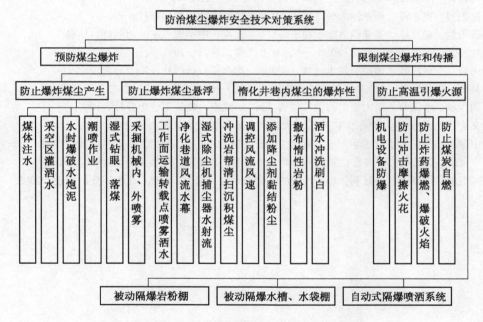

图 13-1 防治煤尘爆炸安全技术对策系统图

参 考 文 献

［1］ 国家安全生产监督管理总局，国家煤矿安全监察局．煤矿安全规程［M］．北京：煤炭工业出版社，
2016.

［2］《〈煤矿安全规程〉读本》编委会．《煤矿安全规程》读本［M］．北京：煤炭工业出版社，2014.

［3］ 赵书田．煤矿粉尘防治技术［M］．北京：煤炭工业出版社，1987.

［4］ 严兴忠．工业防尘手册［M］．北京：劳动人民出版社，1989.

［5］ 金龙哲．矿井粉尘防治［M］．北京：煤炭工业出版社，1993.

［6］ 史富川，康聚鼎．矿井综合防尘技术与管理［M］．北京：煤炭工业出版社，1994.

［7］ 赵益芳．矿井防尘理论及技术［M］．北京：煤炭工业出版社，1995.

［8］ 张国枢．通风安全学［M］．徐州：中国矿业大学出版社，2000.

［9］ 王英敏．矿井通风与安全［M］．北京：冶金工业出版社，1991.

［10］ 王晋育．综采工作面综合防尘技术研究［J］．煤炭工程师，1990（6）.

［11］ 沈国安，史志澄．职业性肺病［M］．北京：中国医药科技出版社，1999.

［12］ 谭天祐，梁凤珍．工业通风除尘技术［M］．北京：中国建筑工业出版社，1984.

［13］ 叶钟元．矿尘防治［M］．徐州：中国矿业大学出版社，1991.

［14］ 向晓东．现代除尘理论与技术［M］．北京：冶金工业出版社，2002.

［15］ 吴超．化学抑尘［M］．长沙：中南大学出版社，2003.

［16］ 鲍含威，李庆海．矿山粉尘与相关肺病［M］．北京：煤炭工业出版社，1999.

［17］ 文涛，王明海．尘肺病防治［M］．大连：大连海事大学出版社，1998.

［18］ 中国劳动保护科学技术学会．工业防尘手册［M］．北京：劳动人事处出版社，1989.

［19］ 浑宝炬，郭立稳．矿井粉尘检测与防治技术［M］．北京：化学工业出版社，2005.

［20］ 陈卫红，邢景才，史廷明，等．粉尘的危害与控制［M］．北京：化学工业出版社，2005.

图书在版编目（CIP）数据

煤矿粉尘防治技术 / 鲍庆国主编 . -- 北京：应急管理出版
社，2021

ISBN 978-7-5020-7314-5

Ⅰ.①煤… Ⅱ.①鲍… Ⅲ.①煤尘—防尘 Ⅳ.①TD714

中国版本图书馆 CIP 数据核字（2021）第 149698 号

煤矿粉尘防治技术

主　　编	鲍庆国	
责任编辑	唐小磊	
编　　辑	李世丰	
责任校对	孔青青	
封面设计	罗针盘	

出版发行	应急管理出版社（北京市朝阳区芍药居 35 号　100029）
电　　话	010-84657898（总编室）　010-84657880（读者服务部）
网　　址	www.cciph.com.cn
印　　刷	北京虎彩文化传播有限公司
经　　销	全国新华书店

开　　本	787mm×1092mm$^1/_{16}$	印张　16	字数　387 千字	
版　　次	2021 年 10 月第 1 版　2021 年 10 月第 1 次印刷			
社内编号	20192067		定价　65.00 元